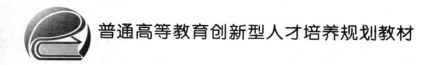普通高等教育创新型人才培养规划教材

编译方法及应用

许　清　刘香芹　编著

北京航空航天大学出版社

内 容 简 介

本书全面地讨论了编译器设计方面的主要问题,包括词法分析、语法分析、语法制导翻译、目标代码生成等分析技术。作者长期从事编译方法课程的教学工作,将多年的教学体会与认识融入教材中,选择学生熟悉的 C 语言作为编译对象语言融入课程中,不仅包含编译原理的基本理论,还列举了一些实例,特别是将编译理论与实际应用相结合,使学生可以体会到编译的理论和技术在软件设计中的应用。

本书有较强的实用性,可作为应用型本科计算机科学与技术专业、普通本科计算机及相关专业编译原理课程的教材,也可以供相关专业的研究生、计算机软件技术人员等作参考。

图书在版编目(CIP)数据

编译方法及应用 / 许清,刘香芹编著. -- 北京：
北京航空航天大学出版社,2016.8
ISBN 978 - 7 - 5124 - 2143 - 1

Ⅰ.①编… Ⅱ.①许… ②刘… Ⅲ.①编译程序一程序设计 Ⅳ.①TP314

中国版本图书馆 CIP 数据核字(2016)第 120781 号

编译方法及应用

许 清 刘香芹 编著

责任编辑 刘晓明

*

北京航空航天大学出版社出版发行

北京市海淀区学院路 37 号(邮编 100191) http://www.buaapress.com.cn
发行部电话:(010)82317024 传真:(010)82328026
读者信箱:goodtextbook@126.com 邮购电话:(010)82316936
涿州市新华印刷有限公司印装 各地书店经销

*

开本:710×1 000 1/16 印张:16.75 字数:357 千字
2017 年 1 月第 1 版 2017 年 1 月第 1 次印刷 印数:2 000 册
ISBN 978 - 7 - 5124 - 2143 - 1 定价:39.00 元

前　　言

　　编译程序是计算机系统软件的重要组成部分。编译程序的理论与技术在计算机科学中是比较成熟的学科,其内容属于计算机语言处理的范畴。"编译原理"是计算机科学与技术专业主要的基础课程之一,主要介绍高级语言编译程序构造的一般原理和基本实现方法。这些原理和方法除了用于构造编译程序之外,也广泛应用于一般软件的设计与实现中。例如:建立词法分析器的串匹配技术已用于文本编辑器、信息检索系统和模式识别器;上下文无关文法和语法制导翻译等概念已用于诸如排版、绘图系统这样的小语言程序;代码优化技术已用于程序验证器和从非结构化程序产生结构化程序的程序验证器之中;编译器是软件工程的很好的实例,包括它的基本结构设计、模块划分、表驱动的编程方法等;在软件安全、程序理解和软件逆向工程等方面都有着广泛的应用。

　　按照国家对软件人才的要求,本专业人员应具备 4 种基本的专业能力,即

- 计算思维能力;
- 算法的设计与分析能力;
- 程序设计和实现能力;
- 计算机软硬件系统的认知、分析、设计与应用能力。

　　课程通过对构造模型问题的形式化描述,可以训练学生的逻辑思维能力和抽象思维能力,使学生了解和初步掌握"问题、形式化描述、自动化(计算机化)"这一最典型的计算机问题求解思路,达到能理解、建立和应用形式模型的目的。

　　课程通过对编译程序整体结构的认识,使学生可以了解到大型软件的组织结构和方法,这种"抽象的思维逻辑",不仅可以应用于软件的开发与设计中,也可以应用于日常的生活、工作中。

　　本教材有如下特点:

　　① 针对以计算机应用为目的的普通院校本科生。书中大部分实例是以 C 语言作为研究对象,虽然 C 语言可能不是最好的编译系统案例,但是,由于本科学生比较熟悉 C 语言的结构及语法,选用 C 语言作为实例,

可以使学生没有语言的陌生感，更加容易接受和理解。

② 教师自研配套课件。自从 1998 年教育部提倡多媒体教学以来，我们编译原理的任课教师着手研制开发编译原理辅助教学软件，从脚本的撰写，到课件的制作，完全是由任课教师自己完成的。

③ 配有习题、习题解答，以及上机辅导。我们已经在校内出版了《编译原理习题解答》，应用了两届，效果很好，学生期末考试成绩得到很大的提升。

④ 教材中融入了关于编译技术和方法的应用，使学生体会到了枯燥的编译理论的应用价值。

首先感谢黄正文老师，在他的带领下，我们前期完成了《编译原理》辅助教学软件的设计及制作工作，该软件融入了黄正文老师 30 多年来在编译教学中积累的经验，应用于授课中取得了良好的效果。由于有几十年教学工作的积累，加之有前期工作的基础，我们萌发了将这个课件转换成教材的想法。在学校的支持下，经过我们编写小组成员的不懈努力，终于完成了这项工作。

本书的绝大部分工作由编译原理任课教师许清、刘香芹完成，特别是刘香芹老师在文稿的撰写中付出了大量的时间与精力，内容涉及 C 语言及 C＋＋语言程序设计部分，李胜宇、张荣博老师做了很多指导和书写工作；郑志勇老师做了文稿的校对和审核工作；李佳佳老师在助课过程中找出了校内版文稿中出现的错误。本书由许清老师整理、统稿。

徐蕾教授、黄正文教授为全书提出了许多宝贵的意见，在此表示衷心的感谢！本书的部分章节参考了参考文献[1]至参考文献[16]中的内容，对这些作者也表示感谢！

作为一名教师，能将教学经验和体会分享给学生，感到非常的欣慰！

由于作者水平有限，对于书中存在的一些缺点和错误，恳请广大读者批评指正。

作　者
于沈阳航空航天大学
2016 年 6 月

目　　录

第1章　编译程序概述

在计算机系统中,计算机使用的语言可以分为三个层次:高级语言层、汇编语言层和机器语言层。在计算机上执行一个高级语言程序一般要分两步:第一步,用一个编译程序把高级语言程序翻译成机器语言程序;第二步,运行所得的机器语言程序,求得计算结果。

要把高级语言程序变换为可以在计算机上执行的形式,完成这个变换任务的语言翻译系统称之为编译程序。编译程序是计算机系统软件最重要的组成部分之一。多数计算机系统都配有不止一种高级语言的编译程序,而有些高级语言甚至配置了多种不同性能的编译程序。

1.1　高级语言概述

高级语言是抽象程度比较高的计算机语言,需要经过编译程序将其编译成特定机器上的目标代码才能执行,一条高级语言的语句往往需要若干条机器指令来完成。

高级语言是不依赖于机器的计算机语言,是由编译程序为不同机器生成不同的目标代码(或机器指令)来实现的。那么,要将高级语言编译到什么程度呢? 这又跟编译的技术有关了,应该既可以编译成直接可执行的目标代码,又可以编译成一种中间表示,然后拿到不同的机器和系统上去执行。这种情况通常又需要支撑环境,比如解释器或虚拟机的支持,将 Java 程序编译成 bytecode,再由不同平台上的虚拟机执行就是很好的例子。所以,说高级语言不依赖于机器,是指在不同的机器或平台上高级语言的程序本身不变,而由通过编译器编译得到的目标代码去适应不同的机器。从这个意义上来说,通过交叉汇编,一些汇编程序也可以获得不同机器之间的可移植性,但这种途径获得的移植性远远不如高级语言来得方便和实用。

高级语言源程序一般要经过如下的处理才能执行。执行过程如图 1.1 所示。

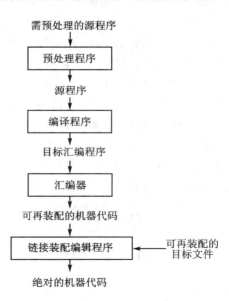

图 1.1　对高级语言的处理过程

1.2 编译程序

1.2.1 编译程序与解释程序

简单地说,**编译程序**就是一个语言翻译程序。翻译程序的功能是把一种源语言程序翻译成逻辑等价的另一种目标语言程序。用源语言编写的有待翻译的程序,称为源程序。源语言可以是汇编语言,也可以是高级程序设计语言(比如 C++语言等);目标语言是汇编语言或机器语言之类的"低级语言"。

编译程序是专门以高级程序设计语言的源程序作为翻译对象进行翻译处理的。所以,高级语言编写的源程序要上机执行,通常首先要经过编译程序加工成为低级语言表示的目标程序,若目标程序是以汇编语言表述的,则还要经过一次汇编程序的加工。如果把编译程序看成一个"黑盒子",则它所执行的转换工作可以用图 1.2 来说明。

图 1.2 编译程序的功能

编译程序的基本功能是把高级语言源程序翻译成等价的目标程序,除此之外,它还应具备语法检查、语义检查,以及错误处理等功能。语法检查是检查源程序是否合乎语法。如果不符合语法,则编译程序要指出语法错误的部位、性质和有关信息。编译程序应使用户程序一次编译就可尽量多地查出错误。

编译程序就是一个程序,它可以读入用某种高级语言(源语言)编写的程序,并把该程序翻译成一个等价的用另一种语言(目标语言)编写的程序。

另一种常用的语言翻译程序是**解释程序**,解释程序同样是将高级语言源程序翻译成机器指令。但解释程序又不同于编译程序,它不是将高级语言的源程序翻译之后产生一个目标程序,而是边翻译边执行,即输入一句,翻译一句,执行一句,直至整个程序翻译并执行完毕。解释程序所执行的操作如图 1.3 所示。

图 1.3 解释程序的功能

编译程序和解释程序之间的主要区别如下:

编译程序先把全部源程序翻译成目标程序,然后再执行,而且目标程序可以反复执行。解释程序以源程序作为输入,但不生成整个的目标程序,而是边解释边执行源程序本身;对源程序中要重复执行的语句(例如循环体中的语句)需要重复地解释执行,因此从速度上看,较之编译方式要多花费执行时间,效率较低。编译方式下,源程序已经生成目标程序,可以反复执行,因此比解释方式快。但在解释方式下,有利于程序的交互式调试,解释程序给出的错误诊断信息通常比编译程序好。编译过程类似笔译,笔译的结果可以反复阅读。解释程序类似即席翻译(口译),别人说一句,它就翻译一句。

很多语言处理系统组合了编译和解释两个程序,源程序先被翻译成一种中间表示形式的程序,再接收输入数据并对源程序进行解释而生成输出结果,具体转换工作如图 1.4 所示。例如 Java 语言是混合语言处理系统,它包括编译和解释程序,但还是称为 Java 编译系统。PL/0 编译系统也是这样的混合语言处理系统。

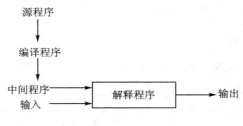

图 1.4　混合语言处理系统

1.2.2　编译程序的工作过程

编译程序完成从源程序到目标程序的翻译工作,是一个复杂的整体的过程。从概念上来讲,一个编译程序的整个工作过程是划分成几个阶段进行的,每个阶段将源程序的一种表示形式转换成另一种形式,各个阶段进行的操作在逻辑上是紧密连接在一起的。图 1.5 所示为一个编译过程的各个阶段,这是一种典型的划分方法。将编译过程划分成词法分析、语法分析、语义分析与中间代码生成、中间代码优化和目标代码生成等阶段,通过源程序在不同阶段所被转换成的表现形式来理解编译各个阶段完成的工作任务。

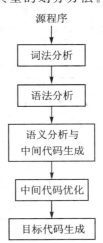

第一阶段,词法分析。这个阶段的主要功能是审查源程序是否有词法错误,为代码生成阶段收集信息,比如,审查标识符的拼写错误。词法分析是自左向右一个一个字符地读入源程序,对构成源程序的字符流进行组合,构成单词,因此这个阶段也称为扫描源程序。这里所说的单词是指逻辑上紧密相连的一组字符,字符间的间隔用空格表示。常见的单词种类有:保留字(关键字或基本字),如 main、void int、float、char、if、else、for、while、return 等;标识符、运算符,如＋、－、×、÷等;分界符,如标点符号和左右括号等;常数等。

图 1.5　编译的各个阶段

词法分析输出的单词又叫 TOKEN 字,单词符号一般由两部分组成,即单词种别码和单词自身值,单词的机内表示如图 1.6 所示。

单词种别码	单词自身值

图 1.6　单词的机内表示

单词有一词一码,如保留字,单词自身值可以省略,用码值代表单词;单词还有多词一码,如标识符、常数等。一般情况下,标识符的自身值可以表示成其 ASC II 码,常数的自身值用其二进制表示。

例如,某源程序(C 语言)片段如下:

```
main()/ * a example * /
{ int x = 13,y = 5,temp;
    printf("x = % d,y = % d\n"x,y);
    temp = x + y * 10;
    printf("temp = % d\n",temp);}
```

上例源程序经过词法分析后,生成的单词流如表 1.1 所列。

表 1.1　单词流表

单词流	单词流	单词流	单词流	单词流
保留字　main	分界符　(	分界符　)	分界符　{	保留字　int
标识符　x	分界符　=	常数　13	分界符　,	标识符　y
分界符　=	常数　5	分界符　,	标识符　temp	分界符　;
保留字　printf	分界符　(	分界符　"	标识符　x	分界符　=
算符　%d	分界符　,	标识符　y	分界符　=	算符　%d
算符　\n	分界符　"	标识符　x	分界符　,	算符　\n
分界符　)	分界符　;	标识符　temp	分界符　=	标识符　x
算符　+	标识符　y	算符　*	常数　10	分界符　;
保留字　printf	分界符　(	分界符　"	标识符　temp	分界符　=
算符　%d	算符　\n	分界符　"	分界符　,	标识符　temp
分界符　)	分界符　;	分界符　}		

在词法分析过程中,将滤掉源程序中的注释、多余的空格等,且检查词法错误。此时,可将源程序中的名字及其属性构造一个部分符号表,以备后阶段查用。上例在词法分析过程中构造的部分符号表如表 1.2 所列。

表 1.2　部分符号表

名字栏	信息栏		
main	保留字		
x	简单变量	整型	存储单元地址
y	简单变量	整型	存储单元地址
temp	简单变量	整型	存储单元地址

第二阶段,语法分析。这个阶段的主要功能是在词法分析的基础上,根据语言的语法规则对源程序的单词流进行分析,把单词组合成各类语法单位,识别出像"表达式"、"语句"、"程序段"、"程序"等这样的语法成分。通过语法分析,确定整个输入串是否构成语法上正确的"程序"。例如:sum＝first＋count * 10 代表一个"赋值语句",而其中的 first＋count * 10 代表一个"算术表达式"。因而,语法分析的任务就是识别 first＋count * 10 为算术表达式,同时,识别上述整个符号串属于赋值语句这个范畴。

这里的语法规则通常用上下文无关文法描述。

例如,对赋值语句有如下语法规则:

＜赋值语句＞→＜变量＞＝＜表达式＞

＜变量＞→＜标识符＞

＜表达式＞→＜表达式＞ ＋ ＜表达式＞|＜表达式＞ － ＜表达式＞|＜变量＞| ＜数＞

设有源程序片段:

```
main()
{
    float sum,first,count;
    scanf("%d,%d",&first,&count);
    sum = first + count * 10;
    printf("sum = %d",sum);
}
```

对其中的赋值语句分析结果如图 1.7 所示。

这是一棵正确的语法树,符合赋值语句文法,即能由该语法规则生成该赋值语句的语法树。

词法分析和语法分析本质上都是对源程序的结构进行分析。但是词法分析的任务通过对源程序进行一种线性扫描即可完成,比如识别标识符,因为标识符的结构是以字母打头,后跟字母和数字构成的符号串,只要顺序扫描输入流,当遇到非字母或非数字的字符时,表示识别一个完整的标识符结束,将前面发现的所有字母和数字组合在一起即可构成单词标识符。但这种线性扫描不能用于识别递归定义的语法单元,比如不能用此办法去匹配表达式中的括号。总的来说,语法分析是一种层次结构分析,主要分为自上而下分析和自下而上分析两种,后续章节将要介绍描述程序结构的工具——上下文无关文法。

第三阶段,语义分析与中间代码的生成。这一阶段的主要功能是审查源程序有无语义错误,为代码生成阶段收集信息。对语法分析所识别出的各类语法单位,分析其含义,进行初步翻译并产生中间代码。这一阶段的工作是,首先对每种语法单位进

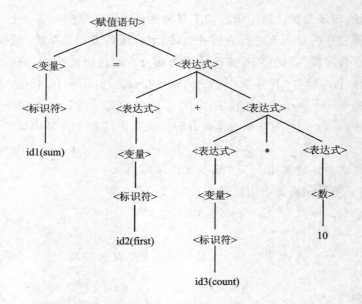

图 1.7　sum＝first＋count ＊ 10 语法分析树

行静态语义检查,如类型检查,审查每个算符是否具有语言规范允许的运算对象,当不符合语言规范时,编译程序应报告错误。 如有的编译程序要对实数用作数组下标的情况报告错误;又如某些语言规定运算对象类型可以被强制,那么当两目运算符施于一个整型运算对象和一个实型运算对象时,编译程序应将整型对象转换成实型对象而不认为是源程序错误,假如上例中,语句 sum＝first＋count ＊ 10,“ ＊ ”的两个运算对象分别是 count 和 10,count 是实型,10 是整型,则语义分析阶段进行类型审查之后,在语法分析所得到的分析树上增加一个语义处理结点,表示整型变成实型的一目运算 inttoreal,其插入语义处理结点的树如图 1.8 所示。 再如,编译程序会对实数变量是否定义、是否重复定义,以及形参和实参的一致性做检查等。

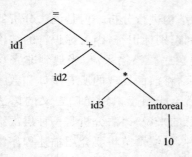

图 1.8　插入语义处理结点的树

如果语义正确,则接下来进行另一方面的工作,即进行中间代码的翻译或生成目标代码等。 这一阶段所依循的是语言的语义规则。 通常使用属性文法描述语义规则,从这里开始进行“翻译”,并将其翻译成中间代码的形式。 中间代码是一种独立于机器硬件系统的符号系统,它的含义明确、便于处理。 常见中间代码的形式有:三元式、四元式、逆波兰式和树形表示等。

例如,采用“三地址指令”的“四元式”形式作为中间代码,形式如下所示:

算符	左操作数	右操作数	运算结果

算符:算术运算的加减乘除、逻辑运算的 $\wedge$ 和 $\vee$ 等。

意义是:对"左、右操作数"进行某种运算(由算符指明),把运算所得的值作为"结果"保留在顺序生成的临时变量里(用临时变量下标区别临时变量的生成顺序)。在采用四元式作为中间代码的情形下,中间代码产生的任务就是按照语言的语义规则把各类语法范畴翻译成四元式序列。

例如,sum＝first＋count＊10,赋值语句生成的四元式序列为

$\qquad$ (1) (inttoreal, 10, _, T_1)

$\qquad$ (2) (＊, id3, T_1, T_2)

$\qquad$ (3) (＋, id2, T_2, T_3)

$\qquad$ (4) (＝, T_3, _, id1)

上述四元式整齐、标准,由此生成目标代码较容易。其中,id1、id2 和 id3 是如图 1.8 所示的标识符;T_1、T_2 和 T_3 是编译期间随着四元式的生成顺序而引入的临时变量;第一个四元式意味着把整型常数 10 转换为实型数,结果存入临时变量 T_1 中,即整型向实型转换;第二个四元式意味着 count 的值乘以 T_1 结果存入临时变量 T_2 中;第三个四元式意味着 first 的值和 T_2 的值相加,结果存入临时变量 T_3 中;第四个四元式意味着临时变量 T_3 的值存入变量 id1(sum)中。

第四阶段,代码优化。代码优化的目的是提高目标程序的时、空质量。原则上讲,优化可以在编译的各个阶段进行,但最主要的一类优化是在目标代码生成之前、对语法分析后的中间代码生成时进行的。这类优化不依赖于具体的计算机(与计算机硬件无关)。另一类重要的优化是在目标代码生成时进行的,它在很大程度上依赖于对具体计算机合理地分配寄存器,而利用系统资源则是要考虑的主要问题。

这一阶段的主要功能是对前一类中间代码进行优化,对前段产生的中间代码进行加工变换,以期在最后阶段能产生出更为高效(节省时间和空间)的目标代码。优化的主要方法有:公共子表达式的提取、循环优化、删除无用代码等。有时,为了便于"并行运算",还可以对代码进行并行化处理。优化所依循的原则是程序运行结果的等价原则、时空有效原则、代价合算原则。

例如,前例生成的四元式序列:

$\qquad$ (1) (inttoreal, 10, _, T_1)

$\qquad$ (2) (＊, id3, T_1, T_2)

$\qquad$ (3) (＋, id2, T_2, T_3)

$\qquad$ (4) (＝, T_3, _, id1)

经优化后生成的四元式为

$\qquad$ (1) (＊, id3, 10.0, T_1)

$\qquad$ (2) (＋, id2, T_1, id1)

第五阶段,目标代码生成。这个阶段的主要功能是将中间代码或者经过优化处

理之后的代码转换为低级语言代码。这个阶段的工作依赖于硬件系统结构和机器指令的含义。这个阶段的工作非常复杂,转换过程主要涉及机器硬件系统功能部件的运用、机器指令的选择、各种数据类型变量的存储空间分配,以及寄存器和后援寄存器的调度等。

目标代码的形式可以是绝对机器指令代码、可重定位的机器指令代码或汇编指令代码。如果目标代码是绝对指令代码,则这种目标代码可立即执行;如果目标代码是可重定位的机器指令代码,则需要先做地址重定位,然后再执行;如果目标代码是汇编指令代码,则需要汇编器汇编之后才能运行。必须指出的是,现在多数实用编译程序所产生的目标代码都是一种可重定位的指令代码。这种目标代码在运行前必须借助于一个链接装配程序,把各个目标模块(包括系统提供的库模块)链接在一起,确定程序变量(或常数)在主存中的位置,装入内存中指定的起始地址,使之成为一个可以运行的绝对指令代码程序,如图 1.1 所示。

例如,上例经优化后的四元式序列:

$(* , id3, 10.0, T_1)$

$(+, id2, T_1, id1)$

生成的目标代码为

(1) MOV   id3, R_2

(2) MUL   ♯10.0, R_2

(3) MOV   id2, R_1

(4) ADD R_1, R_2

(5) MOV R_1,   id1

图 1.5 所示的编译程序五个阶段的划分是一种典型的划分方法。事实上,并非所有编译程序都分成这五个阶段,例如,某些阶段可能组合在一起,此时,这些阶段间源程序的内部表示形式就没有必要构造出来;有些编译程序对优化没什么要求,则优化阶段可以省去;在某些阶段下,为了加快编译速度,中间代码产生阶段也可以省去;有些最简单的编译程序是在语法分析的同时产生目标代码(省略了中间代码生成阶段和代码优化阶段)。但是,多数实用的编译程序的工作过程大致都有上面所说的五个阶段。

1.3   编译程序的结构

1.3.1   编译程序结构简介

上述五个阶段是编译程序工作时的动态特征。编译程序的结构可以按照这五个阶段的任务分模块进行设计。具体编译程序逻辑结构总体框架如图 1.9 所示。

词法分析器,又称**扫描器**。输入源程序(一般用高级语言编写的程序称为源程

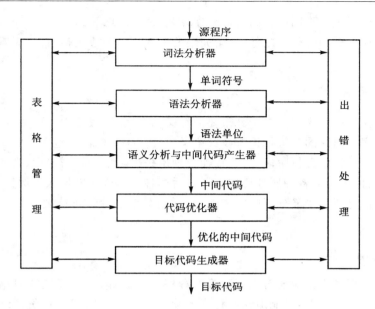

图 1.9　编译程序逻辑结构

序),进行词法分析后,输出单词符号串。

　　语法分析器,简称**分析器**。对单词符号串进行语法分析,根据语法规则识别正确的语法单位(表达式、赋值语句和程序段等),从而判断输入串是否能构成语法上正确的"程序"。

　　语义分析与中间代码产生器。对语法单位按照语义规则进行分析,并把它们翻译成一定形式的中间代码。

　　有的编译程序在识别出各类语法单位后,构造并输出一棵表示语法结构的语法树,然后根据语法树进行语义分析和中间代码产生。还有一些编译程序在识别出语法单位后并不真正生成语法树,而是调用相应的语义子程序。在这种编译程序中,扫描器、分析器和中间代码产生器三者之间并非是截然分开的,而是相互穿插的。

　　优化器。对中间代码进行优化处理,生成优化后的中间代码。

　　目标代码生成器。把中间代码翻译成目标程序。

　　这里所讨论的编译过程中各阶段的划分是编译程序的逻辑组织。有时,常常把编译的过程分为**前端**(front end)和**后端**(back end)。划分的依据是看编译程序是否与硬件有关,前端依赖于源语言而与目标机无关,通常包括词法分析、语法分析、语义分析与中间代码生成、代码优化(与硬件无关的)。后端工作指那些依赖于目标机而一般不依赖源语言的部分,具体包括代码优化(与硬件有关的)和目标代码生成。除此之外,编译工作还包括相关的出错处理和符号表管理操作。若按照这种组合方式设计编译程序,则某一高级语言编译程序的前端加上相应不同的后端,可以为不同的机器构成同一个源语言的编译程序。同理,不同语言编译的前端加上相同的后端,则可以为同一机器生成不同语言的编译程序,即编译程序的移植性。

除了上述五个功能阶段之外,一个完整的编译程序还应包括"符号表管理"和"出错处理"。

1.3.2 符号表管理

符号表在编译程序中具有十分重要的意义,它是编译程序中不可缺少的部分,用以登记源程序中出现的各类标识符及其语义属性。一个标识符包含了它全部的语义属性和特征。在词法分析阶段,当扫描器识别出一个名字(标识符)后,把该名字填入到符号表中,标识符的各种属性要在编译的后续各个阶段才能填入。例如,名字类型的相关语义信息要在语义分析阶段才能确定,而名字的地址可能要到目标代码生成阶段才能确定。

1.3.3 出错处理

一个编译程序不仅应能对书写正确的程序进行翻译,而且还应能对出现在源程序中的错误进行处理,尽可能地让源程序继续运行下去和给用户一份详细的程序出错清单,以方便用户调试程序。这部分工作是由专门的一组程序(叫作出错处理程序)来完成的。编译过程的每一个阶段都可能检查出错误,其中,绝大多数错误可以在编译的前三个阶段检测出来。源程序中的错误通常分为语法错误和语义错误两大类。语法错误是指源程序中不符合语法(或词法)规则的错误,它可以在编译中的词法分析阶段和语法分析阶段检测出来。例如,词法分析阶段能够检测出"非法字符"、标识符拼写错误;语法分析阶段能够检测出算术表达式缺少操作数等错误;语义分析阶段能够检测出诸如变量未定义等错误。

例如 sum＝first＋count * 10,如果没有对 sum 的声明,那么符号表中就没有 sum 的登录项,尽管语法分析程序分析出了 sum＝first＋count * 10 是一个结构上合法的赋值语句,但语义分析程序查找符号表后便会针对这个赋值语句中的变量 sum 给出出错报告,报告源程序中的错误为:"试图使用没有声明的变量"。语义分析的这类工作也称上下文相关性检查,诸如:上文没声明下文要使用的名字;或者上文声明为过程名字,下文却对其赋值等。上下文检查的依据是符号表中记录的名字和属性信息。

一个好的编译程序应能最大限度地发现源程序中的各种错误,准确地指出错误的性质和发生错误的行列信息,并且能将错误所造成的影响限制在尽可能小的范围内,使得源程序的其余部分能继续被编译下去,以便进一步发现其他可能的错误。理想的编译程序是,不仅能够发现程序错误,而且还能自动校正错误,但是,自动校正错误的代价是非常高的。

1.3.4　遍的概念

前面介绍的编译过程的五个阶段仅仅是逻辑功能上的一种划分。具体实现时，编译过程可以由一遍、两遍或者多遍完成。所谓"遍"就是对源程序或源程序的中间结果从头到尾扫描一次，并做有关的加工处理，生成新的中间结果或目标程序。既可以将几个不同阶段合为一遍，也可以把一个阶段的工作分为若干。例如，词法分析这一阶段可以单独作为一遍；词法分析和语法分析可以合并为一遍；语法分析和语义分析与中间代码生成可以合为一遍；甚至一遍可以完成整个编译工作。在优化要求很高时，往往还可以把优化阶段分为若干遍来实现。通常，对于多遍编译程序而言，第一遍的输入是用户书写的源程序，最后一遍输出目标语言程序，其余部分上一遍的输出都是下一遍的输入。

多遍扫描的编译程序的特点如下：

程序结构清晰，目标代码质量较高，但编译速度较慢。

一遍扫描的编译程序是从头到尾只扫描一次，在这一次的扫描过程中，把所有编译过程中要处理的问题全部解决；对有些需要记录信息、补全信息后才能生成代码的处理，要采用较为复杂的技术和方法才能完成翻译，这样增加了编译程序的复杂程度，需要占用较大的内存空间，但是，提高了编译工作的速度。图 1.10 的例子中，是把语法分析程序作为主程序，当语法分析程序需要一个单词时，就调用词法分析程序取得一个单词，依次这样进行；当获得一个完整的语法成分后，就调用代码生成程序，生成目标代码，直至单词全部读出，代码全部生成为止。

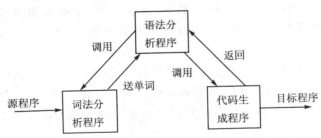

图 1.10　一遍扫描编译程序结构

在实际的编译系统设计中，编译的几个阶段的工作究竟应该怎样组合，即编译程序究竟分成几遍，参考因素主要是源语言和机器（目标机）的特征。比如，源语言的结构直接影响编译遍数的划分；像 PL/1 或 ALGOL 68 那样的语言，允许名字的说明出现在名字的使用之后，那么在看到名字之前是不便为包含该名字的表达式生成代码的，这种语言的编译程序至少分成两遍才容易生成目标代码。另外，机器的情况，即编译程序工作的环境也影响编译程序的遍数的划分。一个多遍扫描的编译程序比一遍扫描的编译程序占用内存少，遍数多一点，整个编译程序的逻辑结构可能清晰些，但遍数多即意味着增加读/写中间文件的次数，势必消耗较多时间，速度会比一遍的编译要慢。

选择编译遍数的因素如下：

① 源语言的结构（名字的先应用后定义）；

② 机器存储容量的大小；

③ 技术指标（编译速度、目标程序质量）；

④ 设计人员的素质。

1.4　C 语言编译器

C 语言编译器可以分为 C 和 C++两大类，其中 C++是 C 的超集，均向下支持 C。目前最流行的 C 语言编译器有以下几种：

- GNU Compiler Collection，或称 GCC；
- Microsoft C，或称 MS C；
- Borland Turbo C，或称 Turbo C。

这些 C 语言版本不仅实现了 ANSI C 标准，而且在此基础上各自做了一些扩充，使之更加方便、完美。主要的 C 语言编译器及特点分别如下：

① TC 2.0 DOS 平台软件。它是最经典的 C 语言编译器，系统体积小，简单易学，容易上手，而且很多前人或书籍中的程序均基于该编译器，是学习 C 语言的首选。不过它不支持鼠标。

② TC 3.0 DOS 平台软件。它是目前比较不错的 C/C++语言编译器，支持鼠标，语法着色，多文档，对错误跟踪也很好，操作与 TC 2.0 有很多类似之处。由于 TC 3.0 语法要求的严格性，如要求函数必须定义类型，所以向下存在一定的兼容性问题。

③ VC++6.0 Windows 平台。它是目前主流的 C/C++语言编译器，包含强大的类和内嵌 WinAPI 的 MFC，具有可视化的编程界面。对于 TC 等的作品也具有向下兼容的特点，可以用做 C 语言过渡到 Windows 平台编程的首选工具。该系统有点庞大。

还有其他的编译器，例如 Win tc、gcc、lcc、BC 3.1 等，它们都可以完成基本的 C 语言编译，但是编译器的编译结果存在着一定的差别，特别在一些复杂语法的语句编译上。

新的类似软件平台，如 Java 和 Visual C#，从发展的眼光来看，目前软件设计平台有一定的趋同趋势，例如，Java 和 C# 都来自于 C 和 C++，同时又都做了不错的扩展和优化。其主要特点是：优秀的 IDE 设计环境，强大的 Web 服务设计功能，对 C++的优化和扩充，基于虚拟机的运行模式，优秀的面向系统开发，可视化的较为成熟的面向对象的程序设计机制等。

1.5　编译程序的生成

编译程序的生成方式一般有以下几种。

(1) 使用低级语言或高级语言手工编制

以前人们用手工方法构造编译程序,人们大多是用机器语言或汇编语言作工具进行的。世界上第一个手工编译程序——FORTRAN 编译程序是 20 世纪 50 年代中期研制成功的。为了充分发挥各种不同硬件系统的效率,满足各种不同的具体要求,现在许多人仍然采用这种工具来构造编译程序(或编译程序的"核心"部分)。但是,越来越多的人已经用高级语言作为工具来编写程序,因为这样可以大大节省程序设计的时间,而且所构造出来的编译程序易于阅读、维护和移植。为了便于说明,采用一种 T 形图来表示源语言 S、目标语言 T 和编译程序实现语言 I 之间的关系,具体如图 1.11 所示。

如果 A 机器上已经有一个用 A 机器代码实现的某高级语言 L_1 的编译程序,则可以用 L_1 语言编写另一种高级语言 L_2 的编译程序,把写好的 L_2 编译程序经过 L_1 编译程序编译后就可得到 A 机器代码实现的 L_2 编译程序,具体如图 1.12 所示。

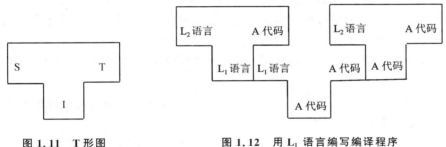

图 1.11　T 形图　　　　图 1.12　用 L_1 语言编写编译程序

(2) 采用"移植"方法产生编译程序

可以利用 A 机器上已有的高级语言 L 编写一个能够在 B 机器上运行的高级语言 L 的编译程序。做法是,先用 L 语言编写出 A 机器上运行的产生 B 机器代码的 L 编译程序,然后把该程序经过 A 机器上的 L 编译程序编译后得到能在 A 机器上运行的产生 B 机器代码的编译程序,用这个编译程序再一次编译上述编译程序源程序就得到了在 B 机器上运行的产生 B 机器代码的编译程序,用 T 形图表示,如图 1.13 所示。

(3) 采用"自编译"方式产生编译程序

方法是,先对语言的核心部分构造一个小小的编译程序(可采用低级语言实现),再以它为工具构造一个能够编译更多语言成分的较大的编译程序。如此扩展下去,就像滚雪球一样,越滚越大,最后形成人们所期望的整个编译程序。这种通过一系列自展途径而形成编译程序的过程叫作自编译过程。

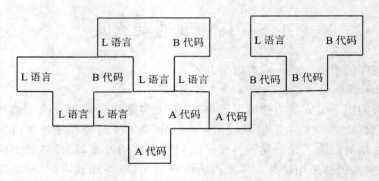

图 1.13 编译程序"移植"

(4) 编译程序的自动生成

采用编译工具的方法产生编译程序。现在人们已建立了多种编制部分编译程序或整个编译程序的有效工具。有些可用于自动产生扫描器(如 LEX),有些可用于自动产生语法分析器(如 YACC),有些甚至可用来自动产生整个的编译程序。这些构造编译程序的工具称为编译程序产生器或翻译程序书写系统,它们是按对源程序和目标语言(或机器)的形式描述(作为输入数据)而自动产生编译程序的。

最后,谈一谈如何学习构造编译程序。要在某一台机器上为某种语言构造一个编译程序,必须掌握下述三方面的内容:

① 源语言。对编译的源语言(如 C,C++),要深刻理解其结构(语法)和含义(语义)。

② 目标语言。假定目标语言是机器语言,那么,就必须搞清楚硬件的系统结构和操作系统的功能。

③ 编译方法。把一种语言程序翻译成另一种语言程序的方法很多,但必须准确地掌握一两种。

本课程是讲述编译程序的基本概念、基本理论和方法,从而对学生提供系统而有效的训练。

在本课程中,并不假定以某种特定机器作为目标机器。当需要涉及目标指令时,将采用一些人所共知的假想指令。因此,在学习这门课之前,读者必须具有计算机基础及程序设计的知识。

1.6 小 结

由于编译程序是一个极其复杂的系统,故在讨论中,可以把它肢解开来,一部分一部分地进行研究。因此,在学习过程中应注意前后联系,切忌用静止的、孤立的观点看待问题。在着手构造一个编译程序时,需要预先考虑具体因素,系统功能要求

（这种要求常常是多方面的）、硬件设备、软件工具等，特别是必须估量所有这些因素对编译程序构造产生的影响。后面，将按照 1.2.2 小节所说的编译过程的各基本阶段，逐步介绍编译程序的构造方法和技术。各个章节的内容将按照本章的组成顺序详细展开，掌握本章内容，将对后面各章内容的连接，以及及早建立编译程序的整体概念大有好处。

　　本章介绍高级语言与编译程序的关系；描述编译程序的一般工作过程和编译程序的结构。

本章重点：

① 编译程序的组成结构。

② 编译各个阶段完成的主要工作：

● 词法分析程序：识别（分离）单词；

● 语法分析程序：识别语法成分；

● 语义分析程序：完成语义解释；

● 代码优化程序：提高代码质量；

● 代码生成程序。

③ 基本概念：编译程序、编译程序的前端和后端、遍。

习 题 1

1.1 解释下列概念和术语：

编译程序，解释程序，源程序，目标程序，编译程序的前端、后端，编译的遍。

1.2 典型的编译程序由哪些部分组成？各部分主要完成的功能是什么？

1.3 "多遍扫描的编译程序是高质量的编译程序，优于单遍扫描的编译程序。"这样说对吗？编译程序采用多遍扫描还是单遍扫描需要考虑哪些因素？

1.4 "含有优化部分的编译程序的执行效率高"，该种说法是否正确？请说明理由。

1.5 有人认为编译程序的五个组成部分缺一不可，这种看法正确吗？请说明理由。

第 2 章　高级语言的语法描述

任何语言实现的基础都是语言的定义。学习和构造编译程序,首先要理解和定义高级语言。本章首先从编译的角度讨论语言成分的构成、含义;然后介绍程序语言的语法描述方法,目的是为理解和定义高级程序语言做准备,从而学习构造编译程序。

2.1　程序语言的定义

计算机语言与英语、汉语等自然语言相类似,也是为信息交流定义的一种将单词组织为句子的方式。自然语言可以表达情感,程序语言则是仅限于表达接收这些语言的机器必须遵从的命令。程序语言是与定义它的文法联系在一起的,包括语法和语义的定义。

2.1.1　语　法

某种程序语言可以看成是在特定字汇表上的字符串的集合。但是,什么样的字符串才算是一个**合适**的句子? 所谓一个语言的语法是指这样的一组规则,用它可以形成和产生一个合适的程序。这些规则的一部分称为词法规则。**词法规则**是指单词符号的形成规则;另一部分称为语法规则(或产生规则)。**语法规则**是指语法单位的形成规则。

假定:标识符是由小写字母开头的字母、数字串构成的,则标识符的词法规则如下:

<标识符>→字母|<标识符>字母|<标识符>数字

<字母>→a|b|c|d|e|f|g|h|i|j|k|l|m|n|o|…|x|y|z

<数字>→0|1|…|8|9

该标识符规则规定了标识符的定义、小写字母开头的、后续无数个字母(或数字)这样的字符串,如:a6bbc3、abbcde、b65 等都是合法标识符;而 6abc4、abc * 都不是合法标识符。错误分别在于:6abc4 是数字打头;abc * 虽然是字母打头,但是标识符串中出现了非字母和非数字的其他字符"＊"。

语言的单词符号是由词法规则定义的,词法规则规定了字母表中什么样的字符串是合法的单词符号。在现今多数程序设计语言中,单词符号一般分为保留字(关键字)、标识符、各种类型的常数、界符和算符等。由于单词符号本身很简单,它是程序语言的最基本单位,因此其形成规则也不复杂。在第 3 章将看到,正规式和有限自动机理论是描述词法结构和进行词法分析的有效工具。

语言中的语法成分比单词符号具有更丰富的意义。再例如,赋值语句的语法规则如下:

＜赋值语句＞→变量＝＜表达式＞

a＝(c＋b)＊c 是合法的赋值语句;a＋b＝(c＋b)＊c 不是合法赋值语句,因为 a＋b 不是变量。

语言的语法单位是语法规则定义的,语法规则规定了如何从单词符号组合构成语法单位;换言之,语法规则是语法成分的形成规则。一般程序的语法成分有:表达式、语句、过程(函数)和程序等。

如何描述一个程序语言的语法规则呢?描述语法规则一般是很不容易的。但就现今的多数程序语言来说,上下文无关文法仍是一种可取的有效工具。在本书中,有限自动机和上下文无关文法是讨论词法分析和语法分析的主要理论基础。

单词符号是语言中具有独立意义的最基本结构,但是语法单位比单词符号具有更丰富的意义。例如符号串“a＝(c＋b)＊c＋0.5”,从单词符号来看,“a”表示一个标识符名字,“＝”表示赋值符号,“0.5”表示一个实型常数;从语法单位来看,“a＝(c＋b)＊c＋0.5”代表一个赋值语句,而“＝”右侧则是一个算术表达式。

语言的词法规则和语言的语法规则定义了程序的形式结构,它是判断输入串是否构成一个形式上正确(即合法)的程序的依据。

2.1.2　语　义

对于某种高级语言来说,不仅要定义出它的词法规则、语法规则,而且要定义它的单词符号和语法成分要完成的操作,即实际意义,这就是语义问题。如果不考虑语义,那么语言只不过是一堆符号的集合,没有实际意义。在许多高级语言中有着形式上完全相同的语法成分,但含义却不尽相同。例如,许多语言都具有如下形式的语句:

If　a＞b then if c＞d　then S_1 else　S_2 else　S_3

但其含义各有不同。对于编译来说,只有了解程序的语义,才知道应把它翻译成什么样的目标指令代码。

所谓一个语言的**语义**是指这样的一组规则,使用它可以定义一个程序的意义,这些规则称为**语义规则**。通常情况下,程序语言的语义有两方面的含义,一是描述程序语言各语法的含义,二是描述程序语言各语法成分让计算机执行它的操作动作,例如:

A＝(c＋b)＊c＋0.5

赋值语句的语义为:将赋值号右边的算术表达式按照正确的运算顺序计算出它的“值”之后,再将其表达式的“值”赋值给赋值号左边的变量。

阐明语义要比阐明语法难得多。

2.2 程序语言的语法基础

定义一种语言就是要定义它的字符集、语法和语义。对于高级程序设计语言及其编译程序而言,语言的语法定义一般都是从如何生成源语言和识别源语言的观点出发,将形式语言作为源语言的数学模型来定义语言,将自动机作为编译程序的数学模型来识别源语言。

本节首先介绍语法结构的形式描述手段,然后重点讨论文法和语言的关系、语法分析树与二义性问题。

2.2.1 文法的讨论

1. 文法定义的引出

当人们表述一种语言时,无非是说明这种语言的句子,如果语言中只含有有穷多个句子,则只需要列出句子的有穷集即可;但对于含有无穷句子的语言来说,还存在着如何给出它的有穷表示的问题。

以自然语言为例,人们无法列出全部句子,但是人们可以给出一些**规则**,用这些规则来说明(或者定义)句子的组成结构,例如,"我是大学生"是汉语的一个句子。下面采用 EBNF(扩展巴克斯-瑙尔范式)来表示句子的构成规则。

巴科斯范式(BNF:Backus - Naur Form 的缩写)是由 John Backus 和 Peter Naur 引入的用来描述计算机语言语法的符号集,它从语法上描述程序设计语言的元语言,采用 BNF 就可说明哪些符号序列是对于某给定语言在语法上有效的程序。扩展巴科斯-瑙尔范式是表达作为描述计算机编程语言和形式语言的正规方式的上下文无关文法的元语法符号表示法。它是基本巴科斯范式元语法符号表示法的一种扩展。

```
<句子>∷=<主语><谓语>
<主语>∷=<代词>|<名词>
<代词>∷=我|你|他
<名词>∷=王明|大学生|农民|英语
<谓语>∷=<动词><直接宾语>
<动词>∷=是|学习
<直接宾语>∷=<代词>|<名词>
```

这些规则成为判别句子结构合法与否的依据;换句话说,这些规则被看成是一种元语言,用来描述汉语。这里仅仅涉及汉语句子的结构描述。这样的语言描述被称为文法。

元语言符号的解释如下:

＜＞内包含的为必选项;直竖"|"表示彼此并列选择关系,可以任选一项,相当于

"OR"的意思;":＝"是"被定义为"的意思。

2. 什么是文法

简单说**文法**是描述语言的语法结构的**形式规则**,即语法规则。这些规则必须是准确的、易于理解的,而且要有相当强的描述能力,足以描述各种不同的结构。由这些规则所形成的程序语言应有利于句子的分析和翻译,而且最好能通过这些规则自动产生有效的语法分析程序。在程序语言中,人们所关注的是"程序"这个语法范畴,而其他的语法范畴都只不过是构造"程序"的一块块砖石。

有了一组规则以后,可以按照它们去推导或产生句子。可以用"→"代替":＝",所以规则又称产生式,表示"由……组成"或"定义为"。如上例,可以等价地表示为以下的语法规则:

```
<句子>→<主语><谓语>
<主语>→<代词>|<名词>
<代词>→我|你|他
<名词>→农民|大学生|王明|英语
<谓语>→<动词><直接宾语>
<动词>→是|学习|
<直接宾语>→<代词>|<名词>
```

3. 语法树

可以用一种图示化方法来表示该句子的推导,这种图形称为语法分析树,或简称语法树。这种语法树倒立生长,即树根(文法开始符号)在上,树叶在下,如图 2.1 所示。

显然,按照上述方法,可以生成无数句子,例如:"我是大学生"、"他说英语"、"他是王明"等句子都是合法句子。事实上,使用文法作为工具,不仅是为了严格地定义句子的结构,也是为了用有限的规则把语言的全部句子描述出来,即文法是用有穷的、规则的集合刻画无穷的语言的一个工具。

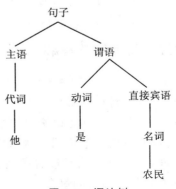

图 2.1　语法树

4. 由规则推导句子

把"他是农民"与上述规则进行对照,看其中的语法范畴是否处于适当位置,可以得出结论:它是一个语法上正确的句子。说得更确切一点,有了这些规则后,就可以推导或产生出上述句子。从<句子>(文法开始符号)出发,反复把上述规则中"→"右端的部分替换成左端的部分,从而得到句子"他是农民"的全部推导动作,过程如下:

```
<句子>⇒<主语><谓语>
      ⇒<代词><谓语>
      ⇒他<谓语>
      ⇒我<动词><直接宾语>
      ⇒我是<直接宾语>
      ⇒我是<名词>
      ⇒我是农民
```

"⇒"是推导符号,含义是利用规则右端的符号串代替规则左端的某个符号。其中,在规则左端的带尖括号的称为非终结符,不带尖括号的称为终结符。利用规则不仅可以描述句子的语法结构,而且可以推导或产生句子,所以规则又称为产生式。

注意:

① 推导分为最左推导、最右推导。

② 同一组规则可推出若干不同的句子,要注意语义的正确性。

意义:

① 句子的语法结构可由语法树或者一组规则描述,一组规则可推出(产生)若干句子。

② 可以用有穷的规则去刻画无穷的语言(用文法定义语言)。

③ 可以利用文法去检查某句子是否属于某语言(用文法识别语言)。

2.2.2 符号和符号串

正如英文文章是由句子组成的集合,而句子是由单词和标点符号组成的符号串那样,程序设计语言C(C++)是由C(C++)程序语句等所组成的集合,而程序是由程序段、函数和语句等语法单位组成的,语法单位是由类似保留字、标识符、算符、常数、分隔符等的一些单词符号组成的,而每个单词又是由一个字符串组成的,所以,C语言或C++语言可以看成是在这些基本符号集上定义的、按一定规则构成的一些基本符号串组成的集合。

语言=符号串(基本符号+规则)的集合。

为了给出语言和文法的形式定义,下面首先讨论符号和符号串的有关概念。

(1) 字汇表

字汇表是元素的非空有穷(有限)集合,一般用$\sum$表示。

例如:$\sum=\{0,1\}$,$\sum=\{a,b,c\}$等都是字汇表。C(C++)语言的字汇表是由26个英文大、小写字母,10个阿拉伯数字,一些其他符号("+"、"−"、"＊"、"/"、"("、")"、"♯"、"!"等)和int、short、void等一些保留字组成的。

（2）符号串

由字汇表中的符号组成的任何有穷序列都被称为**符号串**，其中 ε 表示空符号串（不包含任何字符）；例如，字汇表 $\sum=\{0,1\}$ 中的符号串集合＝\{ε,00,01,101,…\}，即字符串集合为空串或由 0 和 1 任意组合的字符串；再例如，字汇表 $\sum=\{a,b,c\}$ 中的符号串集合＝\{ε,a,bcaa,bbcaab,…\}，即字符串集合为空串或由 a、b 和 c 任意组合的字符串。

应该注意的是，在符号串中符号是有顺序的，例如，符号串 ab 和 ba 是两个不同的符号串；假定约定使用小写字母 s,t,…,z 这样的字母表示符号串，例如符号串 s＝bcaa。假设符号串 s 有 m 个符号，则其长度为 m，表示为 $|s|＝m$，例如符号串 s＝bcaa 的串长为 $|s|＝4$，其中 $|ε|＝0$。$\varnothing=\{\}$ 表示不含任何元素的**空集**。这里要注意 ε、\{\} 和 \{ε\} 的区别，ε 为空字，\{\} 为空集 $\varnothing$，\{ε\} 表示集合内含有一个元素为 ε。

（3）符号串的运算

设 A、B 为字汇表 $\sum$ 上的符号串集合，s 和 t 是定义在该集合上的符号串，在符号串集合上的运算主要有以下几种。

① **符号串的连接**：符号串 st 的连接是把 t 的符号串写在 s 的符号串之后得到的符号串，例如 s＝aacbaa,t＝bccc，则 st＝aacbaabccc,ts＝bcccaacbaa。根据 ε 的定义，显然 εs＝sε＝s。

② **符号串的方幂**：设 s＝ab 是符号串，把 s 自身连接 n 次得到符号串 z＝ss…ss，则 z 称为符号串 s 的 n 次方幂（即 n 个 s 的连接），写作 $z＝s^n(n\geqslant0)$，$s^0＝ε$；$s^1＝ab$，$s^2＝abab$,…,即

$$s^n = \underbrace{ab\cdots ab}_{n个ab}.$$

不难看出，当 n＞0 时，符号串的方幂满足如下性质，即 $s^n＝s^{n-1}s＝ss^{n-1}$。

③ **集合的乘积**：若集合 A 中的一切元素都是字汇表上的符号串，则称 A 为该字汇表上的符号串的集合。两个符号串集合 A 和 B 的乘积定义如下：

AB＝\{st|s∈A 且 t∈B\}，即 AB 是满足 s 属于 A,t 属于 B 的所有符号串 st 所组成的集合；根据定义可知，符号串集合乘积不满足交换律，即 AB≠BA，但是串连接满足结合律（AB）C＝A（BC），设 ABC 都为字汇表上的符号串集合。例如，设字汇表为 $\sum=\{0,1\}$，AB 为该字汇表上的字符串集合，其中 A＝\{01,110\},B＝\{00,0,110\}，则 AB＝\{0100,010,01110,11000,1100,110110\},BA＝\{0001,00110,001,0110,11001,110110\}。再例如，\{ε\}A＝A\{ε\}＝A。

④ **集合的闭包 $\sum^*$ 和正闭包 $\sum^+$**：指定字汇表之后，可用 $\sum^*$ 表示 $\sum$ 上的所有有穷长的串的集合：

$$\sum{}^* = \sum{}^0 \cup \sum{}^1 \cup \sum{}^2 \cup \cdots \cup \sum{}^n \cup \cdots$$

$\sum^+$ 称为字汇表 $\sum$ 的闭包，而 $\sum^+＝\sum^1\cup\sum^2\cup\cdots\cup\sum^n\cup\cdots$ 称为 $\sum$ 它的正闭包。显然有如下结论：

$$\Sigma^* = \Sigma^0 \bigcup \Sigma^+$$
$$\Sigma^+ = \Sigma \Sigma^* = \Sigma^* \Sigma$$

例如 $\Sigma = \{0,1\}$，则有如下结论：

$$\Sigma^* = \{\varepsilon,0,1,00,01,10,11,000,001,010,\cdots\}$$

综上可见，Σ^* 是可数的、无穷的符号串元素的集合，使用一般集合论的符号表示为：若符号串 s 是 Σ^* 中的符号串，则 $s \in \Sigma^*$；若 s 不是 Σ^* 中的符号串，则 $s \notin \Sigma^*$。对于所有的 Σ^*，均有 $\varepsilon \in \Sigma^*$。

例：若 A 是 C 语言的基本符号集，则 C 语言是 A 闭包上的子集。

2.2.3　文法和语言的形式定义

把上述所描述的具体汉语句子的规则加以形式化，得出抽象的文法和语言的形式化定义，即用形式化的"规则"概念去抽象定义文法和语言。

所谓上下文无关文法是这样一种文法，它所定义的语法范畴（或语法单位）是完全独立于这种范畴可能出现的环境的。例如，在程序语言中，当遇到一个算术表达式时，完全可以对它"就事论事"进行处理，而不必考虑它所处的上下文。但在自然语言中，一个句子、一个词乃至一个字，它们的语法性质和所处的上下文往往有密切的关系。因此，上下文无关文法当然不宜于描述任何自然语言，但对于现在的程序语言来说，上下文无关文法基本上够用了。本小节将讨论什么是上下文无关文法和上下文无关语言。以后凡是"文法"，若无特殊说明，均指上下文无关文法。

定义 2.1　规则（产生式）　是一有序对 $<u,x>$，通常写作 $u \rightarrow x$。

定义 2.2　上下文无关文法　$G[Z]$ 是一组规则的非空有穷集合，形式定义为四元组，即 $G[Z] = \{V_N, V_T, P, Z\}$，其中，Z 为文法开始符号，$V_N$ 为文法的非终结符号集合，V_T 为文法的终结符号集合。通常 $V = V_N \bigcup V_T$ 为文法的字汇表（文法符号集合），$V_N \bigcap V_T = \Phi$。P 为一组规则（产生式）$P \rightarrow \beta$ 的集合，其中 P 为非终结符，$\beta \in V^*$。"$\rightarrow$"表示"定义为"或者"由…组成"，如 $P \rightarrow \beta$ 读作 P 定义为 β。直竖"|"表示多个并列选择关系，它们都是 BNF 元语言符号。

注意，为了书写方便，若有若干个左端相同的产生式，如：

$$P \rightarrow \alpha_1$$
$$P \rightarrow \alpha_2$$
$$\cdots$$
$$P \rightarrow \alpha_n$$

则可合并成为一个，缩写成

$$P \rightarrow \alpha_1 | \alpha_2 | \cdots | \alpha_n$$

其中每个 α_i，$i \in N = \{1,2,\cdots,n\}$ 称为 P 的候选式。

例 2.1　设文法 $G = (V_N, V_T, P, Z)$，其中：

$V_N = \{<句子>,<主语>,<谓语>,<代词>,<名词>,<直接宾语>,<动词>\}$;

$V_T = \{我,你,他,王明,大学生,工人,英语,是,学习\}$;

$P = \{<句子> \rightarrow <主语><谓语>,<主语> \rightarrow <代词>|<名词><代词> \rightarrow$
我|你|他;

$<名词> \rightarrow 王明|大学生|工人|英语,<谓语> \rightarrow <动词><直接宾语>$;

$<动词> \rightarrow 是|学习,<直接宾语> \rightarrow <代词>|<名词>\}$, $Z = <句子>$。

例 2.2 设文法 $G = (V_N,V_T,P,Z)$，其中：

$$V_N = \{Z,T\}, \quad V_T = \{0,1\}$$
$$P = \{Z \rightarrow 0Z1|T, T \rightarrow 1T0|\varepsilon\}$$

文法开始符号为 Z。

一般约定，第一条产生式左端的符号是文法开始符号，以后如果没有特殊规定，一般将用大写字母 A、B、C…表示非终结符（或者用尖括号括起来的）。非终结符出现在产生式左端；用小写字母 a、b、c…代表终结符（不带尖括号的）；用 α、β、γ 等代表由终结符和非终结符组成的符号串。为方便起见，当引用具体的文法例子时，以后仅仅列出产生式和指出文法开始符号。

为研究文法所产生的语言，还需要引入推导的概念，即定义 V^* 中的符号之间的关系。直接推导符号："$\Rightarrow$"；间接推导符号："$\overset{+}{\Rightarrow}$"（推导长度（$n \geqslant 1$））和"$\overset{*}{\Rightarrow}$"（推导长度（$n \geqslant 0$））。

定义 2.3 设有文法 $G[Z]$，$v = xUy \in V^+$，$w = xuy \in V^*$，其中，$x,y \in V^*$，若有规则 $U \rightarrow u$，使得 $xUy \Rightarrow xuy$，则称作 v 直接推导出 w，或者 w 直接归约成 v，记作 $v \Rightarrow w$。

有规则即可形成直接一步推导，利用规则右端去代替规则左端的非终结符。

定义 2.4 如果存在直接推导序列

$$v \Rightarrow u_1 \Rightarrow u_2 \Rightarrow u_3 \Rightarrow \cdots \Rightarrow u_n = w \quad (n \geqslant 1)$$

推导长度为 n，则称 w 可以归约到 v，记作 $v \overset{+}{\Rightarrow} w$；如果 $n \geqslant 0$（$v = w$ 或 $v \overset{+}{\Rightarrow} w$），记作 $v \overset{*}{\Rightarrow} w$，则称 v 可以间接地推出 w。

例 2.3 设文法 $G[标识符]$：

$<标识符> \rightarrow <字母>|<标识符><字母>|<标识符><数字>$

$<字母> \rightarrow a|b|\cdots|z$

$<数字> \rightarrow 0|1|\cdots|9$

由标识符构造的推导如下：

$<标识符> \Rightarrow <标识符><字母>$

$\Rightarrow <标识符><字母><字母>$

$$\Rightarrow <标识符><数字><字母><字母>$$
$$\Rightarrow <字母><数字><字母><字母>$$
$$\Rightarrow a<数字><字母><字母>$$
$$\Rightarrow a9<字母><字母>$$
$$\Rightarrow a9b<字母>$$
$$\Rightarrow a9bc$$

由<标识符>推出字符串 a9bc,推导长度为 8。上述推导过程每次替换的是最左端的非终结符。若推导过程中每次替换的是最左端的非终结符,则称**最左推导**;同理,若推导过程中每次替换的是最右端的非终结符,则称**最右推导**。

定义 2.5 设文法 G[Z],如果 $Z \overset{*}{\Rightarrow} \alpha, \alpha \in V^*$,则称 α 为**句型**。其中,文法开始符号 Z 也是**句型**,因为 $\overset{*}{\Rightarrow}$ 包括 0 步推导,例 2.3 中每一步推导都产生一个句型。

定义 2.6 设文法 G[Z],如果 $Z \overset{+}{\Rightarrow} \alpha, \alpha \in (V_T)^*$,则称 α 为该文法仅包含终结符号的句型是**句子**,可见句子是特殊句型。例 2.3 中符号串 a9bc 是由文法开始符号<标识符>推导出的句子。

定义 2.7 文法 G[Z]所产生句子的全体是一个**语言集合**,将它记为 L(G[Z])。

$$L(G[Z]) = \{\alpha \mid Z \overset{+}{\Rightarrow} \alpha, 且 \alpha \in V_T^*\}$$

由例 2.3 可知,该文法所识别的语言是字母(a~z)开头的后跟无数个字母(a~z)或数字(0~9)构成的符号串。

可以证明以下两点:

---
① 给定一个文法 G,可唯一确定语言 L(G)。
② 给定一语言 L,可确定 G_1 或 G_2 或 $G_3 \cdots$。

下面,介绍几个简单的例子。

例 2.4 设有文法 G[S]:

$$S \rightarrow bA$$
$$A \rightarrow aA \mid a$$

该文法产生的语言是什么?

解答:从文法的开始符号出发,利用文法中的规则进行推导,产生如下的句子:

$S \Rightarrow bA \Rightarrow ba$

$S \Rightarrow bA \Rightarrow baA \Rightarrow baa$

…

$S \Rightarrow bA \Rightarrow baA \Rightarrow \cdots \Rightarrow baa \cdots a$

归纳得出:从 S 出发可推出所有以 b 开头且后跟着一个或多个 a 的字符串,所以,该文法产生的句子集合(某种语言)为 $L(G_1) = \{ba^n \mid n \geq 1\}$。

由此可见,给定一文法,可以唯一确定一语言。

例 2.5　设有文法 G[S]:

$$S \rightarrow aSb \mid ab$$

该文法产生的语言是什么?

解答:从文法的开始符号出发,利用文法中的规则进行推导,产生如下的句子:

$S \Rightarrow ab$

$S \Rightarrow aSb \Rightarrow aabb$

$S \Rightarrow aSb \Rightarrow aaSbb \Rightarrow aaabbb$

...

$S \Rightarrow aSb \Rightarrow aaSbb \Rightarrow aaaSbbb$

$S \Rightarrow aSb \Rightarrow aaSbb \Rightarrow \cdots \Rightarrow aaaa\cdots bbbb$

归纳得出:该文法产生的句子集合(语言)为

$$L(G[S]) = \{a^n b^n \mid n \geq 1\}$$

例 2.6　已知语言 $L(G[S]) = \{ab^n a \mid n \geq 0\}$,请构造能产生该语言的文法。

解答:

$G_1[S]$:　$S \rightarrow aRa$	$G_2[S]$:　$S \rightarrow aRa$
$R \rightarrow bR \mid \varepsilon$	$R \rightarrow Rb \mid \varepsilon$
$G_3[S]$:　$S \rightarrow aa \mid aRa$	$G_4[S]$:　$S \rightarrow aa \mid aRa$
$R \rightarrow bR \mid b$	$R \rightarrow bR \mid b \mid \varepsilon$

可见:$G_1[S]$、$G_2[S]$、$G_3[S]$ 和 $G_4[S]$ 是不同的文法,但是它们描述的语言相同,所以这 4 个文法是等价的,即 $G_1[S] \equiv G_2[S] \equiv G_3[S] \equiv G_4[S]$。

由此得知,同一语言可以对应多个不同的等价文法。

例 2.7　已知语言 $L(G[S]) = \{a^n b^m c^m d^n \mid n \geq 1, m \geq 1\}$,请构造能产生该语言的文法。

解答

$G_1[S]$:	$G_2[S]$:
$S \rightarrow aSd \mid aRd$	$S \rightarrow aTd$
$R \rightarrow bRc \mid bc$	$T \rightarrow aTd \mid bRc$
	$R \rightarrow bRc \mid \varepsilon$

例 2.8　已知语言 $L(G[S]) = \{a^n b^n c^m d^m \mid n \geq 1, m \geq 0\}$,请构造能产生该语言的文法。

$G_1[S]$:	$G_2[S]$:
$S \rightarrow TR$	$S \rightarrow aTbR$
$T \rightarrow aTb \mid ab$	$T \rightarrow aTb \mid \varepsilon$
$R \rightarrow cRd \mid \varepsilon$	$R \rightarrow cRd \mid \varepsilon$

定义 2.8 设有规则 S→xSy,其中 S∈V_N,x,y∈V*,则称 S→xSy 为**直接自嵌入递归规则**;若 x 为空串(即 x=ε),则称 S→Sy 为**直接左递归规则**;若 y 为空串(即 y=ε),则称 S→xS 为**直接右递归规则**。

定义 2.9 设有文法 G[S],若该文法中含有直接递归的规则,则称该文法为**直接递归文法**,根据规则递归位置不同,文法分为直接左递归、直接右递归、直接自嵌入递归文法。同理,若文法 G[S]中含有规则 S→xUy,U→αSβ,其中,x,y,α,β∈V*,有 S⇒xUy⇒xαSβy,即 $S \overset{+}{\Rightarrow} \cdots S \cdots$,则称该文法为**间接递归文法**。

与直接递归文法雷同,间接递归文法同样分为间接左递归、间接右递归、间接自嵌入递归文法。

总结上面例题可知,**无穷的语言必须由递归文法来定义**。

2.2.4 语法分析树和二义性

前面已经提到过上下文无关文法有足够的能力描述现今大多数程序语言的语法结构,因此,人们更关注的是上下文无关文法的句子分析和分析方法。前面提到过可以用一个语法树表示一个句型的推导(语法树是推导的图形化过程),语法树有助于理解一个句子语法结构的层次。前面介绍了句型、推导等概念,现在介绍一种描述上下文无关文法句型推导的直接工具,即语法树(语法层次分析树)。

定义 2.10 设文法为 G=(V_N,V_T,P,S),对于 G 的任何句型,构造与之关联的语法树算法如下。

① 文法的开始符号 S 是树的根结点;

② 若在语法树生长过程中(句型推导中),用到文法 G 中某非终结符为 A,它的产生式为 A→x_1x_2…x_n,则产生一棵新的子树,子树树根为 A,x_1x_2…x_n,从左到右的顺序为 A 的直接子孙。

③ 直到最终句型为该语法树末端叶子结点为止。

例 2.9 设文法 G[E]:

$$
\begin{aligned}
&(1)\ E \to i\\
&(2)\ E \to E + E\\
&(3)\ E \to E * E\\
&(4)\ E \to (E)
\end{aligned}
\qquad (2.1)
$$

句子 i*i+i 的语法树如图 2.2 所示。

这棵树的根结点是第一代的标识符 E,它是开始符号,根结点有三个儿子,即第二代的"("、"E"和")",父子同名在语法树中是常见的事(反映递归性)。这三个兄弟的排列顺序是:"("为老大、"E"为老二、")"为老三。老大和老三没有后代,是叶子结点。老二有三个儿子,它们是第三代,分别为"E"、"+"和"E"。第三代的老二"+"是叶子结点,但老大和老三都有后代。老大的后代是第四代的 E*E,老三的后代是 i。

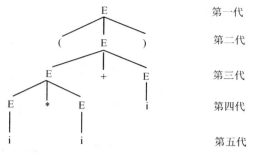

图 2.2 i＊i＋i 的语法树

这里要注意的一点是,语法树并没有反映出生养后代的先后。例如,第三代的老大和老三都有儿子,但它们谁先生的儿子呢?不论是老大先生的儿子还是老三先生的儿子,从语法树的最终表示来看并没有区别。在最左推导中,甚至老三生儿子的时间是老大生出两个孙子之后(即第 5 代的 i＊i)。

句子 i＊i＋i 的最左推导和最右推导分别如下:

$$E \overset{L}{\Rightarrow} (E) \overset{L}{\Rightarrow} (E+E) \overset{L}{\Rightarrow} (E*E+E) \overset{L}{\Rightarrow} (i*E+E) \overset{L}{\Rightarrow} (i*i+E) \overset{L}{\Rightarrow} (i*i+i)$$

$$E \overset{R}{\Rightarrow} (E) \overset{R}{\Rightarrow} (E+E) \overset{R}{\Rightarrow} (E+i) \overset{R}{\Rightarrow} (E*E+i) \overset{R}{\Rightarrow} (E*i+i) \overset{R}{\Rightarrow} (i*i+i)$$

虽然句子 i＊i＋i 最左推导和最右推导过程不同,并且最左推导对应的语法树和最右推导对应的语法树生长过程不同,在最左推导过程中,使用产生式的顺序为(4)、(2)、(3)、(1)、(1)和(1);在最右推导过程中,使用产生式的顺序为(4)、(2)、(1)、(3)、(1)和(1),但是最终的语法结构和树形状相同(语法树表明了推导过程中使用了哪个产生式和使用在了哪个非终结符上,但是它并没有表明使用产生式的先后顺序)。

这就是说,语法树是推导过程的图示化过程,一棵语法树表示了一个句型的种种可能的(但未必所有的)不同推导过程,包括最左推导(最右推导)。这样的一棵语法树是这些不同推导过程的共性抽象,是它们的代表。如果坚持使用最左(最右)推导,那么,一棵语法树就完全等价于一个最左(最右)推导,这种等价性包括树的步步成长和推导的步步展开之间的完全一致性。但是,一个句型是否只对应唯一的一棵语法树呢?一个句型是否只有唯一的一个最左推导(最右推导)呢?答案是否定的。

例 2.10 已知文法 G[E]:

$$E \rightarrow E+E \mid E*E \mid i \mid (E)$$

最左推导 1: $E \overset{L}{\Rightarrow} E+E \overset{L}{\Rightarrow} i+E \overset{L}{\Rightarrow} i+E+E \overset{L}{\Rightarrow} i+i+E \overset{L}{\Rightarrow} i+i+i$

最左推导 2: $E \overset{L}{\Rightarrow} E+E \overset{L}{\Rightarrow} E+E+E \overset{L}{\Rightarrow} i+E+E \overset{L}{\Rightarrow} i+i+E \overset{L}{\Rightarrow} i+i+i$

该文法的句子 i＋i＋i 存在两棵不同的语法分析树,存在两种不同的最左推导,如图 2.3 所示。同理,该句子也存在两种不同的最右推导。

定义 2.11 如果有一文法,该文法中存在某个句子对应两棵不同的语法树或两种不同的最左推导或两种不同的最右推导,则称该文法为**二义性文法**。

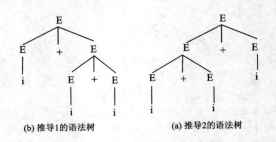

(b) 推导1的语法树   (a) 推导2的语法树

图 2.3   句子 i＋i＋i 两种不同的最左推导对应的语法树

例如,例 2.10 的文法就是二义性文法。

注意,文法的二义性和语言的二义性是两个不同的概念。可能有两个不同的文法 G 和 G′,其中一个是二义性的文法,而另一个是无二义性的,但是却有 L[G]＝ L[G′];也就是说,这两个文法所产生的语言是相同的。对于一种程序语言来说,常常希望它的文法是无二义的,因为文法的二义性会带来句型分析过程的不唯一,带来语义处理的二义性,而编译希望对每个语句的分析是唯一的。但是,只要能够控制和驾驭文法的二义性,文法二义性的存在并不一定是一件坏事。

人们已经证明,文法二义性问题是不可判定的,即不存在一个算法,它能在有限的步骤内,确切地判定一个文法是否为二义的。所能做的事是为无二义性寻找一组充分条件(当然它们未必都是必要的)。例如,在文法(2.1)中,假若规定了运算符"＋"与"＊"的优先顺序和结合规则,比方说,让"＊"的优先性高于"＋",且它们都服从左结合,那么,就可以构造出一个无二义性文法:

$$E \rightarrow T \mid E+T$$
$$T \rightarrow F \mid T*F \qquad\qquad (2.2)$$
$$F \rightarrow (E) \mid i$$

如果把这个文法中的 E 看作"表达式",把 T 看作"项",把 F 看作"因子",并用这些汉字来代替它们,那么,这个文法就等价于:

表达式→项｜表达式＋项

项→因子｜项＊因子

因子→(表达式)｜i

在这个文法中,i＋i＋i 最左推导是唯一的,即

表达式⇒项⇒因子⇒(表达式)

⇒(表达式＋项)⇒(项＋项)

⇒(项＊因子＋项)

⇒(因子＊因子＋项)

⇒(i＊因子＋项)

⇒(i＊i＋因子)

⇒(i＊i＋i)

这个推导所对应的语法树如图 2.4 所示。

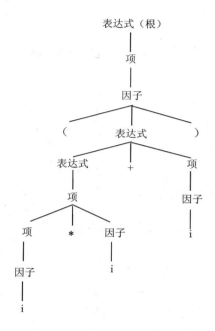

图 2.4　i＊i＋i 的语法树

对作为描述程序语言的上下文无关文法有几点小小的限制。

① 文法中不含任何下面形式的产生式：

$$P \rightarrow P$$

因为,这种产生式除了引起语法分析的二义性外,没有任何好处。

② 每个非终结符 P 必须都有用处。这一方面意味着,必须存在含 P 的句型,也就是从开始符号 S 出发,存在推导：

$$S \overset{*}{\Rightarrow} xPy$$

另一方面意味着,必须存在终结符串 $\gamma \in V_T^*$,使得 $P \overset{+}{\Rightarrow} \gamma$;也就是说,对于 P 不存在永不终结的回路。

以后所讨论的文法均假定满足上述两个条件,这种文法也称化简了的文法。

例 2.11　已知文法 G[S]：

　　　　(1) S→Be　(2) S→Ec　(3) A→Ae　(4) A→e　(5) A→A

　　　　(6) B→Ce　(7) B→Af　(8) C→Cf　(9) D→f　(10) G→b

解答:根据①消除 P→P 类型的有害规则:(5) A→A。

根据②消除文法开始符号推导不到的规则:(9) D→f,(10) G→b。

根据②消除推导产生不了终结符的规则:(2) S→Ec,(6) B→Ce,(8) C→Cf。

故化简后的文法 G[S]为

(1) S→Be   (2) A→Ae   (3) A→e   (4) B→Af

2.3 C 语言与文法

① C 语言的字汇表：

V={a···Z, 0···9, ～ , , % , ^ , & , * , (,) , − , + , = , { , } , [,] ,

| , . , : , ; , " , ′ , < , > , / , \ , _ , ? , # }

② C 语言主要语法成分的文法：

i. <标识符>→C|<标识符>C|<标识符>D

C→a|b|···|z|_

D→0|1|···|9

ii. <十进制数无符号整数>→D<十进制数无符号整数>G

D→1|···|9

G→0|1|···|9

iii. <十六进制数>(以 0x 开头的数字序列)→0x<十六数>

<十六数>→D|<无符号整数>G

D→1|···|9|a|b|c|d|e|f

G→0|1|···|9|a|b|c|d|e|f

③ 主要语法成分的文法：

<简单赋值语句>	<简单条件语句>
S→id:=E	(1) S→if E then S_1
E→E_1+ E_2	(2) S→if E then S_1 else S_2
E→E_1 * E_2	(3) S→while E do S_1
E→−E_1	(4) S→ begin L end
E→(E_1)	(5) S→A
E→id	(6) L→L ;S
	(7) L→S

2.4 形式语言简介

艾弗拉姆·诺姆·乔姆斯基博士（Avram Noam Chomsky，1928 年 12 月 7 日——　），是麻省理工学院语言学的荣誉退休教授。计算机科学的兴起和发展也与乔姆斯基的语言理论有密切的关系，甚至有人称他为计算机科学的"老祖宗"。乔姆斯基的生成语法被认为是 20 世纪理论语言学研究上的重要贡献。他所采用以自然为本来研究语言的方法也大大地影响了语言和心智的哲学研究。他的另一大成就是建立了乔姆斯基层级;根据文法生成的不同而对形式语言做的分类。

形式语言也称代数语言学,它研究一般的抽象符号系统,运用形式模型对语言(包括人工语言和自然语言)进行理论上的分析和描写。自从乔姆斯基于 1956 年建立形式语言的描述以来,形式语言的理论发展得很快。这种理论对计算机科学有着深刻的影响,特别是对程序语言的设计、编译方法和计算复杂性等方面有更重大的作用。

形式语言学的特点是:

① 高度的抽象化(采用形式化的手段——专用符号、数学公式来描述语言的结构关系,这种结构关系是抽象的);

② 是一套演绎系统(形式语言本身的目的就是要**用有限的规则来推导语言中无限的句子**,提出形式语言的哲学基础也是想用演绎的方法来研究自然语言);

③ 具有算法的特点(例如语法分析中采用不同的算法来构造句子的语法推导树)。

1. 乔姆斯基把文法分成四种类型,即 0 型、1 型、2 型和 3 型

0 型文法:设 $G = (V_N, V_T, P, S)$,如果它的每个产生式 $u \to v$ 是这样一种结构:$u \in V^+$ 且至少含有一个非终结符,而 $v \in V*$,则 G 是一个 0 型文法。

0 型文法也称短语文法。一个非常重要的理论结果是:0 型文法的能力相当于图灵机(Turing)。或者说,任何 0 型文法的语言都是递归可枚举的;反之,递归可枚举集必定是一个 0 型语言。

例 2.12　文法 $G[S] = (\{S, A, B, C, D, E\}, \{a\}, P, S)$,其中 P 由如下产生式组成:

S→ACaB
CB→E
aE→Ea
Ca→aaC
aD→Da
AE→ε
CB→DB
AD→AC

G [S] 就是一个 0 型文法,它所产生的语言为

$$L_0 = \{a^i | i \text{ 是 2 的正整次方}\}$$

即 $L_0 = \{aa, aaaa, aaaaaaaa, \cdots\}$

尽管 0 型文法不足以描述自然语言,但对程序设计语言的描述而言又太一般化,所以须对产生式的形式加以限制。

0 型文法是这几类文法中限制最少的一个,对 0 型文法产生式的形式做某些限制,就可以得到 1、2 和 3 型文法。

1 型文法也称为**上下文有关文法**。若在 0 型文法的基础上每一个 $u \to v$,都有 $|v| >= |u|$,这里的 $|v|$ 表示的是 v 字符串的长度,$|u|$ 表示的是 u 字符串的长度,仅仅有一特例 $S \to ε$ 例外,但 S 不得出现在任何产生式的右部,则称该文法为 1 型文法(上下文有关文法)。这种文法意味着,对非终结符进行替换时务必考虑上下文,并且一般不允许替换成 ε 串。此文法对应于线性有界自动机。

例如,设有规则 $A \to Ba$,则 $|v| = 2$,$|u| = 1$,符合 1 型文法要求;反之,如 $aA \to a$,则不符合 1 型文法。

2 型文法也叫上下文无关文法,2 型文法是在 1 型文法的基础上再满足:每一个 $u \to v$ 都有 u 是非终结符。如 $A \to Ba$,符合 2 型文法要求。如 $Ab \to Bab$ 虽然符合 1 型文法要求,但不符合 2 型文法要求,因为其 $\alpha = Ab$,而 Ab 不是一个非终结符。2 型文法对应于非确定的下推自动机。这是形式语言中的一条重要定理。事实上,使用下推表(先进后出存储区或栈)的有限自动机是分析上下文无关语言的基本手段。当在后面研究语法分析时,对此会有所了解。

上下文无关文法有足够的能力描述现今多数程序设计语言的语法结构。

已经看到,用它可以描述算术表达式、控制语句等各种语句。

下面是一个能够产生条件句的文法片段:

语句→if 条件 then 语句|if 条件 then 语句 else 语句|其他语句

这是一个二义文法。例如,下面语句:

$$\text{if } C_1 \text{ then if } C_2 \text{ then } S_1 \text{ else } S_2$$

对应两棵不同的语法树。

在所有条件语句的程序语言中都倾向于规定:else 必须匹配最后那个未得到匹配的 then。按照这个要求,可以定义如下一个等价的无二义文法:

语句→匹配句|非匹配句

匹配句→if 条件 then 匹配句 else 匹配句

非匹配句→if 条件 then 语句|if 条件 then 匹配句 else 非匹配句

尽管上下文无关文法足以描述多数程序语言的语法,但能力仍然是有限的。例如

$$L_1 = \{a^n b^n c^i \mid n \geq 1, i \geq 1\}$$

该 L_1 语言可以由一个上下文无关文法所描述,但下面 L_2 语言却不能由上下文无关文法所描述:

$$L_2 = \{a^n b^n c^n \mid n \geq 1\}$$

然而,下面的上下文有关文法将产生这个语言。

$$\begin{array}{ll} S \to Asba & AA' \to AB \\ S \to abB & bA \to bb \\ BA \to BA' & bB \to bc \\ BA' \to AA' & cB \to cc \end{array}$$

再例如:

$$L_0 = \{\alpha c \alpha \mid \alpha \in (a \mid b)^*\}$$

也不是一个上下文无关语言。事实上它也不是一个上下文有关语言。这个语言只有用 0 型文法才能生成。

3 型文法也叫正规文法,还有的称为正则文法,如下所示:

$$A \rightarrow \alpha | \alpha B (右线性) \quad 或 \quad A \rightarrow \alpha | B\alpha (左线性)$$

其中,$\alpha \in (V_T)^*$,$A,B \in V_N$,它对应于有限状态自动机。

如有:$A \rightarrow a$,$A \rightarrow aB$,$B \rightarrow a$,$B \rightarrow cB$,则符合 3 型文法的要求。但如果有文法为:$A \rightarrow ab$,$A \rightarrow aB$,$B \rightarrow a$,$B \rightarrow cB$ 不是 3 型文法($A \rightarrow ab$ 不符合 3 型文法要求),或文法为 $A \rightarrow a$,$A \rightarrow Ba$,$B \rightarrow a$,$B \rightarrow cB$,则不符合 3 型方法的要求了,因为 $A \rightarrow \alpha | \alpha B$(右线性)和 $A \rightarrow \alpha | B\alpha$(左线性)两套规则不能同时出现在一个文法中,只能完全满足其中的一个,才能算 3 型文法。综上所述,文法和语言分类如表 2.1 所列。

表 2.1　语言分类表

文法类	定　义	语　言	识别器
0 型文法(短语结构)	P 中含有 u→v 型规则 $(u \in V+, v \in V*)$	L0	图灵机
1 型文法(上下文有关)	P 中含有 xUy→xuy 型规则 $(x, y \in V*, U \in VN, u \in V+)$	L1	空间线性界限图灵机
2 型文法上下文无关	P 中含有 U→u 型规则 $(U \in VN, u \in V*)$	L2	不确定的下推自动机
3 型文法(正则文法)	P 中含有 U→α 或 U→Bα 型规则,其中:U→Bα 为左线性 U→αB 为右线性 $(U, B \in V_N, \alpha \in V_T^+)$	L3 正则语言	有穷状态自动机

2. 识别器

(1) 图灵机(Turing machine——TM)识别 0 型语言

1936 年,阿兰·图灵提出了一种抽象的计算模型——图灵机(Turing Machine)。图灵机图灵的基本思想是用机器来模拟人们用纸笔进行数学运算的过程,他把这样的过程看作下列两种简单的动作:

在纸上写上或擦除某个符号;

把注意力从纸的一个位置移动到另一个位置。

而在每个阶段,人要决定下一步的动作,依赖于:

① 此人当前所关注的纸上某个位置的符号;

② 此人当前思维的状态。

为了模拟人的这种运算过程,图灵构造出一台假想的机器,该机器由以下几个部分组成:

① 一条无限长的纸带 TAPE。纸带被划分为一个接一个的小格子,每个格子上包含一个来自有限字汇表的符号,字汇表中有一个特殊的符号表示空白。纸带上的格子从左到右依此被编号为 0,1,2,…,纸带的右端可以无限伸展。

② 一个读/写头 HEAD。该读/写头可以在纸带上左右移动,它能读出当前所指

的格子上的符号,并能改变当前格子上的符号。

③ 一套控制规则 TABLE。它根据当前机器所处的状态以及当前读/写头所指的格子上的符号来确定读/写头下一步的动作,并改变状态寄存器的值,令机器进入一个新的状态。

④ 一个状态寄存器。它用来保存图灵机当前所处的状态。图灵机的所有可能状态的数目是有限的,并且有一个特殊的状态,称为停机状态。

(2) 线性有界自动机(Linear Bounded Automata,LBA)识别上下文有关语言

线性有界自动机是受限形式的非确定图灵机。它拥有由包含来自有限字母表的符号的单元构成的磁带,可以一次读取和写入磁带上一个单元的符号并可以移动磁头,它有有限个状态。它不同于图灵机之处在于尽管磁带最初被认为是无限的,只有其长度是初始输入的线性函数的有限临近部分可以被读/写磁头访问。这个限制使 LBA 成为在某些方面比图灵机更接近实际存在的计算机的精确模型。线性有界自动机是上下文有关语言的接受器,对这种语言在文法上的唯一限制是没有把字符串映射成更短字符串的产生式。所以在上下文有关语言中没有字符串的推导可以包含比字符串自身更长的句子形式。因为在线性有界自动机和这种文法之间的一一对应,对于要被自动机识别的字符串不需要比原始字符串占用更多的磁带。

(3) 下推自动机(Push Down Automata,PDA)识别上下文无关语言

关于下推自动机 PDA 将在语法分析中介绍。

(4) 有限自动机(Finite Automata ,FA)识别正规语言

关于有限自动机(FA)将在第 3.2 节详细介绍。

还可以证明,各类文法所产生的语言恰好与各类自动机所识别的语言相同。在这种意义上说,各类文法分别与对应的自动机在描述语言的能力上是**等价**的。这种等价性成为编译技术的主要理论基础。在编译技术中,通常用 3 型文法描述高级语言的词法分析部分,利用上下文无关文法描述高级语言的句法部分,然后分别利用 FA 和 PDA 装置来识别高级语言的单词和其他各种语法成分。

4 种文法识别语言的能力从集合包含关系方面考虑分为 0 型⊃1 型⊃2 型⊃3 型(L0⊃L1⊃L2⊃L3)。其集合文氏图如图 2.5 所示。由此可见,4 个文法的定义是逐渐增加限制条件的。形式语言理论研究各类语言集有许多有趣的性质,有兴趣的读

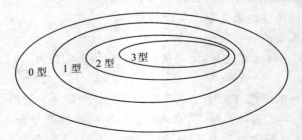

图 2.5　形式语言识别能力

者可以查阅与形式语言理论相关的资料。

2.5 小 结

设计高级语言的编译程序,必须了解高级语言的语法、语义及特征分类等。

文法用来作为形式语言的描述手段,可定义为一个四元组,即 $G = (V_N, V_T, P, S)$。其中,V_N 是一个非终结符集合,V_T 是一个终结符集合,P 是一组产生式集合,$S \in V_N$ 是文法开始符号。

对于一个文法,需要研究它的句型、句子和语言。要识别一个符号串是不是一个文法的合法句子,需要用到推导(包括最左推导和最右推导)及归约,需对它进行语法分析(画语法分析树)。

判断文法的二义性,是指文法存在某个句子有两棵不同的语法树、两种不同的最左推导或者两种不同的最右推导,文法的二义性会造成分析工作的不唯一。对给定语言设计相应的文法,对文法可以求出其定义的语言集合。

Chomsky 将文法分类为 0 型文法、1 型文法、2 型文法和 3 型文法。程序设计语言的词法规则属于 3 型文法。程序设计语言的语法和语义部分一般属于 2 型文法,2 型文法可用来描述现今大多数高级程序设计语言。

为了进行语法分析,需事先将文法的产生式存储在计算机中。可以通过一个称为语法图的表格结构来表示文法。

本章重点:

文法、句型、句子、语言、递归规则、递归文法、上下文无关文法、正规文法和压缩化简了的文法的相关概念;句子推导方法,语法树的构造;给定文法描述其语言,给定语言设计其文法。

习题 2

2.1 写出下列术语的形式定义或回答概念:

符号串、句型、句子、语言、推导、直接推导、上下文无关文法。

2.2 何谓"标识符"、何谓"名字",两者的区别是什么?

2.3 令文法 G[N] 为

$$N \rightarrow D \mid ND$$
$$D \rightarrow 0 \mid 1 \mid \cdots \mid 9$$

(1) G[N] 所描述的语言 L(G[N]) 是什么?

(2) 给出句子 0127 和 568 的最左推导和最右推导。

2.4 令文法 G[E] 为

$$E \rightarrow T | E + T | E - T$$
$$T \rightarrow F | T * T | T/F$$
$$F \rightarrow (E) | i$$

(1) 给出句子 $i + i * i$ 和句子 $i * (i+i)$ 的最左推导和最右推导。

(2) 给出句子 $i + i * i$ 和句子 $i * (i+i)$ 的语法树。

2.5 给出下述文法所描述的语言：

(1) $S \rightarrow AB$ $A \rightarrow aAb | ab$ $B \rightarrow Bc | \varepsilon$

(2) $S \rightarrow SAS | b | c$ $A \rightarrow aaA | a$

2.6 给出下述语言的正规文法：

(1) $L_1 = \{a^m b a^n | m, n \geq 0\}$

(2) $L_2 = \{w | w$ 是 0 和 1 的个数都为偶数的 0,1 串$\}$

(3) $L_3 = \{w | w$ 是不含两个相邻 0 的 0,1 串$\}$

2.7 给出下面语言的上下文无关文法：

(1) $L_1 = \{a^n b^n c^i | n \geq 1, i \geq 0\}$

(2) $L_2 = \{a^i b^n c^n | n \geq 1, i \geq 0\}$

(3) $L_3 = \{a^n b^n a^m b^m | n \geq 1, i \geq 0\}$

(4) $L_4 = \{1^n 0^m 1^m 0^n | n, m \geq 0\}$

(5) $L_5 = \{a^n c^m b^n | n \geq 1, m \geq 0\}$

(6) 设计一个文法，使其语言是偶数集合，且每个偶数不以 0 开头。

(7) 设计一个文法，使其语言为正奇数集合，允许 0 开头。

(8) 设计一个文法，使其语言为能被 5 整除、不允许 0 打头的非负数。

2.8 证明下面的文法是二义的：

(1) 设有文法 $G[S]: S \rightarrow iSeS | iS | i$

(2) 设有文法 $G[P]: P \rightarrow PaP | Pb | Pe | f$

(3) 设有文法 $G[S]: S \rightarrow bSeS | bS | a$

(4) 设有文法 $G[S]: S \rightarrow aSb | Sb | b$

2.9 对下面文法化简。已知文法 $G[E]$：

(1) $E \rightarrow E + T$ (2) $E \rightarrow E$ (3) $E \rightarrow SF$ (4) $E \rightarrow T$ (5) $F \rightarrow FP$

(6) $F \rightarrow P$ (7) $P \rightarrow G$ (8) $G \rightarrow GG$ (9) $G \rightarrow F$ (10) $T \rightarrow T * i$

(11) $T \rightarrow i$ (12) $Q \rightarrow E$ (13) $Q \rightarrow E + F$ (14) $Q \rightarrow T$

(15) $Q \rightarrow S$ (16) $S \rightarrow i$

第3章　词法分析

　　要理解一篇文章,首先要从理解单词开始。同样,计算机要理解程序,编译程序也是在单词级别上分析和翻译源程序的。词法分析的任务是:自左向右对源程序的字符流进行扫描,产生一个个的单词符号,形成单词流,即把作为字符串的源程序改造成单词符号串的中间程序。因此,词法分析器又叫扫描器。

3.1　词法分析器的功能及机内表示

3.1.1　词法分析器的功能

　　词法分析是编译的第一个阶段,词法分析器的输入是高级语言源程序。词法分析器的主要任务是读入(源程序)字符串,根据词法规则将其组合成单词,并输出单词串,供语法分析使用。词法分析是语法分析的基础。

　　程序设计语言中(C 语言)单词类别包括以下 6 种。

　　① **保留字(关键词)**　是由程序设计语言定义的具有固定意义的标识符。有时称这些标识符为保留字或者关键字。例如,C 语言中的 main、int、struct、break、else、if、long 和 case 都是保留字。

　　② **标识符**　用来表示各种名字,如变量名、数组名、过程名和函数名等。

　　③ **常数**　常数的类型一般有整型、实型、布尔型、文字类型等,例如,100、3.141 59、TRUE、"Sample"。

　　④ **运算符**　如"＋"、"－"、"＊"、"/"等。

　　⑤ **分界符**　如逗号、分号和括号等。

　　⑥ **系统函数名**　如 scanf、printf、getc、putc、getchar、putchar 等。

　　在词法分析过程中,还需要建立和经常访问符号表。在分析过程中,当识别出一个标识符时,需要将该标识符及其某些属性信息写入符号表中,供语法分析使用。

　　词法分析器、语法分析器和符号表之间的交互关系如图 3.1 所示。

　　词法分析器除了辅助读入源程序识别单词以外,还将执行其他任务。

　　预处理:为了提高词法分析器读取源程序字符的速度,在编译之前,对源程序进行预处理,删除多余空格、注释、回车符、换行符、制表符以及输入中用于分割词法单元的其他字符。

　　出错处理:将词法分析时发现的错误与源程序的位置联系起来。例如:词法分析

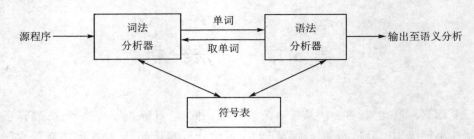

图 3.1　词法分析器、语法分析器和符号表之间的交互关系图

器可以负责记录遇到的换行符的个数,以便给每个出错信息赋予一个行号,还要记录错误所在的列号。在某些编译器中,词法分析器会复制一个源程序,并将出错信息插入到适当位置。

宏扩展:如果源程序使用了一个宏预处理器,则宏的扩展也可以由词法分析器完成。

3.1.2　单词的机内表示

把词法分析作为一个独立子程序来考虑。词法分析器的输入是高级语言源程序;输出形式是单词符号(TOKEN 字)串。词法分析器所输出的单词符号(TOKEN字)常常表示成如下的二元形式:

(单词种别码,单词符号的属性值)

单词种别码通常用整数编码。一种语言的单词符号如何分种别、分成几种、怎样编码,是一个技术性问题。它取决于处理上的方便和编译器开发者的意愿。常见的单词种别码分类如下:

标识符种别码一般统筹为一种;常数则宜按类型(整、实、布尔等)分种别码;关键字可将其全体视为一种,也可以是一字一种,采用一字一种的方法实际处理起来比较方便,大多数程序编译器的关键字都采用一字一种;运算符可采用一符一种的方法,但也可以把具有共性的运算符视为一种。至于分界符,一般采用一符一种的分法。

如果一个种别只含一个单词符号,那么对于这个单词符号,种别编码就可以完全代表它自身了,所以这种情况单词符号的属性值就可以缺省。

若一个种别含有多个单词符号,那么对于它的每个单词符号,除了给出种别编码之外,还应给出有关单词符号的相关属性信息。

单词符号的属性是指单词符号的特性或特征。属性值则是反映特性或特征的值。例如,对于某个标识符,常将存放它的有关信息的符号表项的指针作为其属性值;对于某个常数,则将存放它的常数表项的指针作为其属性值。

在本书中,假定保留字、运算符和分界符都是一符一种别码。对于它们,词法分析器只给出其种别编码,不给出它自身的值。标识符单列一种。常数按类型分种别。

C 语言小子集的定义表如表 3.1 所列。

表 3.1　C 语言小子集的定义表

种别码	符　　号	种别码	符　　号	种别码	符　　号
0	main	12	标识符	24	**
1	void	13	整数	25	/
2	goto	14	!=	26	%
3	int	15	=	27	::
4	float	16	==	28	,
5	char	17	>=	29	;
6	if	18	<=	30	(
7	else	19	>	31	)
8	while	20	<	32	〔
9	do	21	+	33	〕
10	return	22	—	34	{
11	end	23	*	35	}

考虑下述 C 代码段：

$$while(i>=j) \ do \ i=20;$$

经词法分析器处理后,它将被转化为如下的单词符号序列：

$<8,->,<30,->,<12,i>,<17,->,<12,j>,<31,->,<9,->,$
$<12,i>,<15,->,<13,20>,<29,->$。

3.2　单词的描述方法

程序设计语言中的单词是最基本的语法单位。单词符号的语法可以用有效的工具加以描述。通常描述单词语法的有效工具有三种(正规表达式、正规文法和自动机),并且基于这类描述工具可以研究出词法分析技术,进而可以研究出词法分析程序的自动生成方法。多数程序设计语言的单词的语法都能用正规文法(3 型文法)来描述。

3.2.1　正规文法

大多数高级语言的词法部分都能用正规文法来描述。下面给出正规文法的形式定义。

3 型文法(正规文法) $G=(V_N,V_T,P,S)$,是指 P 中含有如下类型规则形式：

$$U \rightarrow B\alpha \ 或 \ U \rightarrow \alpha \ 为左线性$$
$$U \rightarrow \alpha B \ 或 \ U \rightarrow \alpha \ 为右线性$$

其中,$U,B \in V_N$,$\alpha \in (V_T)*$。

利用 3 型文法可以对程序设计语言不同类型的单词做定义。

例 3.1 试给出下列单词的正规定义：

<标识符>，<无符号整数>，<运算符>，<分界符>

标识符规则定义：

<标识符>→l|<标识符>l|<标识符>g

无符号整数规则定义：

<无符号整数>→d|<无符号整数>g

运算符规则定义：

<运算符>→＋|－|＝|＊|/|＊＊|…

<分界符>→，|；|(|)|…

其中，l∈{a～z}中的任一字母，d∈{1～9}中的任一数字，g∈{0～9}中的任一数字。

从该例得知：

标识符规则定义了标识符是以字母打头的字母和数字组合的符号串。

无符号整数规则定义了无符号整数是以非 0 打头的 0～9 的任意组合符号串。

上述单词规则定义都很简单。最复杂的一类单词是实数，比如－25.55e＋5 和－2.12 等。

3.2.2 正规表达式

正规式也称正规表达式，是用以描述单词符号的方便工具。设字汇表为

$$\Sigma = \{V_N \cup V_T\}$$

辅助字母表定义为

$$\Sigma' = \{\varepsilon, |, *, \cdot, (,), \Phi\}$$

我们将使用正规式这个概念来表示正规集。

下面是正规式和它所表示的正规集的递归定义。

① 设 ε 是 Σ 上的正规式，则它所表示的正规集为{ε}；

② 设 Φ 是 Σ 上的正规式，则它所表示的正规集为{Φ}；

③ 设任何 a∈Σ，a 是 Σ 上的正规式，它所表示的正规集为{a}；

④ 设 e_1 和 e_2 都是 Σ 上的正规式，它们所表示的正规集分别记为 L_1 和 L_2：

若 $e_1|e_2$ 是正规式，则它们所表示的正规集为 $L_1 \cup L_2$（或）；

若 $e_1 \cdot e_2$ 是正规式，则它们所表示的正规集为 $L_1 \cdot L_2$（连接积）。

若 e^* 是正规式，则它的正规集为 L^*（**闭包**）。仅由有限次使用上述 4 个步骤而得到的表达式才是 Σ 上的正规式。仅由这些正规式所表示的字符集才是 Σ 上的正规集。

正规式的运算符"|"读为"或"，"·"读为"连接"，"＊"读为"闭包"（即任意的有限次的自重复连接）。

规定运算符的优先顺序为：先"＊"，次"·"，最后"|"。

连接符"·"一般省略不写。"＊"、"·"和"|"都是左结合的。

例 3.2　令 $\sum=\{a,b\}$，$\sum$上定义的正规式和相应的正规集如表 3.2 所列。

表 3.2　$\sum$上定义的正规式和相应的正规集

正规式	正规集
a	{a}
a|b	{a,b}
ab	{ab}
(a|b)(a|b)	{ab,aa,bb,ba}
b^+a	{b^na|n>0}
a^*	{a^n|n≥0}
(a|b)*	$\sum$上任意的字,包含 ε 空字
(a|b)*b	$\sum$上以 b 结尾的所有的字
a(a|b)*	$\sum$上所有以 a 为首的任意字
(a|b)*a(a|b)*	至少含有一个 a 的所有字的全体
(a|b)*(aaa|bbb)(a|b)*	$\sum^*$上所有含有三个相继 a 或者含有三个相继 b 的字的集合

例 3.3　设 $\sum=\{a,b,c,d,0,1,2,3\}$，则$\sum$上标识符的全体和$\sum$上非 0 开头的四进制数全体分别为

正规式　　　　　　　　　正规集

(a\|b\|c\|d)(a\|b\|c\|d\|0\|1\|2\|3)*　$\sum$上的"标识符"的全体

(1\|2\|3)(0\|1\|2\|3)*　$\sum$上非 0 开头的四进制数

若两个正规表达式 e_1 和 e_2 所描述的正规集相同,则认为 e_1 和 e_2 二者等价,记作 $e_1=e_2$。

例如,$e_1=a|b$,$e_2=b|a$,则有 $e_1=e_2$。

又如,$b(ab)^*=(ba)^*b$,$(a|b)^*=(a^*b^*)^*$。

定理 3.1　设 e_1、e_2 和 e_3 均为正规式,则正规式服从的代数运算性质有如下几种:

① $e_1|e_2=e_2|e_1$("或"满足交换律);

② $e_1|(e_2|e_3)=(e_1|e_2)|e_3$("或"满足结合律);

③ $e_1(e_2e_3)=(e_1e_2)e_3$("·"满足结合律);

④ $e_1(e_2|e_3)=e_1e_2|e_1e_3$("·"对"|"满足左分配律);

　$(e_2|e_3)e_1=e_2e_1|e_3e_1$("·"对"|"满足右分配律);

⑤ $\varepsilon e=e\varepsilon=e$(ε 是连接的恒等元素);

⑥ $e|e=e$("|"的简化律);

⑦ $e^*=e^+|\varepsilon$;

⑧ $e^+=e^*e=ee^*$;

⑨ $(e^*)^*=e^*$。

程序设计语言中的单词都能用正规式来定义。

例 3.4 $\sum=\{$字母，数字$\}$上的正规式：

$e_1=$字母（字母$|$数字）* 表示的是所有标识符的全体集合。

$e_2=$非零数字（数字）* 定义了无符号整数。

其中，字母$\in\{a\sim z\}$中的任何字母，数字$\in\{0\sim 9\}$中的任一数字，非零数字$\in\{1\sim 9\}$中的任一数字。

词法分析所依循的是语言的**词法规则**（或称构词规则）。描述词法规则的有效工具是**正规式**和**有限自动机**。

3.3 词法分析器的设计

3.3.1 设计词法分析器需要考虑的主要问题

1. 词法分析作为单独的一遍扫描处理

将词法分析作为一个独立的阶段，主要考虑的因素如下：

① 它可以使整个编译程序的结构更简洁、清晰和条理化。词法分析比语法分析要简单得多，但是由于源程序结构上的特征细节，如对于程序中多余空白符和注释的处理，再比如对于 C 语言这类书写格式受限制的语言，都需要识别单词时进行特殊处理等。如果统统合在语法分析时一并考虑，显然会使得语法分析程序的结构复杂得多，因此，可以就同一个语言为每种不同的机器编写一个词法分析程序，而且只编写一个共同的语法分析程序，这时只要每一个词法分析程序产生相同的符号内部表示形式，供该语法分析程序调用即可。

② 编译程序的效率会改进。大部分的编译时间花费在扫描字符以把单词符号分离出来。把词法独立出来，采用专门的读字符和分离单词的技术可以大大加快编译速度。另外，由于单词的结构可用有效的方法和工具描述识别，因此建立特别适用于这种特定文法的有效分析技术，更容易实现词法分析程序生成的自动化。

③ 增强编译程序的可移植性。在同一个语言的不同实现中，或多或少地会涉及与硬件设备有关的特征，比如采用 ASCII 还是 EBCDIC 字符编码。另外，对于语言的字符集的特殊性的处理，一些专用符号，如"^"、"％"的表示等，都可置于词法分析程序中解决而不影响编译程序其他成分的设计。词法分析安排成独立旳一遍，让它把整个源程序翻译成一连串的单词符号（上述二元式）存放于文件中，待语法分析程序进入工作时再对从文件输入的这些单词符号进行分析。

2. 词法分析作为子程序处理

词法分析也是语法分析的一部分，词法描述完全可以归并到语法分析中去，只不过词法规则更简单些（用正规文法描述）。

可以把词法分析器安排成一个子程序，每当语法分析器需要一个单词符号时就调用这个子程序。每一次调用,词法分析器就从输入串中识别一个单词符号,把它交给语法分析器。词法分析程序作为一个子程序,如图3.2所示。在后面的讨论中,假定词法分析器是按这种方式进行工作的。

3. 设置扫描缓冲区——预处理

为缓解输入设备和处理机之间速度不匹配的问题,输入串一般是放在一个缓冲区中,这个缓冲区称**输入缓冲区**。词法分析的工作(单词符号的识别)可以直接在这个缓冲区中进行。对于许多程序员而言,空白符、跳格符、回车符和换行符等编辑性字

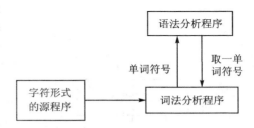

图 3.2 词法分析程序作为一个子程序

符除了出现在文字常数中之外,在其他任何地方出现都没有意义,而注解部分几乎允许出现在程序中的任何地方。有些语言把空白符(一个或数个)用作单词符号之间的间隔,即用作界符。在这种情况下,预处理时可以把相继的若干空白结合成一个。它们不是程序的必要组成部分,对程序的执行没有任何意义,它们存在的意义仅仅是改善程序的易读性和易理解性。对于它们,预处理时可以将其剔掉。

在许多种情况下,把缓冲串预处理一下,对单词识别的工作将是比较方便的。可以设想构造一个预处理子程序,它能够完成上面所述的任务。每当词法分析器调用它时,它就处理出一段确定长度(如120个字符)的输入字符,并将其装进词法分析器的指定缓冲区中(称为扫描缓冲区)。这样,分析器就可以在此缓冲区中直接进行单词符号的识别,而不必照管其他繁琐事务。

分析器对扫描缓冲区进行扫描时一般用两个指示器,一个指向当前正在识别的单词的起始位置(指向新单词的首字符),另一个用于向前搜索以寻找单词的终点。不管扫描缓冲区设得多大,都不能保证单词符号不会被其他边界所打断。因此,扫描缓冲区最好使用一个如图3.3所示的一分为二的区域。

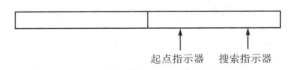

起点指示器　　搜索指示器

图 3.3 一分为二的扫描缓冲区

假定每半区可容纳120个字符,而这两个半区又是互补使用的。如果搜索指示器从单词起点出发搜索到半区的边缘但尚未到达单词的终点,那么就应调用预处理程序,令其把后续的120个输入字符装进另半区。可以认定,在搜索指示器对另半区进行扫描期间内,现行单词的终点必定能够到达。这意味着对标识符和常数的长度必须加以限制(例如,不可以多于120个字符),否则即使缓冲区再大也无济于事。

词法分析器的结构如图3.4所示。当词法分析器调用预处理子程序处理一串输

入字符放入扫描缓冲区之后,分析器就可以在此缓冲区中逐一识别单词符号。当缓冲区里的字符串被处理完之后,它又调用预处理程序装入新字符串。

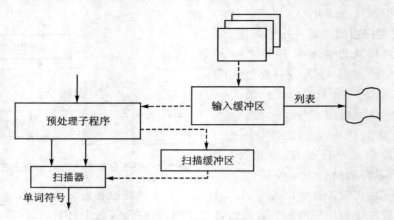

图 3.4　词法分析器

4. 单词符号的识别——超前搜索

(1) 标识符的识别

多数语言的标识符是以字母开头的"字母/数字"串,而且在程序中标识符的出现一般都后跟着算符和界符,超前读一个符号,可确定标识符。

(2) 常数的识别

多数语言的常数表示大体相似,对它们的识别也是很直接的。但对于某些语言常数的识别也需用超前搜索的方法。例如,x＝35.47,只有当超前扫描";"到时才能确定是小数。

(3) 算符和界符的识别

词法分析器应该将那些由多个字符复合而成的算符和界符(如 C＋＋和 Java 中的"＋＋"、"－－"、"＞＝"等)拼合成一个单词符号。因为这些字符串是不可分的整体,若分割开来,便失去了原来的意义。在这里同样需要超前搜索。

3.3.2　符号表

编译过程中源程序的各种信息都被保留在不同的表格里,编译的各个阶段都涉及符号表的录入、查找或更新。符号表是一个数据结构,用以不断地汇集和反复访问出现在源程序中各种名字的属性和特征等有关信息,以及记录编译各阶段的进展情况,这些信息通常记录在一张或几张符号表中,所以合理地设计和使用符号表是编译程序构造的一个重要问题。例如,一个名字是常量名、变量名、数组名还是过程名等等;如果是变量名,它的类型是什么、所占内存是多大、存储地址是什么等等;如果是数组名,它的类型是什么、数组上界下界是多少、数组的维数多大等等。通常,编译程序在处理到名字的定义性出现时,要把名字的类型属性等填入到符号表中;当处理到

名字的使用性出现时,要对名字的属性进行查证。如源程序片段:

```
    main()
{   float sum,first,count;
        scanf("%d,%d",&first,&count);
        sum = first + count * 10;
        printf("sum = %d",sum);}
```

　　首先,把词法分析阶段识别出的标识符(main,sum,first,count)登记到符号表中;在语法分析阶段得知,这四个标识符是用户程序名字和程序中定义的变量,则在符号表中把它们的类型信息登记到符号表中;在语义分析阶段,对"*"的两个运算对象 count 和 10 进行语义分析,从符号表中查到它们的类型信息不一致,其中 count 是实型,10 是整型常数,则可能进行类型提升,将 10 转换为和 count 一样的类型(实型);名字的存储地址可能要到目标代码生成阶段才能确定。

　　该源程序片段对应的部分符号表如表 3.3 所列。

表 3.3　符号表样例

名字栏	信息栏	
main	程序名	
sum	简单变量	实型
first	简单变量	实型
count	简单变量	实型

3.3.3　错误处理

　　词法分析阶段会进行简单的词法出错检查和处理。一个好的编译程序在每次编译用户源程序时,应尽量发现更多的错误,并应能准确地通知出错位置(行号、列号)和出错类型。这样,用户就可以方便、迅速地改正程序错误,加快程序的调试速度。

　　词法分析阶段可以识别的错误有:非法字符错误,如@SIMPLE 是非法的;注解或字符常数不封闭,如"/*ab…,'ABC…;"标识符定义错误、保留字拼写错误,以及操作符、格式错误之类。

　　例 3.5　设有某 C++程序段如下:

　　……
　　　　　　int 12x,sy*1,te10mp;
　　……

　　设文法 G[标识符]规则如下:
　　　　<标识符>→<字母>|<标识符><字母>|<标识符><数字>
　　　　<字母>→a|b|…|z
　　　　<数字>→0|1|…|9

该文法定义了标识符的构成规则,以字母打头,后面可以有无数个字母或数字组成的序列(也可以是单个字母)。该程序段经过词法分析后,能查出具体所在的行和列的标识符定义错误(数字打头),如 12x;能查出具体的行和列标识符定义的错误(非法字符" * "),如 sy * 1。

对词法分析出现的错误和处理,常用的方法如下:

① 为了检查非法字符,编译程序需要保存一张合法字符集表,每当读入一个字符时,首先判断该字符是否属于合法字符集。当通知非法字符时,需指出其行、列位置。

② 保留字拼写错误。可以设置保留字表,通过查阅保留字表,检查保留字拼写错误。

③ 对于不封闭错误,如不采取措施,势必将所有后继源程序都作为注解或字符串中的内容,这样显然是错误的。为了防止这种现象的发生,通常限定注解或字符串常数的长度。例如,限定注解长度不超过一行,字符串长度≤255 等。对字符串常数需使用计数器计数其长度,在达到规定长度后,若仍未发现下一个引号,则强行截断。

为能指出错误位置,行、列计数是必要的。通知用户的错误信息可以夹在用户源程序发生错误的地方,这样做的好处是方便用户修改源程序的错误。缺点是如果格式组织得不好,则容易把源程序搞乱。另一种方法是把错误信息先集中起来,仅在源程序错误之处作个标记(编号),然后统一输出错误信息,这种方法较好,大多数源程序出错信息提示都采用这种方法。不管采用哪种方法,对错误的通知都应简明扼要。

一个理想完美的编译程序,应该是不仅能发现源程序中的错误,而且还能改正错误,使程序实现用户期望的功能。但是实际很难做到,这是因为编译程序的设计者很难猜测程序员的意图。例如,begen 有可能是关键字拼错,也有可能是程序员故意为之,很难猜测具体意图。但编译程序有时为了能够跳过最小出错单位,需要对源程序做必要的处理(如删除、修改、插入部分语法成分),其目的也不是为了改正用户的错误,而是为了继续向后分析源程序。这种策略在语法分析阶段使用更为广泛。所以,目前,大多数编译程序都采用发现并通知错误的方法,很少去纠正用户错误。

3.3.4 词法分析器的设计工具

利用状态转换图设计词法分析程序。状态转换图是一张有限有向图。结合图的定义,状态转换图是一个有向图二元组,即 $G=<V,E>$,V 表示图的结点集合,E 表示图的有向边的集合。在状态转换图中,结点代表状态,用圆圈表示;结点的名字用阿拉伯数字或者大写字母 A、B、C…表示。状态之间用箭弧连接(表示状态图之间的有向边)。箭弧上的标记(字符)代表在射出结点(即箭弧始结点)状态下可能出现的输入字符或字符串。

例如,图 3.5(a)表示在状态 1 下,读入字符 x,则转换到状态 2;在状态 1 下,读入字符 y,则转换到状态 3。一张转换图只包含有限个状态(即有限个结点),其中有一个被认为是初态(一般用"⇒"指出),而且实际上至少有一个是终态(用双圈表示)。

　　一个状态转换图可用于**识别**(或**接收**)一定的字符串。例如,识别"标识符"的转换图如图 3.5(b)所示。其中 0 为初态,2 为终态。这个转换图识别(接收)标识符的过程是:从初态 0 开始,若在状态 0 之下输入字符是一个字母,则读进它,并转入状态 1。在状态 1 之下,若下一个输入字符为字母或数字,则读进它,并重新进入状态 1。一直重复着这个过程,直到状态 1 发现输入字符不再是字母或数字时(这个字符也已被读进)就进入状态 2。状态 2 是终态,它意味着到此已识别出一个标识符,识别过程宣告终止。终态结点上打个星号"＊"意味着多读了一个不属于标识符部分的字符,应把它退还给输入串。如果在状态 0 时输入字符不为字母,则意味着识别不出标识符,或者说这个转换图工作不成功。

　　又例如,识别整常数的转换图如图 3.5(c)所示。其中 0 为初态,2 为终态。

　　图 3.5(d)是一个识别实数的转换图。其中 0 为初态,7 为终态。

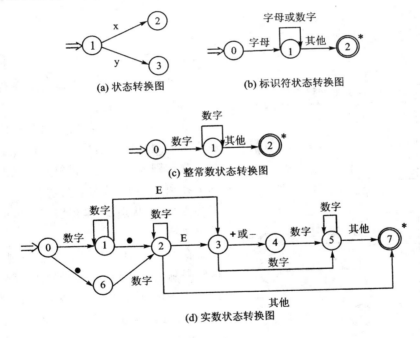

图 3.5　状态转换图

　　该图中终态结点上打星号"＊",意味着最后多读入了一个不属于现行单词符号的字符,应把它退还给输入串。

　　大多数程序语言的单词符号都可以用状态转换图予以识别。表 3.1 列出了 C 语言小子集的所有单词符号,以及它们的种别编码和内部值。

　　关于这个例子,有几点重要的限制,这些限制仅仅是为了现阶段将例子做得简单一点而已。有关的限制是：

首先，所有关键字（如 if、while 等）都是"保留字"。所谓保留字的意思是，用户不得将它们作为自己定义的标识符。例如，下面的写法是绝对禁止的：

$$if(5)=X$$

因为，分析器在识别出 if 时就认定它是一个关键字。如果不采用保留字的办法，就必须使用超前搜索技术。

其次，由于把关键字作为保留字，故可以把关键字作为一类特殊标识符处理。也就是说，对于关键字不专设对应的转换图。但把它们（及种别编码）预先安排在一张表格中（此表叫作保留字表）。当转换图识别出一个标识符时，就去查对这张表，确定它是否为一个关键字。

再次，如果关键字、标识符和常数之间没有确定的运算符或界符作间隔，则必须至少用一个空白符作间隔，而此时空白符不再是完全没有意义的了。例如，一个条件语句应为

　　if　i>0　i=1;

而绝对不要写成

if i>0　i=1;

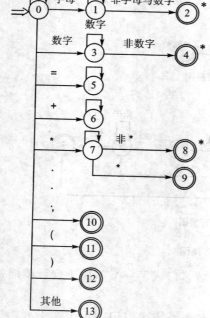

图 3.6　C 语言小子集词法分析的状态转换图

因为对于后者，分析器将无条件地将 if i 看成一个标识符。

在上述假定下，多数单词符号的识别就不必使用超前搜索技术。如图 3.6 所示是一张识别表 3.1 的单词符号的状态转换图。在图 3.6 中，状态 0 为初态；凡带双圈者均为终态；状态 13 是识别不出单词符号的出错情形。

在上面的例子中加了三点限制，虽然这些限制大都可以接受，但这并不意味着使用状态转换图识别单词符号都必须加这些限制。例如，对标准 C++ 而言，完全可以使用状态转换图来描述所有的单词符号，而不用外加限制。

注意：一个程序语言的所有单词符号的识别虽然用一张图就可以了，但用若干张图有时会助于概念的逻辑清晰化，所以可用若干张状态转换图予以描述。

3.3.5 状态转换图的实现

状态转换图容易用程序实现。最简单的方法是用每个状态结点对应一小段程序。下面将引进一组全局变量和过程,将它们作为实现转换图的基本成分。这些变量和过程是:

① ch 字符变量,存放最新读进的源程序字符。

② strToken 字符数组,存放构成单词符号的字符串。

③ GetChar 子函数,将下一输入字符读到 ch 中,搜索指示器前移一字符位置。

④ GetBC 子函数,检查 ch 中的字符是否为空白。

⑤ Concat 子函数,将 ch 中的字符连接到 strToken 之后,例如,假定 strToken 原来的值为"AB",而 ch 中存放着"C",经调用 Concat 函数后,strToken 的值就变成了"ABC"。

⑥ IsLetter 和 IsDigit 布尔函数,它们分别判断 ch 中的字符是否为字母和数字。

⑦ Reserve 整型函数,对 strToken 中的字符串查找保留字表,若它是一个保留字则返回它的编码,否则返回 0 值(假定 0 不是保留字的编码)。

⑧ Retract 子函数,将搜索指示器回调一个字符位置,将 ch 置为空白字符。

⑨ InsertId 整型函数过程,将 strToken 中的标识符插入符号表,返回符号表指针。

⑩ InsertConst 整型函数过程,将 strToken 中的常数插入常数表,返回常数表指针。

这些函数和子程序过程都不难编制。使用它们能够方便地构造状态转换图的对应程序,一般来说,可让每个状态结点对应一程序段。

对于不含回路的分叉点来说,可让它对应一个 switch 语句或一组 if...then...else 语句。例如,图 3.7(a)的状态结点 i 对应的代码段可表示为

```
GetChar( );
if(IsLetter( ) )  {…状态 j 对应程序段…}
else if(IsDigit( ) )  {…状态 k 对应程序段…}
else if(ch = '/')  {…状态 l 对应程序段…}
else  {…错误处理…}
```

当程序执行到达"错误处理"时,意味着当前状态 i 与当前所面临的输入串不匹配。如果后面还有状态图,则出现在这个地方的代码应将搜索指示器回退一个位置,并令下一个状态图开始工作。如果后面没有其他状态图,则出现在上述位置的代码应进行真正的错误处理,报告源程序含有非法符号,并进行善后处理。

对于含回路的状态结点来说,可让它对应一个由 while 语句和 if 语句构成的程序段。

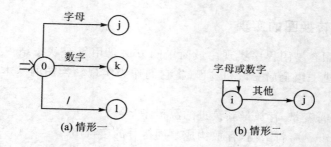

(a) 情形一   (b) 情形二

图 3.7 状态转换图二

例如,图 3.7(b)的状态结点 i 所对应的代码段可为

```
GetChar();
while(IsLetter()or IsDigit );
GetChar( );
……状态 j 对应的程序段……
```

终态结点一般对应一个形如 return(code,value)的语句。其中,code 为单词种别编码;value 或是单词符号的属性值,或无意义。这个 return 意味着从分析器返回到调用者,一般只返回到语法分析器。凡带星号"＊"的终态结点意味着多读进了一个不属于现行单词符号的字符,这个字符应予退回,也就是说,必须把搜索指示器回调一个字符位置。这项工作由 Retract 过程来完成。

对于图 3.6 中的状态 2,由于它既是标识符的出口又是关键字的出口,所以,为了弄清楚到底是关键字还是用户自定义的标识符,需要对 strToken 查询保留字表。这项工作由整型函数过程 Reserve 来完成。若此过程工作结果所得的值为 0,则表示 strToken 中的字符串是一个标识符,否则表示关键字编码。对于某些状态,若需要将 ch 的内容送进 strToken,则可调用 Concat。

3.4 有限自动机简介

自动机是对信号序列进行逻辑处理的装置。

在计算机科学中,自动机用作计算机和计算过程的动态数学模型,用来研究计算机的体系结构、逻辑操作、程序设计乃至计算复杂性理论。在语言学中则把自动机作为语言识别器,用来研究各种形式语言。在数学中则用自动机定义可计算函数,研究各种算法。

现代自动机的一个重要特点是能与外界交换信息,并根据交换得来的信息改变自己的动作,即改变自己的功能,甚至改变自己的结构,以适应外界的变化。也就是说,它在一定程度上具有类似于生命有机体那样的适应环境变化的能力。

自动机与一般机器的重要区别在于自动机具有固定的内在状态,即具有记忆能力和识别判断能力或决策能力,这正是现代信息处理系统的共同特点。因此,自动机适宜于作为信息处理系统乃至一切信息系统的数学模型。

自动机种类有:有限自动机和无限自动机、线性自动机和非线性自动机、确定型自动机和不确定型自动机、同步自动机和异步自动机、级联自动机和细胞自动机等。

有限自动机,也称有穷自动机(Finite Automata, FA),是指具有离散输入/输出系统的数学模型,这种系统具有有穷(有限)数目的内部状态,系统的状态概括了对过去的输入处理状况的信息。系统只需要根据当前所处的状态和面临的输入就可以决定后继行为。每当系统处理了当前的输入后,系统的内部状态也将发生变化。

FA 的模型如图 3.8 所示。

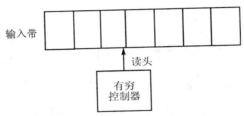

图 3.8　FA 的模型

FA 的模型由一条有穷长度的输入带、一个读头和一个有穷控制器组成。在这个模型中,单个的输入信息被表示为一个符号,称为输入符号。输入带用来存放输入符号串,每个输入符号占据一个单元(方格),输入带的长度和输入串长度相同。有穷控制器控制读头从左向右逐个地扫描并读入每个输入符号,并且根据控制器的当前状态和当前输入符号转入下一个状态。控制器的状态数是有穷的。读头具有只读功能,不能修改输入带上的符号,不能往返移动。

同各种具体机器一样,FA 也有它的初始状态和终止状态。在初始状态下,读头指向输入带的最左单元,准备读入第一个输入符号。终止状态可以有若干个,表示输入串的接收状态。如果读头在读入最后一个符号时,恰好进入某个终止状态,则宣布接收该输入串;否则,不接收。

有限自动机是单词符号的自动识别器。

有限自动机作为一种识别装置,能准确地识别正规集,即识别正规文法所定义的语言和正规式所表示的集合。引入有限自动机理论,正是为分析程序的自动构造寻找特殊的方法和工具。

有限自动机分为两类,即确定的有限自动机(Deterministic Finite Automata, DFA)和非确定的有限自动机(Nondeterministic Finite Automata, NFA)。

下面分别给出确定的有限自动机和不确定的有限自动机的定义、有关概念,以及非确定的有限自动机的确定化、确定的有限自动机的化简方法。

3.4.1 确定有限自动机

1. DFA 的形式化定义

例 3.6 设计一个奇偶测试器,可以测试输入串中"1"的个数的奇偶性,并且只接收奇数个"1"的 01 串,其 DFA 如图 3.9 所示。

它能识别 010、010011 这样的含有奇数个"1"的 01 串,但是不能识别 0110 这样的偶数个"1"的 01 串。

该 DFA 状态转换图还可以用状态转换矩阵表示,如表 3.4 所列。

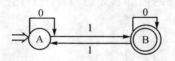

图 3.9 接收奇数个"1"的状态转换图

表 3.4　DFA 状态转换矩阵

状态 ＼ 字符	0	1
A	A	B
B	B	A

该 DFA 的形式化定义描述为

$$M=(\{A,B\},\{0,1\},f,A,\{B\})$$

其中,f 定义为

$$f(A,0)=A \qquad f(A,1)=B \qquad f(B,0)=B \qquad f(B,1)=A$$

为了更好地研究和应用 FA,需要给出它的形式化定义。通过上例可以知道,为描述一个 FA,应该说明它的各种状态,并区别其中的初态和终态,还要描述各状态之间的变迁关系,以及激励状态变迁的各种输入符号。

参照文法的形式化定义方法,对 DFA 形式化定义如下:

DFA (Deterministic Finite Automata,) M是一个五元式:
$$M=(S,\ \Sigma,\ f,\ s_0,\ Z)$$
其中:

① S 是一个有限状态集合,它的每个元素为一个状态。

② Σ 是一个有穷字汇表,它的每个元素都被称为一个输入字符。

③ f 是一个从 $S \times \Sigma$ 至 S 的单值部分映射。如 f(s,a)=s' 意味着当现行状态为 s,输入字符为 a 时,将转换到下一状态 s',称 s' 为 s 的一个后继状态(单值)。

④ $s_0 \in S$,是唯一的初态集。

⑤ $Z \subseteq S$,是一个终态集(可以为空集)。

为了加深对上述 FA 定义的理解,不妨将 FA 和一个实际机器做一个对比。任何机器都有一个初态(用推导符号表示),并且只能接收预定的指令信号,这些预定的指令信息对应于 FA 的输入字母表。机器对产品的不同加工阶段表示机器处于不同

的状态,加工状态的变化由输入指示或预先安排的指令序列控制。产品加工完成表示机器的终态(用双圈表示)。结合具体机器的这种操作过程,可以看出上述有穷自动机的定义是很自然的。

2. DFA 的一般表示方法

DFA 的表示方法通常有状态转换图和状态转换矩阵方法。下面分别对这两种方法做介绍。

(1) 状态转换图

通常用**状态转换图**(称为变迁图)表示 FA,它是一个有向图,图的状态结点对应于 FA 的状态。其中,用符号"⇒"标出的是初态,用双圈表示的状态为终态。整张状态转换图有唯一一个初态结点和若干个终态结点(可以是 0 个)。假设 **DFA M** 含有 m 个状态和 n 个输入字符,那么,这个状态转换图含有 m 个状态结点,每个结点最多有 n 条有向弧线和别的状态结点相连接,每条弧线用 Σ 中的一个不同的输入字符做标记。例如,对于输入 a,存在 q 状态到 p 状态的变迁,那么就在状态转换图中从 q 到 p 画一条带箭头的弧线,并在弧线上方标记 a。如果存在一个对应于输入串 x 的从开始状态到某个接收状态的变迁序列,则称串 x 被 FA 接收。

如图 3.9 所示的 DFA 状态转换图中,A 为初态,B 为终态,数字 1 为状态 A 到状态 B 的变迁,从 A 到 B 有弧线,弧线上标注 1。

设 $\alpha \in \Sigma^*$,若 M 中存在一条从初态结点到某一终态结点的通路,且这条通路上所有弧的标记符连接成的字符都等于字符串 α,则称 α 为 **DFA M** 所识别(读出或接收)。若 M 的初态结点同时又是终态结点,则空字 ε 也可为 M 所识别(或接收)。DFA M 所能识别的字符串的全体集合记为 L(M)。图 3.9 所识别的 L(M)={奇数个 1 的 01 字符串}。

如果一个 **DFA M** 的输入字汇表为 Σ,则也称 M 是 Σ 上的一个 DFA。

可以证明,Σ 上一个字集 V⊆Σ 是正规的,当且仅当存在 Σ 上的 DFA M,使得 V=L(M)。

(2) 状态转换矩阵

用状态转换矩阵表示 DFA,矩阵的行元素为状态,列元素为输入的字符,如果在 q 状态(行)读入字符 a(列)的后继状态为 p,则在状态转换矩阵 q 行和 a 列对应位置写上 p。

> 上面定义的 DFA 是确定的有穷自动机,所谓"确定"是指 f 函数是单值的,即每次转向的后继状态是唯一的。如果 f(s,a) 的值不唯一,而是一个状态子集(f(s,a)⊆S),那么这样的 FA 是不确定的,从而得到非确定有限自动机的概念。

3.4.2　非确定有限自动机

非确定有限自动机（Non-**deterministic Finite Automata**, NFA）

NFAM是一个五元式：

$$M=(S,\ \Sigma,\ f,\ s_0,\ Z)$$

① 　S 是一个有限状态集合，它的每个元素为一个状态；

② 　Σ是一个有穷字汇表，它的每个元素都被称为一个输入字符；

③ 　f是一个从S×Σ至S的子集映射，即

$$f:S\times\Sigma\rightarrow\rho$$

其中，$\rho\in P(S)$，P(S)是 S 的幂集，$\rho\subseteq S$。

④ 　$s_0\subseteq S$，是一个非空初态集；

　　　Z⊆S，是一个终态集（可以为空集）。

　　显然，一个含有 m 个状态和 n 个输入字符的 NFA 可表示成：该图含有 m 个状态结点，每个结点可射出若干条箭弧与别的结点连接，每条弧用 Σ 中的一个字（不一定是不同的字，可以是相同的字，这是与 DFA 最大的区别），而且还可以是空字 ε 作标记（称为输入字），整张图至少含有一个初态结点以及若干个（可以是 0 个）终态结点。某些结点既可以是初态结点，也可以是终态结点。

　　对于 Σ 中的任何一个字 α，若存在一条从某一初态结点到某一终态结点的通路，且这条通路上的所有弧的标记字依序连接成的字符串（忽略那些标记为 ε 的弧）等于 α，则称 α 可为 NFA M 所识别（读出或接收）。若 M 的某些结点既是初态结点又是终态结点，或者存在一条从某个初态结点到某个终态结点的 ε 通路，那么空串 ε 可为 M 所接收。

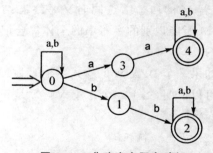

图 3.10　非确定有限自动机

　　例 3.7　图 3.10 就是一个 NFA 的状态转换图。这个 NFA 所能识别的也是所有含有相继两个 a 或相继两个 b 的字符串。

$$NFA\ M=(\{0,1,2,3,4\},\{a,b\},f,\{0\},\{2,4\})$$

其中，f(0,a)=[0,3]，f(0,b)=[0,1]，f(1,b)=[2]，f(2,a)=[2]，f(2,b)=[2]，f(3,a)=[4]，f(4,a)=[4]，f(4,b)=[4]。

　　该 NFA M 能识别 abaab、abbba、aab 等串。显然，DFA 是 NFA 的特例。

3.4.3　正规式、正规文法和有限自动机之间的关系

　　正规式和正规文法是等价的，从正规式或正规文法可以构造出等价的有限自动

机,这是自动生成词法分析器的理论基础。本小节将介绍它们之间的等价变换方法。

1. 正规文法和正规式的等价性

一个正规语言可以由正规文法来定义,也可以由正规式来定义。对于任意一个正规文法,存在一个定义同一语言的等价的正规式;反之,对每个正规式,也存在一个生成同一语言的等价的正规文法。有些正规语言很容易用正规文法定义,有些语言更容易用正规式定义,这一小节将介绍两者之间的转换,从结构上建立正规文法和正规式之间的等价性。

2. 将 $\sum$ 上的一个正规式 r 转换成文法 $G=(V_N,V_T,P,S)$

令 $V_T=\sum$,确定产生式和 V_N 的元素用如下方法:

选择一个非终结符 S 生成类似产生式的形式 S→r,并将 S 定为文法 G 的识别符号。为表述方便,将 S→r 作为正规式产生式,因为在"→"的右部中含有"·"、"＊"或"|"等正规式运算符号,这些都不是字汇表 V 中的符号。

若 x 和 y 都是正规式,则:

① 对形如 A→xy 的正规式产生式,重写成 A→xB,B→y 两个产生式,其中 B 是新选择的非终结符,即 $B\in V_N$。

② 对形如 A→x＊y 的正规式产生式,重写为

$$A→xB$$
$$A→y$$
$$B→xB$$
$$B→y$$

其中,B 为一新非终结符。

③ 对形如 A→x|y 的正规式产生式,重写为

$$A→x \qquad A→y$$

不断利用上述规则做变换,直到每个产生式都符合正规文法的形式。

例 3.8　将 $r=a(a|d)^*$ 转换成相应的正规文法。

令 S 是文法开始符号,首先形成 S→$a(a|d)^*$,然后形成 S→aA 和 A→$(a|d)^*$,再变换形成:

$$S→aA \qquad A→(a|d)B$$
$$A→\varepsilon \qquad B→(a|d)B$$
$$B→\varepsilon$$

进而变换为全部符合正规文法产生式的形式:

$$S→aA \qquad B→aB$$
$$A→aB \qquad B→dB$$
$$A→dB \qquad B→\varepsilon$$
$$A→\varepsilon$$

3. 将正规文法转换为正规式

其基本上是上述过程的逆过程,最后只剩下一个开始符号定义的正规式,其转换过程如表 3.5 所列。

表 3.5 正规文法转换为正规式

	文法产生式		正规式
规则 1	A→xB	B→y	A＝xy
规则 2	A→xA | y		A＝x * y
规则 3	A→x	A→y	A＝x | y

例 3.9 文法 G[S]:

$$S→aA \qquad S→a$$
$$A→aA \qquad A→dA$$
$$A→a \qquad A→d$$

首先有

$$S＝aA \mid a$$
$$A＝(aA \mid dA)(a \mid d)$$

再将 A 的正规式变换为 A＝(a \| d)A(a \| d),又变换为 A＝(a \| d)* (a \| d),再将 A 右端代入 S 的正规式得

$$S＝a(a \mid d)^* (a \mid d) \mid a$$

再利用正规式的代数变换可依次得到

$$S＝a((a \mid d)^* (a \mid d) \mid ε)$$
$$S＝a(a \mid d)^*$$

即 a(a \| d)* 为所求。

4. 举 例

例 3.10 设一正规集是由不以 0 打头的正奇数组成的,试描述相应正规集的文法 G＝(V_N, V_T, P, S)。其中 $V_T = \{0,1,2,3,4,5,6,7,8,9\}$,S 是文法开始符号。

解决此问题的关键是必须确定 P 中的规则,才能给出 V_N 中的元素。为了给出正规集的文法,首先应弄清楚集合中描述的字符串的结构特征,该字符串的正规式为

$$(1 \mid 2 \mid \cdots \mid 9)(0 \mid 1 \mid \cdots \mid 9)^* (1 \mid 3 \mid 5 \mid 7 \mid 9) \mid (1 \mid 3 \mid 5 \mid 7 \mid 9)$$

其结构如图 3.11 所示。

可按照如下步骤写出相应的产生式(假设使用右线性文法):

① 用 A 代表 Ⅰ和 Ⅱ 两部分,要求 Ⅰ 部分不得出现 0,于是可给出以下产生式:
S→1A \| 2A \| ⋯ \| 9A,其中符号“\|”表示“或”。

一位数 1、3、5、7、9 也是符合条件的奇数,所以 Ⅰ 和 Ⅱ 部分可以空,于是有

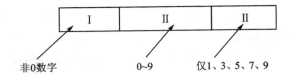

图 3.11　正奇数结构图

$$S \rightarrow 1 \mid 3 \mid 5 \mid 7 \mid 9$$

② 再给出描述 Ⅰ 和 Ⅱ 两部分结构的产生式,第 Ⅱ 部分可由 0～9 组成任意数字串。由于其长度不受限制,可以为无限语言,所以必须用递归形式的产生式描述:

$$A \rightarrow 1A \mid 2A \mid \cdots \mid 9$$

③ 但是第三部分仅允许 1、3、5、7、9,所以有

$$A \rightarrow 1 \mid 3 \mid 5 \mid 7 \mid 9$$

下面是 G 文法的完整描述,为简单起见,用 d_1 代表 1～9 中任一位数字,d_2 代表 0～9 中任一位数字,d_3 代表 1、3、5、7、9 中任一位数字。

$$G = [\{S, A\}, \{0, 1, 2, 3, 4, 5, 6, 7, 8, 9\}, P, S]$$

P 中的产生式为

$$S \rightarrow d_1 A \mid d_3$$
$$A \rightarrow d_2 A \mid d_3$$

上面写文法的过程对应于从左向右构造字符串的过程,所得文法为右线性文法。显然,如果从右向左构造该语言的字符串,就可以得到相应的左线性文法。

5. 正规文法与有限自动机的等价性

对于正规文法 G 和有限自动机 M,如果 L(G) = L(M),则称 G 和 M 是等价的。关于正规文法与有限自动机的等价性,有以下结论:

① 对每一个右线性正规文法 G 或左线性正规文法 G,都存在一个有限自动机 (FA)M,使得 L(G) = L(M)。

② 对每一个 (FA)M,都存在一个右线性文法 G_R 和左线性正规文法 G_L,使得 L(M) = L(G_R) = L(G_L)。

证明 1:

a. 设右线性正规文法 $G = <V_N, V_T, S, P>$。将 V_N 中的每一非终结符号视为状态符号,并增加一个新的状态终结状态符号 z,z 不属于 V_N。

令 $M = <V_N \cup \{z\}, V_T, f, S, \{z\}>$,其中状态转换函数 f 有以下规则定义:

(a) 若对某个 $A \in V_T$ 及 $a \in V_T \cup \{\varepsilon\}$,P 中有产生式 $A \rightarrow a$,则令 $f(A, a) = z$。

(b) 对任意的 $A \in V_T$ 及 $a \in V_T \cup \{\varepsilon\}$,设 P 中左端为 A,右端第一符号为 a 的所有产生式为 $A \rightarrow aA_1 \mid \cdots \mid aA_k$(不包括 $A \rightarrow a$),则令 $f(A, a) = \{A_1, \cdots, A_k\}$。

显然,上述 M 是一个 NFA。

对于右线性正规文法 G，在 $S \overset{+}{\Rightarrow} w$ 的最左推导过程中，使用 A→aB 一次就相当于在 M 中从状态 A 经过标记为 a 的箭弧到达状态 B（包括 a＝ε 的情形）。在推导的最后，使用 A→a 一次则相当于在 M 中从状态 A 经过标记为 a 的弧到达终结状态 z（包括 a＝ε 的情形）。

综上，在正规文法 G 中，$S \overset{+}{\Rightarrow} w$ 的充分必要条件是：在 M 中，从状态 S 到状态 z 有一条通路，其上所有箭弧的标记符号依次连接起来恰好等于 w，这就是说，w∈L(G) 当且仅当 w∈L(M)，故 L(G)＝L(M)。

b. 设左线性正规文法 $G = <V_T, V_N, S, P>$。将 V_N 中的每一符号视为状态符号，并增加一个初始状态符号 q_0，q_0 不属于 V_N。

令 $M = <V_N \cup \{q_0\}, V_T, f, S, q_0, \{q_0\}>$，其中状态转换函数 f 有以下规则定义：

(a) 若对某个 $A \in V_N$ 及 $a \in V_T \cup \{\varepsilon\}$，P 中有产生式 A→a，则令 $f(q_0, a) = A$。

(b) 对任意的 $A \in V_N$ 及 $a \in V_T \cup \{\varepsilon\}$，若 P 中右端第一符号为 A、第二符号为 a 的产生式为 $A_1 \to Aa, \cdots, A_k \to Aa$，则令 $f(A, a) = \{A_1, \cdots, A_k\}$。

与 a. 类似，可以证明 L(G)＝L(M)。

证明 2：

设 DFA $M = <S, \Sigma, f, s_0, F>$。

a. 若 s_0 不属于 F，令 $G_R = <\Sigma, S, s_0, P>$，其中 P 是由以下规则定义的产生式集合：对任何 $a \in \Sigma$ 及 $A, B \in S$，若有 $f(A, a) = B$，则

(a) 当 B 不属于 F 时，令 A→aB；

(b) 当 $B \in F$ 时，令 A→a|Ab。

对任何 $w \in \Sigma^*$，不妨设 $w = a_1 \cdots a_k$，其中 $a_i \in \Sigma (i = 1, \cdots, k)$。若 $s_0 \overset{+}{\Rightarrow} w$，则存在一个最左推导：

$$s_0 \Rightarrow a_1 A_1 \Rightarrow a_1 a_2 A_2 \Rightarrow \cdots \Rightarrow a_1 \cdots a_i A_i \Rightarrow a_1 \cdots a_{i+1} A_{i+1} \Rightarrow \cdots \Rightarrow a_1 \cdots a_k$$

因而，在 M 中有一条从 s_0 出发依次经过 $A_1, \cdots, A_{k-1}$ 到达终态的通路，该通路上所有箭弧的标记依次为 $a_1, \cdots, a_k$；反之亦然。所以，w∈L(G_R) 当且仅当 w∈L(M)。

现在考虑 $s_0 \in F$ 的情形。因为 $f(s_0, \varepsilon) = s_0$，所以 ε∈L(M)。但 ε 不属于上面构造的 G_R 所产生的语言 L(G_R)。不难发现，L(G_R)＝L(M)－{ε}。所以，在上述 G_R 中添加新的非终结符号 s_0'（$s_0 \notin S$）和产生式 $s_0' \to s_0 | \varepsilon$，并用 s_0' 代替 s_0 作开始符号。这样修正 G_R 后得到的文法 G_R' 仍是右线性正规文法，并且 L(G_R')＝L(M)。

b. 类似于①，从 DFA M 出发可构造左线性文法 G_L，使得 L(G_L)＝L(M)。

最后，由 DFA 和 NFA 之间的等价性，结论②得证。

下面通过例子对前述证明过程进行具体解释。

例 3.11 设 DFA $M = <\{A, B, C, D\}, \{0, 1\}, f, A, \{B\}>$。M 的状态转换图如

图 3.12(a)所示。不难发现,L(M)=0(10)*。

① 根据以上证明过程获得的右线性正规文法为

$$G_R=<\{0,1\},\{A,B,C,D\},A,P>$$

其中,P 由下列产生式组成:

$$A \rightarrow 0 \mid 0B \mid 1D \qquad B \rightarrow 0D \mid 1C \qquad C \rightarrow 0 \mid 0B \mid 1D \qquad C \rightarrow 0D \mid 1D$$

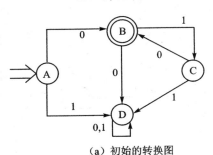

（a）初始的转换图

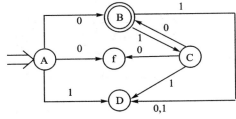

（b）从等价的右线性正规文法导出的转换图

图 3.12 状态转换图

显然 $L(G_R)=L(M)=0(10)^*$。

② 从 G_R 出发构造 NFA M 为

$M=<\{A,B,C,D,f\},\{0,1\},f',A,\{z\}>$,M 的状态转换图如图 3.12(b)所示。

显然 $L(M)=L(G_R)$。

③ 从 NFA M 出发构造左线性正规文法:

$$G_L=<\{0,1\},\{B,C,D,f\},f,P'>$$

其中,P′由下列产生式组成:

$$f \rightarrow 0 \mid C0 \qquad\qquad C \rightarrow B1$$
$$B \rightarrow 0 \mid C0 \qquad\qquad D \rightarrow 1 \mid C1 \mid D0 \mid D1 \mid B0$$

易证 $L(Gl)=L(M)$。

6. 正规式与有限自动机的等价性

下面将证明有关的两个结论:

① 对任何 FA M,都存在一个正规式 r,使得 L(r)=L(M)。

② 对任何正规式 r,都存在一个 FA M,使得 L(M)=L(r)。

L(r)为正规式 r 描述的正规集,L(M)为 FA M 描述的正规集。

证明 1:

对于 Σ 上的 NFA M,我们来构造 Σ 上的正规式 r,使得 L(r)=L(M)。

首先,将状态转换图的概念拓广,令每条弧可用正规式作标记。在 M 的转换图上加进两个结点,一个为 X,另一个为 Y。从 X 用 ε 弧连接到 M 的所有初态结点;从 M 的所有终态结点用 ε 弧连接到 Y,从而形成一个新的 NFA,记为 M′,它只有一个初态 X 和一个终态 Y。显然,L(M)＝L(M′),即这两个 NFA 是等价的。现在逐步消去 M′ 中所有结点,直至剩下 X 和 Y 为止。在消结点的过程中,逐步可用正规式来标记箭弧。消弧的过程是很直观的,只需反复使用图 3.13 所示的替换规则即可。

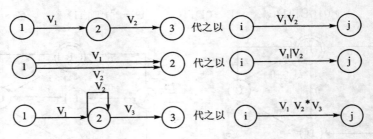

图 3.13　替换规则

证明 2:

对于 Σ 上的正规式 r,我们将构造一个 NFA M,使 L(M)＝L(r),并且 M 只有一个终态,没有从该终态出发的箭弧。

下面使用关于 r 中运算符数目的归纳法证明上述结论。

① 若 r 具有零个运算符,则 r＝ε,或 r＝ϕ,或 r＝a,其中 a$\in\Sigma$。此时如图 3.14 (a)、图 3.14(b) 和图 3.14(c) 所示的三个有限自动机显然符合上述要求。

(a) 对应于正规式 ε 的转换图　(b) 对应于正规式 ϕ 的转换图　(c) 对应于正规式 a 的转换图

图 3.14　对应于 0 个运算符的正规式的状态转换图

② 假设结论对于少于 k(k$\geqslant$1) 个运算符的正规式成立。

当 r 中含有 k 个运算符时,r 有以下 3 种情形:

情形 1:r＝r_1｜r_2,r_1,r_2 中运算符个数少于 k,从而由归纳假设,对 r_i 存在 M_i＝$(S_i,\Sigma_i,f_i,q_i,\{z_i\})$,使得 L($M_i$)＝L($r_i$),并且 M_i 没有从终态出发的箭弧(i＝1,2)。不妨设 $S_1\bigcap S_2$＝ϕ,在 $S_1\bigcup S_2$ 中加入两个新状态 q_0、z_0。

令 M＝$(S_1\bigcup S_2\bigcup\{q_0,z_0\},\Sigma_1\bigcup\Sigma_2,f,q_0,\{z_0\})$,其中 f 定义如下:

(a) $f(q_0,\varepsilon)$＝$\{q_1,q_2\}$。

(b) $f(q,a)$＝$f_1(q,a)$,当 q$\in S_1-\{z_1\}$,a$\in\Sigma_1\bigcup\{\varepsilon\}$。

(c) $f(q,a)$＝$f_2(q,a)$,当 q$\in S_2-\{z_2\}$,a$\in\Sigma_2\bigcup\{\varepsilon\}$。

(d) $f(z_1,\varepsilon)$＝$f(z_2,\varepsilon)$＝$\{z_0\}$。

M 的状态转换图如图 3.15(a) 所示。从该图中不难看出,M 中有一条从 q_0 到 z_0 的通路 w,当且仅当在 M_1 中有一条从 q_1 到 z_1 的通路 w,或者在 M_2 中有一条从 q_2 到

z_2 的通路 w，即

$$L(M) = L(M_1) \bigcup L(M_2) = L(r_1) \bigcup L(r_2) = L(r)$$

情形 2：令 $M = (S_1 \bigcup S_2, \Sigma_1 \bigcup \Sigma_2, f, q_1, \{z_2\})>$，其中 f 定义如下：

（a）$f(q, a) = f_1(q, a)$，当 $q \in S_1 - \{z_1\}, a \in \Sigma_1 \bigcup \{\varepsilon\}$。

（b）$f(q, a) = f_2(q, a)$，当 $q \in S_2 - \{z_1\}, a \in \Sigma_2 \bigcup \{\varepsilon\}$。

（c）$f(z_1, \varepsilon) = \{q_2\}$。

M 的状态转换图如图 3.15(b) 所示。从该图同样可推知：

$$L(M) = L(M_1) \bigcup L(M_2) = L(r_1) \bigcup L(r_2) = L(r)$$

情形 3：$r = r^*$。设 M_1。同情形 1。令 $M = <S_1 \bigcup \{q_0, z_0\}, \Sigma_1, f, q_0, \{z_0\}>$，其中 q_0, z_0 不属于 S_1，f 的定义如下：

（a）$f(q_0, \varepsilon) = f(z_1, \varepsilon)$。

（b）$f(q, a) = f_1(q, a)$，当 $q \in S1 - \{z_1\}, a \in \Sigma_1 \bigcup \{\varepsilon\}$ 时。

M 的状态转换图如图 3.15(c) 所示。对于 M 中任何一条从 q_0 到 z_0 的路径，或者是一条从 q_0 到 z_0 经过标记为 ε 的路径，首先从 q_0 经 ε 标记到达 q_1，在 M_1 中经由标记为 $L(M_1)$ 中的字从 q_1 到 z_1，然后从 z_1 经 ε 标记折回 q_1，再在 M_1 中从 q_1 到 z_1，如此往返若干次（包括零次），最后从 z_1 经由标记 ε 到达 z_0。因此，如果在 M 中有一条从 q_0 到 z_0 的通路 w，当且仅当 w 能够写成 $w_1 \cdots w_n$（n=0 时 w 表示为 ε），其中 $w_i(L(M_1))$（$i=1, \cdots, n$）。所以有结论：

$$L(M) = L(M_1)^* = L(r_1)^* = L(r)$$

至此，结论 2 获证。

上述证明过程实质上是一个将正规式转换为有限自动机的算法。

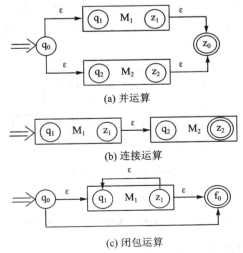

(a) 并运算

(b) 连接运算

(c) 闭包运算

图 3.15　状态转换图的合并

例 3.12 设正规式为 $r_1=1^*$，$r_2=01^*$，$r_3=01^*|1$，请设计与正规式等价的非确定有限自动机（NFA）。结果分别为如图 3.16(a)、3.16(b)、3.16(c)所示。

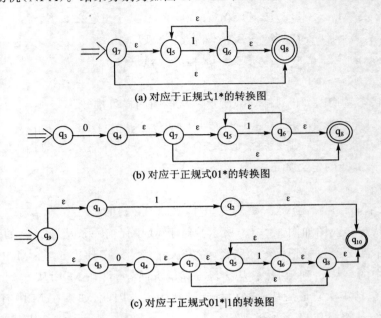

(a) 对应于正规式1*的转换图

(b) 对应于正规式01*的转换图

(c) 对应于正规式01*|1的转换图

图 3.16 与正规式等价的有限自动机

3.4.4 由正规式构造 NFA、NFA 确定化为 DFA、DFA 化简

正规文法、正规式和有限自动机三者都是描述正规集的有效工具，它们的描述能力是等价的，即在接收语言的能力上是相互等价的，它们都是描述正规集的有效工具。上一小节已经给出了从正规文法到 FA、正规文法到正规式和正规式到自动机的转换证明方法。上述各种转换可用图 3.17 表示。

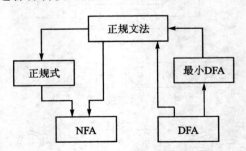

图 3.17 正规集各种描述工具间的转换

本小节主要介绍由正规式构造 NFA（引入 ε 弧和不引入 ε 弧两种情况），然后再介绍 NFA 确定化为 DFA，最后介绍 DFA 化简过程。

1. 由正规式构造 NFA

设 r、r_1、r_2 分别表示正规式，q_0 表示 FA 的初态，q_f 为终态。下面给出由正规式构造 NFA 的算法：

① 如果 $r=\varepsilon$、$r=\phi$ 或 $r=a(a\in\Sigma)$，这些正规式 r 有 0 个运算符，其 NFA 如图 3.18 所示。

(a) 对应于 $r=\varepsilon$ 的转换图　**(b) 对应于 $r=\phi$ 的转换图**　**(c) 对应于 $r=a$ 的转换图**

图 3.18　对应于 0 个运算符的正规式的状态转换图

② 如果 r 是复合正规式，则先把 r 表示成如图 3.19 所示的 NFA。

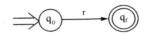

图 3.19　r 的状态转换图

③ 根据正规式的递归定义可知，r 可以一次分解成如下所示的三种情况，(a) $r=r_1^{*}$，(b) $r=r_1 \cdot r_2$，(c) $r=r_1|r_2$。其对应的 NFA 如图 3.20 所示。

④ 重复执行第③步，直到所构造的 NFA 中的每个变迁弧上都标记为单个输入符号为止，在整个构造过程中凡引入新的状态，就给予不同的命名。

根据图 3.20 中的三种情况，图 3.19 可以细化成三种 FA 之一。

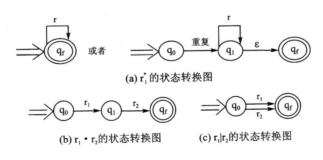

(a) r_1^{*} 的状态转换图

(b) $r_1 \cdot r_2$ 的状态转换图　**(c) $r_1|r_2$ 的状态转换图**

图 3.20　NFA 的一次细化

可以看出上述每一步变换都是等价代换，直到所构造的 NFA 中的每个变迁弧上都标记为单个输入符号为止，通常最后所得的是 NFA。

例 3.13　设正规式为 $r_1=1^{*}$，$r_2=01^{*}$，$r_3=01^{*}|1$，设计与正规式等价的非确定有限自动机（NFA）。结果分别为如图 3.21(a)、图 3.21(b)、图 3.21(c)所示。

例 3.14　设正规式为 $(a|b)^{*}(aa|bb)(a|b)^{*}$，设计与其等价的带 ε 变迁弧的非确定的有限自动机（NFA）状态转换图。结果如图 3.22(a)所示。设计与其等价的不

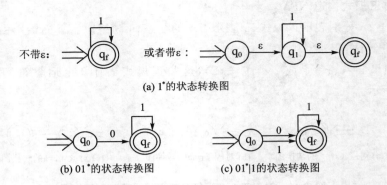

图 3.21 非确定有限自动机

带 ε 变迁弧的非确定的有限自动机（NFA）状态转换图。结果如图 3.22（b）所示。

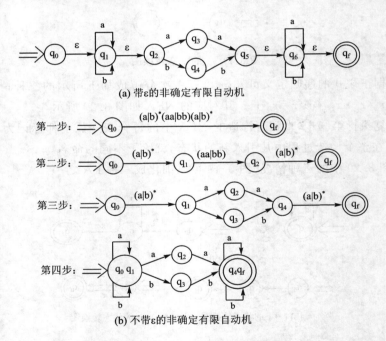

图 3.22 带与不带 ε 的非确定有限自动机

图 3.22（b）第四步表示把 q_0 和 q_1 合并为一个状态，把 q_4 和 q_f 合并为一个状态。

如果合并后的状态中含有初态，则合并的状态也是初态；如果合并后的状态中含有终态，则合并的状态也是终态；如果合并后的状态中既有终态又有初态，则合并状态既是初态又是终态。

可以看出上述每一步变换都是等价变换。通常最后所得的是 NFA，通过该例题可知，如果在正规式构造 NFA 过程中引入 ε 弧，则所得的 NFA 状态数比不引入 ε 弧要多,以后如果没有特殊要求,最好不引入 ε 弧,以免增加设计运算的复杂性,从而给后续运算带来出错几率。

2. 非确定有限自动机(NFA)的确定化

因为 NFA 是一种状态不确定的有限自动机,后继状态不唯一,所以这种自动机不便机械实现;而 DFA 是确定有限状态的自动机,它状态转换的条件是确定的,即后继状态唯一,并且状态数目往往比 NFA 减少,所以它比较便于机械实现而且简单,同时在识别能力方面也和 NFA 相当。现已证明了每一种 NFA 都可转换为同样辨认能力的 DFA,下面要把非确定的有限自动机(NFA)化为确定的有限自动机(DFA)。NFA 确定化为 DFA 的算法如下:

设 $L(M)$ 为 NFA M 接收的正规集,$L(M')$ 为 DFA M' 接收的正规集,对于每个 NFA M 存在一个 DFA M',使 $L(M) = L(M')$。

NFA 确定化为 DFA,根据 NFA 是否带有 ε 弧,分两种情况确定化。

(1) 不带 ε 弧的 NFA 确定化

假定 NFA $M = (S, \Sigma, f, s_0, Z)$,再假设确定化的 DFA $M' = (S', \Sigma', f', s_0', Z')$,设有不完整的 NFA M 状态转换图如图 3.23(a)所示,其确定化的不完整 DFA M' 状态转换图如图 3.23(b)所示。

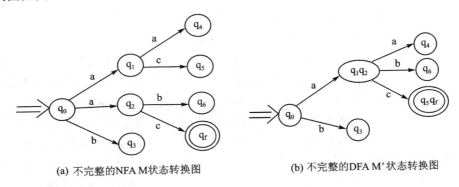

(a) 不完整的NFA M状态转换图　　　　　(b) 不完整的DFA M'状态转换图

图 3.23　不完整的 NFA 和 DFA 状态转换图

根据图 3.23(a)得知 NFA M 的数据信息如下:

$$S = \{q_0, q_1, q_2, q_3, q_4, q_5, q_6, q_f\}, \quad \Sigma = \{a, b, c\}, \quad s_0 = q_0, \quad Z = \{q_f, \cdots\}$$

DFA 确定化状态转换函数如下所示:

$$f([q_0], a) = [q_1, q_2], \quad f([q_0], b) = [q_3]$$

$$f([q_1, q_2], a) = [q_4], \quad f([q_1, q_2], b) = [q_6], \quad f([q_1, q_2], c) = [q_5, q_f]$$

由图 3.23(b)得知 DFA M' 数据信息如下:

$$S' = \{[q_0], [q_1, q_2], [q_3], [q_4], [q_6], [q_5, q_f]\}$$

$$\Sigma' = \{a, b, c\}, \quad s_0' = q_0, \quad Z' = \{[q_5, q_f], \cdots\}$$

对 DFA 状态重新命名如表 3.6 所列。

表 3.6　DFA 状态重新命名表

输入状态	q_0	q_1, q_2	q_3	q_4	q_6	q_5, q_f
重新命名	A	B	C	D	E	F

根据重新命名的 DFA 状态整理得到 DFA 状态转换函数如下:

$f'(A, a) = B$,　$f'(A, b) = C$,　$f'(B, a) = D$,　$f'(B, b) = E$,　$f'(B, c) = F$

通过上例总结不带 ε 弧的 NFA **确定化算法**如下:

① 先把 DFA M′中的 S′和 Z′置空。

② 令子集 $[q_0]$ 是 S′中唯一成员(初态)且未被标记。

```
WHILE(S′中存在未被标记的子集 T)do
{标记子集 T;
  For 所有 a∈∑do
    {U = f(T, a);
    if U 不属于 S′中, then 将 U 作为未被标记的子集加入 S′中。
  }
}
```

③ 把含有 NFA 终态的子集 T 加入到 DFA Z′终态。

④ 重新命名 S′中的状态子集 T, 整理 f′函数。

上述方法称不带 ε 弧的子集方法。其中, $T \subseteq S$, S′中存在未被标记的子集 T, 是指子集 T 未加记号。若 T 已经加记号, 则不再对其求读入某字符后的确定函数。

上述方法求得的是 DFA 定义形式化描述, 比较抽象, 也不利于编程实现。为不遗漏地求出 M′的所有状态及其定义式, 使表达方法更简单并且易于编程实现, 一般采用表格形式完成 NFA 的确定化过程, 通常称为不带 ε 弧的**状态转换矩阵方法**。

表格的行表头是 S′中的各个状态, 把每个新求出的 NFA 状态子集按序放到表的行表头上。表格的列表头是 Σ 中的各个符号, 假定 $\Sigma = \{a_1, \cdots, a_k\}$, 构造一张表, 此表的每一行含有 $k+1$ 列, 列表头为 $a_1, \cdots, a_k$, 置该表的首行首列为 q_0。一般而言, 如果某一行的第一列状态子集已经确定, 例如记为 I, 那么, 置该行的 $i+1$ 列为 Ia_i ($i = 1, \cdots, k$)。然后, 检查该行上的状态子集, 看它们是否已在表的第一列出现, 将未曾出现者填入到后面第一列的空行。重复上述过程, 直至出现在第 $i+1$ 列($i = 1, \cdots$, k)上的所有状态子集均已在第一列上出现。因为 M′的状态是有限集合, 所以其状态子集的个数必然是有限的, 亦即上述过程必定会在有限步骤内终止。

现在, 将构造出来的表视为状态转换表, 将上述过程中产生的每个状态子集视为新的 DFA 状态。显然该表只刻画了一个 DFA M″。DFA M″的字汇表为 $\Sigma = \{a_1, \cdots, a_k\}$。它的初态是该表首行首列的那个状态, 终态是那些含有原终态的状态子集。根据上述构造方法, 不难得出 $L(M'') = L(M') = L(M)$。上述为把不带 ε 的

NFA 确定化为 DFA 的方法,称为**子集法**。下面通过实例来说明这种实用的确定化技术。

例 3.15 已知 $(a|b)^*(aa|bb)(a|b)^*$ 的不带 ε 变迁弧的非确定的有限自动机(NFA)状态转换图如图 3.24 所示,根据上述算法对 NFA 确定化。NFA 确定化为 DFA 的状态转换矩阵如表 3.7 所列,DFA 重新命名状态转换矩阵表如表 3.8 所列。

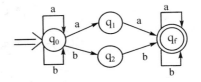

图 3.24 NF 状态转换图

表 3.7 NFA 确定化为 DFA 的状态转换矩阵

重新命名	输入状态	a	b
A	q_0	q_0, q_1	q_0, q_2
B	q_0, q_1	q_0, q_1, q_f	q_0, q_2
C	q_0, q_2	q_0, q_1	q_0, q_2, q_f
D	q_0, q_1, q_f	q_0, q_1, q_f	q_0, q_2, q_f
E	q_0, q_2, q_f	q_0, q_1, q_f	q_0, q_2, q_f

表 3.8 DFA 重新命名状态转换矩阵表

重新命名	a	b
A	B	C
B	D	C
C	B	E
D	D	E
E	D	E

其中,确定化的 DFA 初态为首行首列状态 A(NFA 初态 q_0),终态为合并后包含 NFA 终态(q_f)的状态 D 和状态 E。

(2) 带 ε 弧的 NFA 确定化

假定 NFA $M=(S, \Sigma, f, s_0, Z)$,再假设确定化的 DFA $M'=(S', \Sigma', f', s'_0, Z')$,设有不完整的带 ε 弧的 NFA M 状态转换图如图 3.25(a)所示,其确定化的不完整 DFA M' 状态转换图如图 3.25(b)所示。

分析上例,总结**带 ε 弧的 NFA 确定化为 DFA 的算法**如下:

① 假定 I 是 M' 的状态集的子集,定义 I 的 ε 闭包 ε_CLOSURE(I)算法为:

a. 若 $q \in I$,则 $q \in$ ε_CLOSURE(I);

b. 若 $q \in I$,则从 q 出发经任意条 ε 能到达的任何状态 q' 都属于 ε_CLOSURE(I);

② 假定 I 是 M' 的状态的子集,$a \in \Sigma$,定义

$$Ia = \varepsilon\_CLOSURE(J)$$

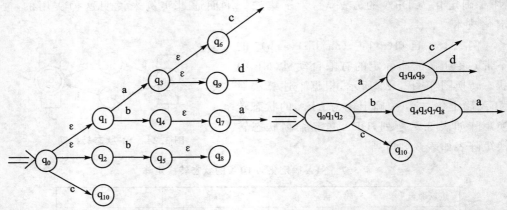

(a) 带 ε 弧的不完整的NFA M状态转换图   (b) 确定化的不完整的DFA M′状态转换图

图 3.25   两种状态转换图

其中,J是那些可从 I 中的某一状态结点出发经过一条 a 弧而达到的状态结点的全体。

③ 先把 DFA M′中的 S′和 Z′置空。

④ 令子集[ε_CLOSURE(q₀)]是 S′中唯一成员(初态)且未被标记。

```
WHILE(S′中存在未被标记的子集 T)do
{
    标记子集 T;
    For 所有 a∈Σ do
    {
    U = ε_CLOSURE(f(T,a));
        if U 不属于 S′中,then 将 U 作为未被标记的子集加入 S′中
    }
}
```

⑤ 把含有 NFA 终态的子集 T 加入到 DFA Z′终态。

⑥ 重新命名 S′中的状态子集 T,整理 f′函数。

上述方法称带 ε 弧的**子集方法**。其中,T⊆S,S′中存在未被标记的子集 T,是指子集 T 未加记号。若 T 已经加记号,则不再对其求读入某字符后的确定函数。为不遗漏地求出 M′的所有状态及其定义式,同时,使表达方法更简单并且易于编程实现,一般采用表格形式完成 NFA 的确定化过程,通常称为带 ε 弧的**状态转换矩阵方法**。

表格的列表头是 Σ 中的各个符号,表格的行向是 S′中的各个状态,假定 Σ=$\{a_1, \cdots, a_k\}$。构造一张表,此表的每一行含有 k+1 列。置该表的首行首列为 ε_CLOSURE(q_0),其中,q_0 为 NFA 的初态。一般而言,如果某一行的第一列状态子集

已经确定,例如记为 I,那么,置该行的 $i+1$ 列为 $Ia_i(i=1,\cdots,k)$。然后,检查该行上的状态子集,看它们是否已在表的第一列出现,将未曾出现者填入到后面空行的第一列。重复上述过程,直至出现在第 $i+1$ 列$(i=1,\cdots,k)$上的所有状态子集均已在第一列上出现。因为 M' 的状态是有限集合,所以其状态子集的个数必然是有限的,亦即上述过程必定会在有限步内终止。

现在,将构造出来的表视为状态转换表,将上述过程中产生的每个状态子集视为新的状态。显然该表只刻画了一个 DFA M',该 DFA M'' 的状态为状态子集,DFA M'' 的字汇表为 $\Sigma=\{a_1,\cdots,a_k\}$。它的初态是该表首行首列的那个状态,终态是那些含有原终态的状态子集。根据上述构造方法,不难得出:$L(M'')=L(M')=L(M)$。

上述为把带 ε 弧的 NFA 确定化为 DFA 的方法,称为**子集法**。

例 3.16　设正规式为 $(a|b)^*(aa|bb)(a|b)^*$。其对应的带 ε 变迁弧的 NFA 如图 3.26所示,其中 q_0 为初态,Y 为终态。

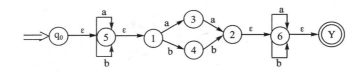

图 3.26　非确定有限自动机

按照上述证明过程构造出来的状态转换矩阵如表 3.9 所列。

表 3.9　正规式 $(a|b)^*(aa|bb)(a|b)^*$ 的状态转换矩阵

I	a	b
$\{q_0,5,1\}$	$\{5,3,1\}$	$\{5,4,1\}$
$\{5,3,1\}$	$\{5,3,1,2,6,Y\}$	$\{5,4,1\}$
$\{5,4,1\}$	$\{5,3,1\}$	$\{5,4,1,2,6,Y\}$
$\{5,3,1,2,6,Y\}$	$\{5,3,1,2,6,Y\}$	$\{5,4,1,6,Y\}$
$\{5,4,1,6,Y\}$	$\{5,3,1,6,Y\}$	$\{5,4,1,2,6,Y\}$
$\{5,4,1,2,6,Y\}$	$\{5,3,1,6,Y\}$	$\{5,4,1,2,6,Y\}$
$\{5,3,1,6,Y\}$	$\{5,3,1,2,6,Y\}$	$\{5,4,1,6,Y\}$

对表 3.9 中的所有状态子集重新命名,得到如表 3.10 所列的状态转换矩阵。$\{q_0,5,1\}$ 重新命名为 0,$\{5,3,1\}$ 重新命名为 1,$\{5,4,1\}$ 重新命名为 2,$\{5,3,1,2,6,Y\}$ 重新命名为 3,$\{5,4,1,6,Y\}$ 重新命名为 4,$\{5,4,1,6,Y\}$ 重新命名为 5,$\{5,3,1,2,6,Y\}$ 重新命名为 6。

表 3.10　重新命名后的状态转换矩阵

I	a	b
0	1	2
1	3	2
2	1	5
3	3	4
4	6	5
5	6	5
6	3	4

与表 3.10 相对应的状态转换图如图 3.27 所示,其中 0 为初态,3、4、5 和 6 为终态。

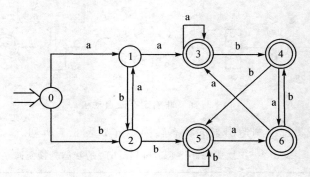

图 3.27　未化简的 DFA

3.4.5　确定的有限自动机化简

一个确定的有限自动机的化简是指:寻找一个状态数比 M 少的 DFA M′,使得 $L(M) = L(M')$。

假定 s 和 t 是 M 的两个不同状态,称 s 和 t 是**等价**的,当且仅当如果从状态 s 出发能读出某个字 w 而停于终态,那么从 t 出发也能读出同样的字 w 而停于终态;反之,若从 t 出发能读出某个字 w 而停止于终态,则从 s 出发也能读出同样的字 w 而停止于终态。如果 DFA M 的两个状态 s 和 t 不等价,则称这两个状态是可区别的。例如,终态与非终态是可区别的,因为终态能读出空字 ε,非终态则不能读出空字 ε。又例如,图 3.27 中的状态 1 与 2 是可区别的,因为状态 1 读出 a 而停于终态,状态 2 读出 a 后不到达终态。

一个 DFA M 的状态**最少化**过程旨在将 M 的状态集做一种划分,使得任何不同的两个划分中的状态都是可区别的,而同一个划分中的任何两个状态都是等价的;最后,在每个子集中选出一个代表,同时消去其他的等价状态。

对 DFA 状态进行最少化的算法如下：

① 把状态集合 S' 的终态与非终态分开，分成两个子集 T_0 和 T_1，形成第一次基本划分 Π_1。

② 假设在某个时候形成第 i 次划分 Π_i，已含有 m 个子集，即 $\Pi_i = \{U_0, U_1, \cdots, U_m\}$，设状态 $p, q \in U_i (i \in \{1, 2, \cdots, m\})$，对于 $\forall a \in \Sigma$，如果 $f(P, a) = p'$，$f(q, a) = q'$，p' 和 $q' \in U_i (i \in \{1, 2, \cdots, m\})$，则 p' 和 q' 仍然继续在同一划分块内 $U_i (i \in \{1, 2, \cdots, m\})$；否则，如果 $\exists a \in \Sigma$，使 $f(P, a) = p'$，$f(q, a) = q'$，p' 和 $q' \notin U_i (i \in \{1, 2, \cdots, m\})$，则 p' 和 q' 分开（不是等价状态，不在同一划分块内，形成新的划分块）。

③ 直到划分块不再变化为止（因为 S 是有限状态集合，所以上述过程肯定会在有限步骤内结束），否则返回②。

可见，对 DFA M 状态最少化过程，就是对其状态集合 S 的划分过程，最终的划分块就是等价状态构成的等价关系的最大的等价类。也就是说，每个子集中的状态是互相等价的，而不同子集中的状态则是可相互区别的。如果经上述过程之后，得到一个最后划分为 Π，最终形成的划分块一共 k 块，即 $\Pi = \{U_0, U_1, \cdots, U_k\}$，则其满足状态集合 S 的划分定义。① $U_i \subseteq S$，其中 $i \in \{1, 2, \cdots, k\}$）；② $\overset{k}{\underset{i=1}{U}} = S$ ③ $\forall i, j \in \{1, 2, \cdots, k\}$，并且 $i \neq j$，$U_i \cap U_j = \phi$。

对于 Π 中的每一个子集，选取子集中的任意一个状态代表其他状态。例如，假定 $U_k = \{q_1, q_2, \cdots, q_k\}$ 是这样一个子集，假设挑选 q_i 代表这个子集，$i \in \{1, 2, \cdots, k\}$。在原来的自动机中，凡导入到 $q_1, q_2, \cdots, q_{i-1}, q_{i+1}, \cdots, q_k$ 的弧都改成导入到 q_i。然后，将 $q_1, q_2, \cdots, q_{i-1}, q_{i+1}, \cdots, q_k$ 从原来的状态集 S 中删除。若 U_k 中含有原来的初态，则 q_i 是新初态；若 U_k 中含有原来的终态，则 q_i 是新终态。可以证明，经如此化简之后得到的 DFA M' 和原来的 M 是等价的，也就是 $L(M) = L(M')$。若从 M' 中删除所有无用状态（即从初态结开始永远到达不了的那些状态），则 M' 便是最简的（包含最少状态）。

例 3.17　如表 3.10 所列 DFA M 的简化过程是：

① M 的状态分成两组：非终态组 $\{0, 1, 2\}$，终态组 $\{3, 4, 5, 6\}$。

② 考察 $\{0, 1, 2\}$，由于 $\{0, 1, 2\}$ 读入字符 a 后，后继状态 $= \{1, 3\}$，它既不包含在 $\{3, 4, 5, 6\}$ 之中，也不包含在 $\{0, 1, 2\}$ 之中，因此，应该对 $\{0, 1, 2\}$ 继续划分。由于状态 1 经 a 弧到达终态 3，而状态 0、2 经 a 弧都到达状态 1，因此，应把 1 分出来，形成 $\{1\}$、$\{0, 2\}$。

③ 再考察 $\{3, 4, 5, 6\}$。由于 $\{3, 4, 5, 6\}$ 读入 a 后，后继状态为 $\{3, 6\}$，仍然都包含于 $\{3, 4, 5, 6\}$ 中；$\{3, 4, 5, 6\}$ 读入 b 后，后继状态为 $\{4, 5\}$，仍然都包含于 $\{3, 4, 5, 6\}$ 中，所以它不能再分划。

现在，整个分划中含有三组：$\{3, 4, 5, 6\}$、$\{1\}$ 和 $\{0, 2\}$。

④ 由于 $\{0, 2\}$ 读入符号 b 后后继状态为 $\{2, 5\}$，未包含在上述三组中的任何一组之中，故 $\{0, 2\}$ 也应一分为二：$\{0\}$、$\{2\}$。

整个划分含有四组:{3,4,5,6}、{0}、{1}、{2},每个组都已不可再分。

最后重新命名,令状态 3 代表{4,5,6}。把原来到达状态 4、5、6 的弧都导入 3,并删除状态 4、5、6,这样,就得到如图 3.28 所示的化简了的 DFA。

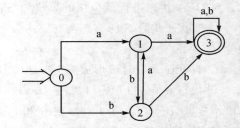

图 3.28　最少化的 DFA 状态转换图

例 3.18　设某正规式字汇表 $\Sigma =$ {a,b},其不完整 DFA 的状态转换图如图 3.29(a)所示。

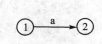

(a) 不完整DFA状态转换图

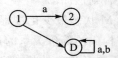

(b) 引入死状态的DFA状态转换图

图 3.29　两种 DFA 状态转换图

在对该 DFA 的状态进行最少化的算法中,为满足上述算法②中的要求(1 状态没有读字符 b),引入 D 作为死状态,最后化简时去掉死状态,具体如图 3.29(b)所示。

DFA $M' = (S', \Sigma', f', s_0', Z')$ 是 DFA 形式化定义描述,比较适合抽象证明。状态转换矩阵和状态转换图都是对 DFA M' 的等价表示方法,状态转换矩阵是状态和读入的字符之间的关系转换矩阵,比较便于对 DFA M' 的编程处理。状态转换图是 DFA M' 的状态之间转换的图形描述,可视化效果好。

3.5　词法分析程序的自动产生

现在用正规式来描述单词符号,并研究如何由正规式产生识别这些单词符号的词法分析程序。

下面,先介绍一个描述词法分析器的语言 LEX,讨论 LEX 的实现(即研究它的编译器构造),从而用它来描述和自动产生所需的各种词法分析器。

一个描述词法分析器的 LEX 程序由一组正规式以及与每个正规式相应的一个"动作"(action)组成。"动作"本身是一小段程序代码,它指出了当正规式识别出了一个单词符号时应采取的行动。将 LEX 程序被编译后所取得的结果程序记为 L,其作用就如同一个有限自动机一样,可用来识别和产生单词符号。结果程序中含有一张状态转换表和一个控制程序。LEX 及其编译系统的作用如图 3.30 所示。

图 3.30 LEX 编译系统的作用

3.5.1 语言 LEX 的一般描述

一个 LEX 源程序主要包括两部分。一部分是正规定义式,另一部分是识别规则。如果 Σ 是一个字母表,则 Σ 上的正规定义式是下述形式的定义序列:

$$d_1 \rightarrow r_1$$
$$d_2 \rightarrow r_2$$
$$\cdots$$
$$d_i \rightarrow r_i$$

其中,d_i 表示不同的名字,每个 r_i 是 $\Sigma \cup \{d_1, \cdots, d_{i-1}\}$ 上的符号所构成的正规式。r_i 中不能含有 $d_i, d_{i+1}, \cdots, d_n$,这样,对任何 r_i,可以构成任何一个 Σ 上的正规表达式,只要反复地将式中出现的名字代之以相应的正规式即可。注意,如果允许 r_i 出现某些 $d_j, j \geqslant i$,那么这种替代过程将有可能无限进行下去。

例如,C 语言标识符的集合可由以下正规式表示:

$$letter \rightarrow A|B\cdots|Z|a|b\cdots|z|\_$$
$$digit \rightarrow 0|1\cdots|9$$
$$id \rightarrow letter(letter|digit)^*$$

又如,C 语言的无符号数有 4 096,3.141 592 6,6.18E3,6.18E−3 等形式。

它们的集合可由以下的正规式表示:

$$digit \rightarrow 0|1\cdots|9 \qquad digits \rightarrow digit\ digit\ *$$
$$fraction \rightarrow digits\ exponent \rightarrow E(+|-|\varepsilon)digits$$
$$num \rightarrow digits(fraction|\varepsilon)(exponent|\varepsilon)$$

LEX 源程序中的识别规则是一串如下形式的 LEX 语句:

$$P_1 \qquad\qquad \{A_1\}$$
$$P_2 \qquad\qquad \{A_2\}$$
$$\vdots$$
$$P_m \qquad\qquad \{A_m\}$$

其中,每个 P_i 都是一个正规式,称为词形。P_i 中除了出现 Σ 中的字符外,还可以出现正规定义式左部所定义的任何简名 d_i,即 P_i 是 $\Sigma \cup \{d_1, \cdots, d_n\}$ 上的一个正规式。由于每个 d_i 最终都可以化为纯粹 Σ 上的正规式,因此,每个 P_i 也同样如此。每个 A_i 是一小段程序代码,它指出了在识别出词形为 P_i 的单词之后,词法分析器应采取的动作。这些识别规则完全决定了词法分析器 L 的功能。分析器 L 只能识别具有词形 $P_1, \cdots, P_m$ 的单词符号。

关于描述动作 A_i 的 LEX 语言的成分可以有种种不同的选择。下面在讨论 L 的作用时,将对 A_i 的有关成分予以必要的说明和解释。

首先,考察由 LEX 所产生的目标程序 L(词法分析器)是如何进行工作的。L 逐一扫描输入串的每个字符,寻找一个最长的字串匹配某个 P_i,将该串截下来放在一个叫作 TOKEN 的缓冲区中(事实上,这个 TOKEN 也可以只包含一对指示器,它们分别指出这个子串在原输入缓冲区中的始末位置)。然后,L 就调用动作子程序 A_i,当 A_i 工作完后,L 就把所得的单词符号(由种别编码和属性值两部分构成)交给语法分析程序。当 L 重新被调用时就从输入串中继上次截出的位置之后识别下一个单词符号。

可能存在这样的情形,对于现行输入串找不到任何词形 P_i 与之相匹配。在这种情形下,L 应报告输入串含有错误(如非法字符),并进行善后处理。但也可能存在一个最长子串,可以匹配若干个不同的 P_i。在这种二义的情形下,以 LEX 程序中出现在最前面的那个 P_i 为准。换句话说,愈处于前面的 P_i,匹配优先权就愈高(在服从最长匹配的前提下)。

每个词形 P_i 相应的动作 A_i 的基本成分是"返回 P_i 的种别编码和属性值"。这可用一个 LEX 过程表示成 return(code,value)。如果 P_i 是标识符,则 value 为符号表入口指针;如果 P_i 是整型常数,则 value 为常数表入口指针;若 P_i 既不是标识符也不是某种常数,那么,value 便无定义。

下面是一个识别表 3.1 的单词符号的 LEX 程序:

```
AUXILARY    DEFINITIONS
letter→A|B|…|Z
digit→0|1…|9
RECOGNITION RULES    /*识别规则*/
1 void{return(1,-)}
2 goto{return(2,-)}
3 int{return(3,-)}
4 float{return(4,-)}
5 char{return(5,-)}
6 if{return(6,-)}
7 else{return(7,-)}
8 while{return(18,-)}
9 do{return(19,-)}
10 return{return(10,-)}
11 end{return(11,-)}
```

12 letter(letter digist)*｛return(getSymbolTableEntryPoint( )｝

13 digit(digit)*｛return(2,getConstTableEntryPoint( )｝

14 ! =｛return(14,－)｝

15 =｛return(15,－)｝

16 = =｛return(16,－)｝

17 ＞=｛return(17,－)｝

18 ＜=｛return(18,－)｝

19 ＞｛return(19,－)｝

20 ＜｛return(20,－)｝

21 +｛return(21,－)｝

22 －｛return(22,－)｝

23 *｛return(23,－)｝

24 * *｛return(24,－)｝

25 /｛return(25,－)｝

26 %｛return(26,－)｝

27 ::｛return(27,－)｝

28 ｛return(28,－)｝

29 ;｛return(29,－)｝

30 '('｛return(30,－)｝

31 ')'｛return(31,－)

32 ［｛return(32,－)｝

33 ］｛return(33,－)｝

34 ｛｛return(34,－)｝

35 ｝｛return(35,－)｝

按照这个程序所列的识别规则,当最后跟一个空白符的 void 被扫描到时,规则 1
和规则 12 都可能对它进行匹配。但由于作为保留字的正规式列在前面,因此,识别
的结果将 void 作为一个基本字,而不是作为一般标识符。又例如,当相继的两个星
号的第一个被扫描时,因为它不构成所有可能匹配的最长子串,因此,识别的结果是
产生代表乘幂符的双星而不是单星。

注意,在形式定义 LEX 时,务必将组成正规式的运算符,如"|"、" * "、"("、")"
等,与 Σ 中可能出现的字符严格区别开来。上述 LEX 程序规则 12 和 13 中左、右括
号与规则 30 和 31 中的左、右括号显然是完全属于两个不同范畴的符号。为了明确
这种区别,规则 30 和 31 中的左、右括号都带上了引号。

3.5.2 LEX 的实现

LEX 的编译程序是要将一个 LEX 源程序变成一个词法分析器 L,这个词法分

析器 L 将像有限自动机那样工作。LEX 程序的编译过程是直观的。首先,对每条识别规则 P_i 构造一个相应的非确定有限自动机 M_i;然后,引进一个新初态 q_0,通过 ε 弧(见图 3.31),将这些自动机连接成一个新的 NFA;最后,将其转化成一个等价的 DFA(必要时,需要对这个 DFA 进行化简)。

按照 LEX 程序的要求,在编译时需要注意下面的问题:

① 原来的每个 NFA M_i 中都有自己的一个终态,它指明了一个输入子串已经匹配于词形 Pi,且已被识别到。

② 在等价的 DFA 中,一个状态子集可能包含若干个不同的终态,这个 DFA 终态(子集)和通常的终态不同,因为我们要求最长的子串匹配,因此,在自动机到达某个终态之后,这个 DFA 应继续工作下去,去寻找更长的子串匹配,直到无法继续前进为止(即 DFA 所面临的输入字符没有后继状态了)。

③ 当到达"无法继续前进"的情形时,就回头检查 DFA 所经历的每个状态的子集,从后面逐个向前检查,直到发现某个含有原来的 NFA 终态的子集为止(如果不存在这种子集,则认为输入串中有错误)。如果这个子集中含有若干个原来的 NFA 终态,那么,就以那个与最先出现的识别规则相对应的终态为准。

举例说明:假定有如下的一个 LEX 程序(忽略了动作部分):

```
a        {}
abb      {}
a * bb * {}
```

识别这三个正规式的三个 NFA 且合并为一个 NFA 后得到图 3.32。再将该 NFA 确定化之后得到如表 3.11 所列的 DFA。

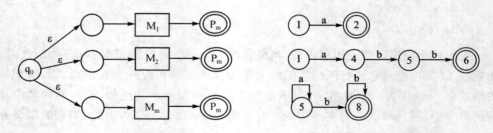

图 3.31　FA 的组装　　　　　图 3.32　合并后的 NFA

在这个 DFA 中,初态为 0137,终态有 247、8、58 和 68。在前三个终态子集中各只含原来 NFA 的一个终态(分别为 2、6、8),因此,它们是没有二义的。对于最后一个终态子集 68,其中 6 和 8 都是原来 NFA 的终态,但由于 6 所代表的识别规则列在 8 所代表的识别规则之前,因此,认为子集 68 代表了原先 6 所识别的结果。

表 3.11 DFA 的转换矩阵

状 态		a	b	到达终态时所识别的单词
初态	0137	247	8	
终态	247	7	58	a
终态	8	—	8	a * bb *
	7	7	8	
终态	58		68	a * bb *
终态	68	—	8	abb

现在,假定输入字符串为 aba…。表 3.11 的 DFA 从初态 0137 开始工作,当它扫描到第一个字符 a 时,进入状态 247。当扫描到 b 时又进入状态 58。但 58 对于后面的输入字符 a 没有后继状态,因此,不能继续前进了。至此,这个 DFA"吃进"两个字符 a 与 b,经历了三个状态——0137、247 和 58。下面,将反序逐一检查其所经历的每个状态,看哪个状态中含有原来 NFA 的状态。首先,检查 58,它恰好含有唯一的一个原 NFA 的终态 8,因此,所识别出的单词 ab 就认为是属于 8 所指的那个词形 a * bb *。假若 58 中未含有原来的终态,那么,就把最后吃进的那个字符"b"退还给输入串。同时,检查前一个状态 247。一旦吃进的字符都退还完了,就宣布识别失败。

注意,如果表 3.11 的每个状态(子集)对任何输入字符 a 或 b 都有后继状态,那么这个 DFA 的工作就永远没完,到达不了"不能继续前进"的地步。这种情形对现实程序语言是不会发生的,因为不可能设想有一个可容纳一切输入字符的单词存在。现实中存在的问题是,为了计划缓冲区的大小,单词符号的长度要受限制。具体地说,对标识符和常数的长度要有限制,超出这个限制就认为是错误的。

以上简要地描述了 LEX 编译程序如何将 LEX 源程序翻译成一张状态转换表(见表 3.11)和一个有关控制程序的基本过程。由于词法分析工作很费时间和空间,因此,应该采用化简后的来确定有限自动机。另外,当对 LEX 源程序的识别规则中的词形 P_i 进行展开时,其中那些代表字符类的辅助定义名(如 letter,digit)可以保留不动,就好像它们也是一个"字符"那样。这样,就可以为后来的 NFA 或 DFA 的构造节省许多状态。这意味着当从输入串读入一个字符时,首先要判断它是否属于诸如字母或数字这样的类。

如果大量的关键字都作为正规式列于 LEX 源程序的识别规则之中,那么状态结点的数目就很大,而且有许多结点非常相似。因此,为了节省内存,可以对最终所得的状态转换矩阵表使用一种紧凑的数据表示法。

3.6 （C语言小子集）词法分析程序设计

（1）功能描述

> 功能：实现 C 语言小子集程序的词
> 法分析
> 　　输入：C 语言小子集的程序片段
> 　　输出：单词序列

（2）实验平台

实验平台为 VC++6.0。

（3）待分析的简单语言的词法定义

◆ 关键字：main void int float char if else while do return，所有的关键字都是小写。

◆ 运算符和分界符：{ } = + - * / % <<= >>= == && != , ; ( ) [ ]。

◆ 空格由空白、制表符和换行符组成。空格一般用来分隔 ID、NUM、运算符、分界符和关键字，词法分析阶段通常被忽略。

◆ 标识符：字母开头的、长度小于 15 的字母数字串。

◆ 数：十进制整数、十进制小数。

（4）符号定义

符号定义如表 3.1 所列。

画出状态转换图如图 3.33(a)所示；确定各个子程序的功能并画出模块结构图，如图 3.33(b)所示。

（5）参考程序

```
int code,value;

string strToken = "";

char ch;

char chSep = '_';

GetChar(ch);GetBC(ch);

if(IsLetter(ch))

{while(IsLetter(ch) || IsDigit(ch))

{ Concat(strToken,&ch);

    GetChar(ch);

}

Retract(&ch);

code = Reserve(strToken);
```

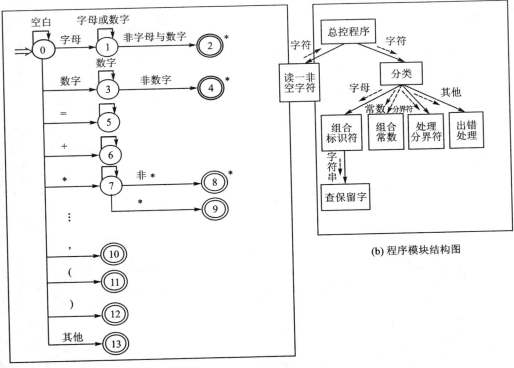

(a) 整体状态转换图

图 3.33　状态转换及程序模块图

```
if(code = = 0)
{value = InserId(strToken);
return GetResInt( $ID,value);
}
else
return GetResStr(code,chSep);
}
elseif(IsDigit(ch))
{   while(IsDigit(ch))
    {   Concat(strToken,&ch);
        GetChar(ch);
    }
    Retract(&ch);
value = InsertConst(strToken);
return GetResStr( $INT,value);
```

```
        }
    elseif(ch == ' = ')
            return GetResStr( $ASSIGN,chSep);
    elseif(ch == ' + ')
            return GetResStr( $PLUS,chSep);
            elseif(ch == ' * ');
            {GetChar(ch);
            if(ch == ' * ')
            return GetResStr( $POWER,chSep);
            Retract(&ch);
            return GetResStr( $STAR,chSep);
            }
    elseif(ch == ';')
            return GetResStr( $SEMICOLON,chSep);
        else if(ch == '(')
            return GetResStr( $LPAR,chSep);
        else if(ch == ')')
            return GetResStr( $RPAR,chSep);
        else if(ch == '{')
            return GetResStr( $LBRACE,chSep);
        else if(ch == '}')
            return GetResStr( $RBRACE,chSep);
        else ProcError();    /*错误处理*/
```

3.7　正规(则)表达式的应用

随着社会的不断发展,文本信息的合法性验证在各种网上注册系统和应用软件中已被广泛应用,可采用的方法很多。这里采用一种简单、实用、准确且功能强大的方法,建立一组正则式(也称正则表达式或正规表达式)的模型,来测试某些文本信息格式的合法性。

文本易于被人们理解,而计算机处理起来就不那么容易了,正则表达式是提供给我们处理文本信息的利器。正则表达式是字符的集合,用来与目标文本相匹配,它表示字符串的格式。众所周知,正则表达式的"祖先"可以一直上溯至对人类神经系统如何工作的早期研究。从那时起直至现在,正则表达式都是基于文本的编辑器和搜索工具中的一个重要部分。文本信息的合法性验证是一个广泛的概念,其中包含很多文本信息,比如国际电话号码、身份证号码、E-mail 地址、日期、网址

URL 等,每一种文本信息都有自己统一的格式,且彼此之间不能相互混淆。在搜索引擎开发中,网页信息解析与抽取是一项非常重要的工作。网页解析是要去除网页中的格式标签,提取出正文内容或目标内容。网页信息解析可以应用各种技术手段,采用基于模板的网页信息解析是方案之一。基于模板的网页信息解析方案通过分析网页的结构和特征,然后建立每种结构的正则式模板和设计模板来匹配自动机,最后再编写网页解析软件实现网页的解析。这种方法的特点在于实现简单,匹配性好。

3.8　小　结

词法分析是编译过程的第一个阶段,是编译的基础。

它的输入是源程序,输出是单词;单词是程序设计语言的基本语法单位和最小的语义单位。单词一般可分为五类,分别为保留字(关键字)、标识符、常数、运算符和分界符。

源程序经词法分析程序识别的单词分为二元组,即种别码和内码值两部分。

单词结构由正规式或正则文法定义。

词法分析器可以由 LEX 语言等工具自动生成,也可以由手工编写构造。

正则文法、正规式和有限自动机表示正规集的能力是等价的,它们都是设计词法分析程序的理论基础。词法分析、正则表达式、有穷状态自动机、词法分析的自动生成器是各种文本处理的基础。

本章重点:

正规集与正规式;由正规式构造 NFA,然后由 NFA 确定化为 DFA;DFA 的化简过程。

学会利用状态转换图法设计词法分析程序;用词法分析程序的任务。

了解:正规式和正规文法的互相转换;扫描器自动生成的方法。

习题 3

3.1 解释下列术语和概念并回答问题。

(1) NFA 与 DFA。

(2) 正规文法、有限自动机和正规式之间的关系是怎样的?

(3) 实现编译程序时,将词法分析从语法分析中独立出来,这样做有什么好处?

(4) 词法分析程序的主要任务是什么?

(5) 词法分析程序的输出单词一般分为哪几类?单词在计算机中怎样表示?

（6）词法分析错误的检测与处理有哪些？如何处理发现的错误？

3.2 编写一个对于 C 源程序的预处理程序。该程序的作用是，每次被调用时都将下一个完整的语句送进扫描缓冲区，去掉注释行，同时要对源程序列表打印。

3.3 参考表 3.1，请给出以下 C＋＋程序段中的单词符号及其属性值。

```
int CInt::nMulDiv(int n1,int n2)
{
        if (n3 = = 0)return 0;
        else return (n1 * n2)/n3;
}
```

3.4 设计下面的正规式。

（1）以 01 结尾的二进制数串；

（2）能被 5 整除的十进制数串；

（3）包含奇数个 1 或奇数个 0 的二进制数串；

（4）用英文字母组成符号串，要求符号串中的字母依照字典顺序排列。

3.5 已知有限自动机如图 3.34 所示。

（1）该状态转换图所示的语言有什么特点？

（2）写出表示该不确定自动机语言的正规式。

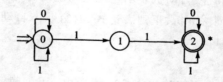

图 3.34　有限自动机状态转换图一

3.6 设计 DFA。

（1）构造与正规式 1(0|1) * 101 等价的 NFA，然后对 NFA 确定化为 DFA，最后对 DFA 化简。要求 NFA 和 DFA 以图形方式描述。

（2）构造与正规式 b * (a|b)aa * b 等价的 NFA，然后对 NFA 确定化为 DFA，最后对 DFA 化简。要求 NFA 和 DFA 以图形方式描述。

（3）构造与正规式 a * (b|a)(a|b) * ba 等价的 NFA，然后对 NFA 确定化为 DFA，最后对 DFA 化简。要求 NFA 和 DFA 以图形方式描述。

（4）构造一个 DFA，它接收 Σ＝{0,1}上所有满足如下条件的字符串:每个 1 都有 0 直接跟在右边。

3.7 试把图 3.35 的(a)和(b)分别确定化和最少化。

3.8 一个人带着狼、山羊和白菜在一条河的左岸。有一条船,大小正好能装下这个人和其他三件东西中的一件。人和他的随行物都要过到河的右岸。人每次只能将

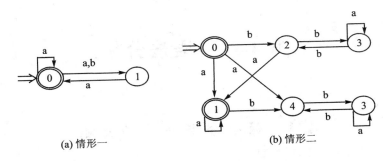

(a) 情形一　　　　　　　　　　　(b) 情形二

图 3.35　有限自动机状态转换图二

一件东西摆渡过河。但若人将狼和羊留在同一岸而无人照顾的话,狼将把羊吃掉。类似地,若羊和白菜留下来无人照看,羊将会吃掉白菜。请问是否有可能渡过河去,使得羊和白菜不被吃掉?如果可能,请用有限自动机写出渡河的方法。

第4章 语法分析

4.1 语法分析程序的功能

语法分析的任务是在词法分析识别出单词符号串的基础上,分析并判定程序中的语句和程序结构是否符合语法规则。

语法分析在编译过程中处于核心地位。语法分析器在编译程序中的地位如图4.1所示。

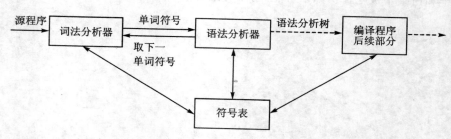

图4.1 语法分析器在编译程序中的地位

从图4.1可以看出,语法分析器的输入是词法分析器生成的单词符号,输出的是语法分析树。语言的语法结构是用上下文无关文法描述的,因此,语法分析器的工作原理就是按文法的规则,识别输入符号串是否为一个正确句子。这里所说的输入串是指由单词符号(文法的终结符)组成的有限序列。对一个文法,当给出一串(终结)符号时,怎样知道它是不是该文法的一个合法句子("程序语法单位")呢?这就要判断,看是否能从文法的开始符号出发,利用文法的规则推导出这个输入串;或者,看是否能够建立一棵与输入串相匹配的语法分析树(输入串为叶子的语法树)。

按照语法分析树的建立方法,把语法分析方法分为两大类:一类是自上而下的分析方法,主要介绍递归下降分析程序构造和LL(1)分析方法;另一类是自下而上的分析方法,主要以算符优先分析方法和LR类分析方法为主。

4.2 语法成分的表示

上下文无关文法拥有足够强的表达能力来表示大多数程序设计语言的语法,实际上,几乎所有的程序设计语言都是通过上下文无关文法来定义的;另一方面,上下文无关文法又足够简单,完全可以构造有效的分析算法来检验一个给定字符串是否是由某个上下文无关文法产生的。语法分析是根据语言的语法规则,把单词符号串组拼成各类语法单位(语法范畴),如:"短语"、"子句"、"语句"、"程序段"和"程序"等。

　　例 4.1　分析识别 x＝y＊0.62＋a 代表一个"赋值语句",而 y＊0.62＋a 代表一个"算术表达式";同时,识别上述整个符号串属于赋值语句的语法范畴。

　　下面举例说明简单变量的说明语句、赋值语句、控制流语句和过程调用语句的语法规则。

　　例 4.2　设有某语言的简单变量的说明语句的语法规则如下:

$$
\begin{array}{ll}
P \rightarrow MD & M \rightarrow \varepsilon \\
D \rightarrow D; D & D \rightarrow id: T \\
T \rightarrow integer & T \rightarrow real
\end{array}
$$

该例的语法规则定义了整形变量和实型变量。

　　例 4.3　设有某语言的表达式语法规则如下:

$$
\begin{array}{lll}
E \rightarrow E+T & E \rightarrow E-T & E \rightarrow T \\
T \rightarrow T*F & T \rightarrow T/F & T \rightarrow F \\
F \rightarrow (E) & F \rightarrow i & F \rightarrow digit
\end{array}
$$

该语法规则定义了带括号的含有"＋"、"－"、"＊"、"/"法混合运算的算术表达式,i 表示变量,digit 表示常数。

　　例 4.4　设有某语言的控制流语句的语法规则如下:

$$
\begin{array}{l}
S \rightarrow if\ E\ then\ S_1 \\
S \rightarrow if\ E\ then\ S_1\ else\ S_2 \\
S \rightarrow while\ E\ do\ S_1
\end{array}
$$

该例的语法规则定义了 while 语句和 if 语句,其中 S_1 和 S_2 是一般语句(赋值语句、if 或 while 语句等),E 表示包含逻辑运算或关系运算的表达式。

　　例 4.5　设有某语言的过程调用语句的语法规则如下:

$$
\begin{array}{l}
S \rightarrow call\ id\ Elist \\
Elist \rightarrow Elist; E \\
Elist \rightarrow E
\end{array}
$$

其中,id 表示过程的名字,E 表示一般语句。

　　语言的语法规则定义了语法单位的构成规则,上述都是一般简单例子。当涉及到具体语言的语法规则时,根据语言的规定不同,其对应的语法规则也略有区别。

4.3　语法分析——自上而下分析

　　下面讨论采用自上而下的语法分析方法的一些相关问题。自上而下分析就是从文法的开始符号出发,利用语法规则构造推导序列,直至推出句子(语法成分)。

自上而下分析的主旨是,对任何输入串,试图用一切可能的办法,从文法开始符号(根结点)出发,反复使用文法的规则进行推导,自上而下地为输入串建立一棵语法树;或者说,为输入串寻找一个最左推导。这种分析过程本质上是一种试探过程,是反复使用文法规则试探谋求匹配输入串的过程。

首先讨论自上而下分析方法中存在的问题,以及怎样解决这些问题,这种方法是试探带"回溯"的。然后,将着重讨论两种广为使用的语法分析方法:不带回溯的递归子程序(递归下降)分析方法和预测分析方法。

4.3.1　自上而下分析的基本问题

本小节通过一实例分析自上而下分析方法面临的问题,然后再寻找解决问题的办法。

例 4.6　设有文法如下所示:

$$S \rightarrow aAb, A \rightarrow ** \mid *$$

对输入串 a * b(设为 α),采用推导的方法识别过程如图 4.2 所示,初始化如图 4.2(a)所示。

为了自上而下地构造 α 的语法树,首先按文法的开始符号产生语法树的根结点 S,并让指示器 IP 指向输入串的第一个符号 a。然后,用 S 的规则(此处关于 S 的规则仅有一条)把这棵语法树生成为如图 4.3(a)所示的形状。

进行一步推导,用产生式做一次替换,如图 4.2(b)所示。

从输入串读入一个符号(移动指示器 IP 读入 a),判断是否匹配(输入串指针和栈顶指针符号做比较),如图 4.2(c)所示。

若匹配,则输入串指示器 IP 下移,准备比较下一符号是否匹配,如图 4.2(d)所示。

在这里希望用 S 的子结点从左至右匹配整个输入串 α。首先,此树的最左子结点是以终结符 a 为标志的子结点,它正好和输入串的第一个符号匹配。于是,应把 IP 调整为指向下一个输入符号" * ",并让其与 A 进行匹配,如图 4.2(e)所示。

从图 4.2(e)可知,当前指示器 IP 指向输入串的第二个符号" * "时," * "与当前句型栈第二个符号不匹配,且遇到的是非终结符 A。采取的处理方法是输入串指示器 IP 指针退一个字符;非终结符 A 有两个候选式,试着用它的第一个候选式 A→ * * 去匹配输入串,句型栈等的变化具体如图 4.2(f)所示,对应的语法树生成如图 4.3(b)所示。

从输入串读入一个符号(IP 读入" * "),判断是否匹配,如图 4.2(g)所示。

从图 4.2(g)可知,当前 IP 指示器符号" * "与当前句型栈第二个符号" * "匹配,IP 继续下移读入字符 b,判断 b 与当前句型栈第 3 个符号" * "是否匹配,如图 4.2(h)所示。

从图 4.2(i)可以看出,当前指示器 IP 指向输入串的第三个符号 b 时,b 与当前句型栈中"＊"不匹配,A→＊＊匹配替换错误,需要回溯,看 A 是否还有别的候选式可以替换。

处理方法是把 A 的第一个候选式所发展的子树注销掉,另一方面,把 IP 恢复为进入 A 时的原值,也就是让它重新指向第二个输入符号"＊";推导过程返回到替换 A 之前,也就是 S⇒aAb,匹配指示器 IP 恢复到替换 A 之前。然后试探 A 的第二个候选式,即 A→＊的匹配替换,句型栈等的变化过程具体如图 4.2(j)所示,语法树发展为图 4.3(c)所示的形状。

从图 4.2(l)可见,当前读入的字符"＊"与句型栈中的"＊"匹配。输入指示器 IP 继续下移读符号 b 并与当前句型栈中字符 b 比较,结果匹配,如图 4.2(m)所示。

输入指示器 IP 继续下移读符号"＃",当前句型栈符号也为"＃","＃＝＃"标志输入串识别成功,如图 4.2(n)所示(注意,"＃"不是文法的终结符,通常把它作为输入串的结束符。虽然它不属于文法符号,但是它的存在有助于简化分析算法的描述)。于是,完成了 a 构造语法树的任务,证明了 α 是一个句子。

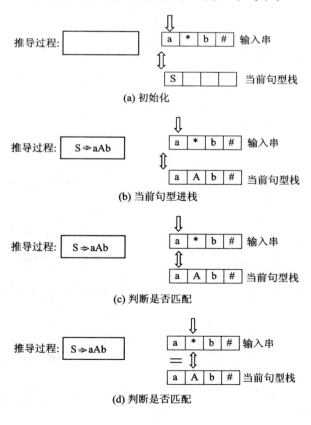

图 4.2 识别过程

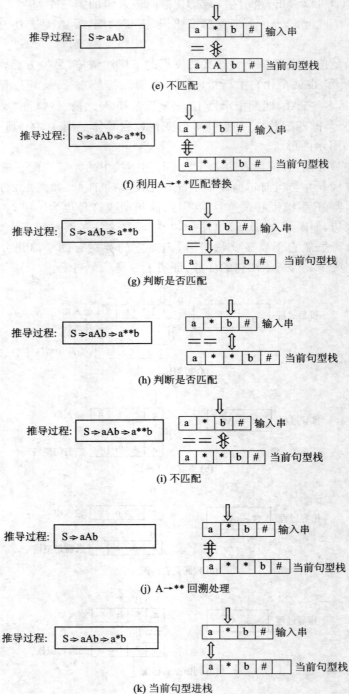

图 4.2　识别过程(续)

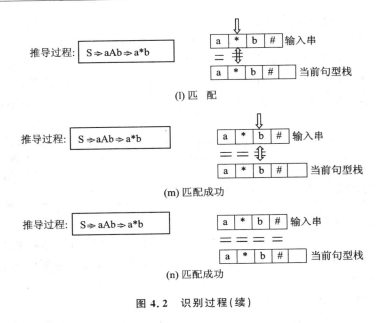

(l) 匹　配

(m) 匹配成功

(n) 匹配成功

图 4.2　识别过程(续)

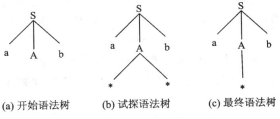

(a) 开始语法树　　(b) 试探语法树　　(c) 最终语法树

图 4.3　语法树

　　实现这种自上而下的带回溯试探法的一个简单途径是让每个非终结符对应一个递归子程序。每个这种子程序可作为一个布尔过程。一旦发现它的某个候选式与输入串相匹配,就用这个候选式去扩展语法树,并返回"真"值;否则,保持原来的语法树和 IP 值不变,并返回"假"值。

　　上述这种自上而下分析法存在如下问题:

　　首先,是文法的**左递归性问题**。一个文法是含有左递归的,如果存在非终结符 P,则存在如下推导:

$$P \overset{+}{\Rightarrow} P\alpha$$

　　含有左递归的文法将使上述的自上而下的分析过程陷入无限循环,即当试图用 P 去匹配输入串时会发现,在没有识别出任何符号的情况下,又得重新要求 P 去进行新的匹配,以此类推无限循环下去。因此,**使用自上而下分析法必须消除文法的左递归性**。

　　其次,由于回溯,就碰到一大堆麻烦。如果走了一大段错路,最后必须回头,那么,就应把已经做的一大堆语义工作(指中间代码产生工作和各种表格的记录工作)推倒重来。这些事情既麻烦又浪费时间,所以,最好应**设法消除回溯**。

再次,当最终报告分析不成功时,难以知道输入串出错的确切位置。

最后,由于带回溯的自上而下分析实际上采用了一种**穷尽一切可能的试探法**,因此,效率很低,代价极高。严重的低效使得这种分析法只有理论意义,而在实践上价值不大。

> **总结**:自上而下语法分析是一个试探的推导与匹配的过程,实现时为最左推导或左生长;回溯会产生大量的语法、语义分析工作,效率低,难以确定出错位置;左递归的存在,可能使分析陷入死循环,无法读符号而继续分析。

下面讨论左递归和回溯的消除办法。

前面已经分析过,自上而下分析方法不允许文法含有任何左递归和回溯。为构造这种自上而下分析算法,首先要消除文法的左递归性,并找出克服回溯的充分必要条件。下面首先将讨论消除左递归和克服回溯的方法,然后给出 LL(1)文法的定义。

1. 左递归的消除

文法中左递归分为直接左递归和间接左递归两种,首先分析消除直接左递归的方法,然后再分析消除间接左递归的方法。假设关于非终结符 P 的规则为

$$P \to P\alpha \mid \beta$$

关于非终结符 P 的产生式右部的第一个符号是非终结符 P,则称 $P \to P\alpha$ 为**直接左递归**,如果 β 表示不以 P 开头的字符串,则可以把 P 的规则改写为如下的非直接左递归形式:

$$P \to \beta P'$$
$$P' \to \alpha P' \mid \varepsilon (\varepsilon \text{ 为空字})$$

这种形式和原来的形式是等价的,也就是说,从 P 推出的符号串集合是相等的。这种改写文法的方法即是引入一个新的非终结符 P′,把对非终结符 P 的直接左递归改写成非终结符 P′ 的直接右递归,并且引入一个 ε 的候选式。

例 4.7 设有非终结符 E 的直接左递归产生式如下所示,消除其直接左递归。

$$E \to E + b \mid a$$

该非终结符 E 的产生式的语言集合为

$$\{a, a+b, a+b+b, \cdots\}$$

其扩展式为

$$E \to a\{+b\}$$

改写文法得

$$E \to aE'$$
$$E' \to +bE' \mid \varepsilon$$

例 4.8 设有非终结符 T 的直接左递归产生式如下所示,消除其直接左递归。

$$T \to T * b \,|\, T/b \,|\, a \,|\, b$$

消除左递归过程如下：

$T \to a \,|\, b \,|\, T(* b \,|\, /b)$　（提取左公因子且整理得）

$$T \to (a \,|\, b)T'$$
$$T' \to (* b \,|\, /b)T' \,|\, \varepsilon$$

改写文法得

$$T \to aT' \,|\, bT'$$
$$T' \to * bT' \,|\, /bT' \,|\, \varepsilon$$

分析例 4.7 和例 4.8 的区别：例 4.8 含有两个直接左递归和两个非递归的候选式，对左递归采用提取左公因子的处理方法，然后再用分配率打开整理。

对直接左递归拓广到一般情况，设有关于非终结符 P 的全部产生式为

$$P \to P\alpha_1 \,|\, P\alpha_2 \,|\, \cdots \,|\, P\alpha_m \,|\, \beta_1 \,|\, \beta_2 \,|\, \cdots \,|\, \beta_n$$

其中，每个带下标的 α 都不等于 ε，而每个带下标的 β 都不以 P 开头，即 P 含有 m 个直接左递归的候选式和 n 个非左递归的候选式，则消除 P 的直接左递归过程如下：

提取左公因子且整理得

$$P \to \beta_1 \,|\, \beta_2 \,|\, \cdots \,|\, \beta_n \,|\, P(\alpha_1 \,|\, \alpha_2 \,|\, \cdots \,|\, \alpha_m)$$

消除直接左递归为

$$P \to (\beta_1 \,|\, \beta_2 \,|\, \cdots \,|\, \beta_n)P'$$
$$P' \to (\alpha_1 \,|\, \alpha_2 \,|\, \cdots \,|\, \alpha_m)P' \,|\, \varepsilon$$

改写文法得

$$P \to \beta_1 P' \,|\, \beta_2 P' \,|\, \cdots \,|\, \beta_n P'$$
$$P' \to \alpha_1 P' \,|\, \alpha_2 P' \,|\, \cdots \,|\, \alpha_m P' \,|\, \varepsilon$$

使用该方法，很容易把表面上的直接左递归都消除掉，也就是说，把 P 的直接左递归改为 P' 的直接右递归。但是这并不意味着已经消除整个文法的左递归性。

例 4.9　设有文法 G[S] 如下所示：

$$S \to Qc \,|\, c$$
$$Q \to Rb \,|\, b \qquad\qquad (4.1)$$
$$R \to Sa \,|\, a$$

观察该文法不具有直接左递归，但是 S、Q 和 R 都是左递归的，例如有如下推导：$S \Rightarrow Qc \Rightarrow Rbc \Rightarrow Sabc$，即 $S \overset{+}{\Rightarrow} S\cdots$，称这种情况为**间接左递归**。如何消除一个文法的一切左递归呢？虽然困难很多，但仍然有可能。如果一个文法不含回路（形如 $P \overset{+}{\Rightarrow} P$ 的推导），也不含以 ε 为右部的产生式，那么，执行下述算法将保证消除左递归，但改写后的文法可能含有以 ε 为右部的产生式。

消除左递归算法如下：

① 把文法 G 的所有非终结符按任一种顺序排列成 $P_1, P_2, \cdots, P_n$，并按此顺序执行下列操作。

② FOR i:=1 TO n DO

  BEGIN

  FOR j:=1 TO i−1 DO

把形如 $P_i \rightarrow P_j \gamma$ 的规则改写成

$$P_i \rightarrow \delta_1 \gamma | \delta_2 \gamma | \cdots | \delta_k \gamma$$

其中，$P_j \rightarrow \delta_1 | \delta_2 | \cdots | \delta_k$ 是关于 P_j 的所有规则。

消除关于 P_i 规则的直接左递归：

  END

③ 化简由②所得的文法，即去除那些从开始符号出发永远无法到达的非终结符的产生规则。

此算法需要说明如下几点：

① 此算法适用于不含 $P \overset{+}{\Rightarrow} P$ 的推导，也不含以 ε 为右部的产生式的文法。

② 第②步所做的工作是：

● 若产生式出现直接左递归，则用消除直接左递归的方法消除掉。

● 若产生式右部最左符号是非终结符且序号大于左部的非终结符，则放弃，不做任何处理。

● 若序号小于左部的非终结符，则将这序号小的非终结符用其右部符号串来替换，然后，消除新的直接左递归。

例 4.10 考虑文法(4.1)，令它的非终结符的排列顺序为 R、Q、S。对于 R 不存在直接左递归。把 R 代入到 Q 的有关候选式后，把 Q 的规则变为

$$Q \rightarrow Sab | ab | b$$

现在的 Q 同样不含直接左递归，把它代入到 S 的有关候选式后，S 变成

$$S \rightarrow Sabc | abc | bc | c$$

现在的 S 存在直接左递归，对 S 消除直接左递归后，得到了整个文法为

$$S \rightarrow abcS' | bcS' | cS'$$
$$S' \rightarrow abcS' | \epsilon$$

显然，其中关于 Q 和 R 的规则已经是多余的了。经过化简后所得的文法是

$$S \rightarrow abcS' | bcS' | cS'$$
$$S' \rightarrow abcS' | \epsilon \tag{4.2}$$

由于对非终结符排序的不同，故最后所得到的文法在形式上可能不一样。但不难证明，它们都是等价的(文法所识别的语言集合是相等的)。例如，若对文法(4.1)的非终结符排序为 S、Q、R，那么，最后所得到的无左递归文法是

$$S \rightarrow Qc \mid c$$
$$Q \rightarrow Rb \mid b \qquad\qquad (4.3)$$
$$R \rightarrow bcaR' \mid caR' \mid aR'$$
$$R' \rightarrow bcaR' \mid \varepsilon$$

显然文法(4.2)和文法(4.3)是等价的。

注意,消除间接左递归不能改变文法的开始符号,虽然文法(4.2)和文法(4.3)是等价的,但是文法(4.3)改变了文法的开始符号。

2. 回溯的消除

欲构造行之有效的自上而下的分析器,必须消除回溯。为了消除回溯就必须保证:对文法的任何非终结符,当要它去匹配输入串时,能够根据它所面临的输入符号准确地指派唯一的一个候选去执行任务,并且此候选的工作结果应是确信无疑的。也就是说,若此候选式获得成功匹配,那么,这种匹配绝不是虚假的;若此候选式无法完成匹配任务,则任何其他候选式也肯定无法完成。换句话说,假定现在轮到非终结符 A 去执行匹配(或称识别)任务,则 A 共有 n 个候选 $\alpha_1, \alpha_2, \cdots, \alpha_n$,即 $A \rightarrow \alpha_1 \mid \alpha_2 \mid \cdots \mid \alpha_n$。当 A 所面临的第一个输入符号为 a 时,如果 A 能够根据不同的输入符号指派相应的候选 α_i 作为全权代表去执行任务,那么就肯定无需回溯了。在这里 A 已不再是让某个候选式去试探性地执行任务,而是根据所面临的输入符号 a 准确地指派唯一的一个候选。其次,被指派候选的工作成败完全代表了 A。

接下来分析在不得回溯的前提下,对文法有什么要求。前面已经说过,欲实行自上而下的分析,文法不得含有左递归。令 G 是一个不含左递归的文法,对 G 的所有非终结符的每个候选 α,定义它的终结首符集 FIRST(α)为

$$\text{FIRST}(\alpha) = \{a \mid \alpha \overset{*}{\Rightarrow} a \cdots, a \in V_T\}$$

特别是,若 $\alpha \overset{*}{\Rightarrow} \varepsilon$,则规定 $\varepsilon \in \text{FIRST}(\alpha)$,换句话说,FIRST($\alpha$)是 α 的所有可能推导的开头终结符或者可能的 ε。如果非终结符 A 的所有候选首符集两两不相交,即 A 的任何两个不同候选 α_i 和 $\alpha_j (i \neq j)$ 必须满足如下条件:

$$\text{FIRST}(\alpha_i) \cap \text{FIRST}(\alpha_j) = \phi$$

那么,当要求 A 匹配输入串时,A 就能根据它所面临的第一个输入符号 a,准确地指派某一个候选式前去执行任务。这个候选式就是那个终结首符集含 a 的 α。

例 4.11 设有文法 G[U]如下,对符号串 bddc 进行识别。

$$U \rightarrow aVc \mid bVc$$
$$V \rightarrow cc \mid dd$$

问题:对该文法,推导时若替换 U,那么选择 U 的哪一个候选式是正确的?
解决的办法:

$$\text{FIRST}(aVc) = \{a\}$$
$$\text{FIRST}(bVc) = \{b\}$$

识别过程：

$$U \Rightarrow bVc \Rightarrow bddc$$

应该指出，许多文法都存在这样的非终结符，它的所有候选式的终结首符集并非是两两不相交的，如例 4.12。

例 4.12　通常关于条件句的产生式如下：

语句→if 条件 then 语句 else 语句 |if 条件 then 语句

如何把一个文法改造成任何非终结符的所有候选式首符集两两相交为 φ 呢？其办法是，提取相交候选式的**公共左因子**。

例 4.13　设有文法 G[U]如下：

$$U \rightarrow aVc \mid aVb$$

提取公因子：　　　　　　　　$U \rightarrow a(Vc \mid Vb)$

再提取公因子：　　　　　　　$U \rightarrow aV(c \mid b)$

改写文法得

$$U \rightarrow aVB$$

$$B \rightarrow c \mid b$$

对于一般情况下，假定关于 B 的多个候选式如下：

$B \rightarrow \delta\beta_1 \mid \delta\beta_2 \mid \cdots \mid \delta\beta_n \mid \gamma_1 \mid \gamma_2 \mid \cdots \mid \gamma_m$　　（其中，每个 γ 不以 δ 开头）

则对其消除回溯为

$$B \rightarrow \delta B' \mid \gamma_1 \mid \gamma_2 \mid \cdots \mid \gamma_m$$

$$B' \rightarrow \beta_1 \mid \beta_2 \mid \cdots \mid \beta_n$$

经过反复提取左因子，就能够把每个非终结符（包括新引进者）的所有候选首符集变成两两不相交的。为此付出的代价是，大量引进新的非终结符和 ε 产生式。

对产生式 B→ε，可以认为 ε 对任何非终结符都匹配，但不认为是识别，如下例。

例 4.14　设有文法 G[U]如下，字符串 ad 的识别过程如下：

$$U \rightarrow aBd \mid c$$

$$B \rightarrow b \mid \varepsilon$$

$$U \Rightarrow aBd \Rightarrow ad$$

3. LL(1)分析条件

当一个文法满足不含有左递归并且每个非终结符的所有候选式首符集两两不相交的条件时，是不是就一定能进行有效的自上而下的分析了呢？如果空字 ε 属于某个非终结符的候选首符集，那么，问题就比较复杂。

例 4.15　设有文法 G[A]如下：

$$A \rightarrow eBd \mid c$$

$$B \rightarrow b \mid \varepsilon$$

情况 1：对于输入串 ed# 的推导，$A \Rightarrow eBd \Rightarrow ed$（当 e 匹配后可以用 B→ε 替换 B 继续分析，因为 B 后面紧随着当前所读符号 d）。

这是否意味着,当非终结符 B 面临着某个输入符号 a,且 a 不属于 B 的任意候选式首符集但 B 的某个候选首符集包含空字 ε 时,就一定可以使用 B 自动匹配了呢?如果仔细考虑一下,就不难发现,只有当 a 是允许在文法的某个句型中跟在 B 后面的终结符时,才可能允许 B 自动匹配,否则 a 在这里出现就是一种语法错误。

情况 2:而对于输入串 ac♯ 的推导,U⇒aBd(此时应指出不能用 B→ε 替换 B,原因同上,即此时的 c 不属于 B 的后随符号集,c 的出现就是一种语法错误)。

通过该例分析得知,如果 B 的某个候选首符集包含空字 ε,则必须求出 B 的后随符号集,以备分析时使用,且 B 的后随符号集与 B 的非空候选首符集不相交,即 $FOLLOW(B) = \{d\} \cap FIRST(B) = \phi$。

假设有文法 G[S],对于文法 G 的任何非终结符 B 的 FOLLOW(B)定义如下:

$$FOLLOW(B) = \{a \mid S \overset{*}{\Rightarrow} \cdots Ba \cdots, a \in V_T\}$$

特别是,若 $S \overset{+}{\Rightarrow} \cdots B$,则规定 ♯∈FOLLOW(B),换句话说,FOLLOW(B)是所有句型中出现在紧接 B 之后的终结符或"♯"。

因此,当非终结符 B 面临输入符号 a,且 a 不属于 B 的任意候选式首符集、B 的某个候选首符集包含空字 ε 时,a∈FOLLOW(B),才可能允许 B 自动匹配。

通过上述一系列的讨论,总结出满足构造**不带回溯的自上而下分析的文法条件**如下:

设 $B \to \alpha_1 \mid \alpha_2 \mid \cdots \mid \alpha_n$。

① 文法不含左递归。

② 对于文法中每一个非终结符 B 的各个候选式的首符集两两相交为空集,即 $FIRST(\alpha_i) \cap FIRST(\alpha_j) = \phi, i \neq j$,且 $i, j \in \{1, 2, \cdots, n\}$。

③ 对文法中的每个非终结符 B,若它存在某个候选式首符集包含空字 ε,即 $\alpha_i \overset{*}{\Rightarrow} \varepsilon$,则 $FIRST(B) \cap FOLLOW(B) = \phi$。

如果一个文法 G 满足以上条件,则称该文法 G 为 **LL(1)** 文法。其中,第一个 L 表示从左到右扫描输入串,第二个 L 表示最左推导,1 表示分析时每一步只需要向前展望查看一个符号。

对于一个 LL(1)文法,可以对其输入串进行有效的无回溯的自上而下的分析。假设要用非终结符 B 进行匹配,当前面临的输入符号为 a,B 的所有产生式为

$$B \to \alpha_1 \mid \alpha_2 \mid \cdots \mid \alpha_n$$

① 若 $\varepsilon \notin FIRST(B)$,且 $a \in FIRST(\alpha_i), i \in \{1, 2, \cdots, n\}$,则指派 α_i 去匹配替换。

② 若 $a \notin FIRST(\alpha_i)$,且 $\varepsilon \in FIRST(\alpha_i), i \in \{1, 2, \cdots, n\}, a \in FOLLOW(B)$,则让 B 与空字 ε 自动匹配。

③ 否则 a 的出现是一种语法错误。

下面将集中讨论不带回溯和没有左递归的自上而下分析法的处理办法。首先介

绍递归下降分析方法,然后介绍 LL(1)分析方法。

4.3.2 递归下降分析

对于自上而下的分析,可以采用两种有效的方法。一种是递归下降分析法,利用一组可互相递归调用的子程序实现。另一种是预测分析程序,利用 LL(1)分析表(矩阵)和语法分析栈实现。下面将介绍递归下降分析方法的实现过程。

例 4.16 已知文法 G[S]:

$$S \to aAb \mid b$$
$$A \to * A \mid \varepsilon$$

该文法所识别的语言集合为

$$L(G[S]) = \{ b, a *^n b (n \geq 0) \}$$

① 将文法 G[S]所有句子的识别任务分配给 G[S]的每一个非终结符号。

② 非终结符 A 负责识别 $*^n (n \geq 0)$。

③ 在 S 中,当识别了 a 之后,则需要调用 A(负责识别 $*^n (n \geq 0)$),A 完成了任务后再回到 S 中继续进行 $*^n (n \geq 0)$ 之后的识别。

通过例 4.16 可知,递归下降分析方法就是每个过程对应文法的一个非终结符号,开始的分析过程是从文法的开始符号出发执行的一组过程,由于文法一般都是递归定义的,所以这样的一个分析程序称为**递归下降分析子程序**。该例题的递归下降分析子程序框图如图 4.4 所示。

其中,ADVANCE 是指把输入串指示器 IP 调至指向下一个输入符号,而输入串以"#"结束;SYM 是指 IP 当前所指的那个输入符号;ERROR 为语法错误出错诊察处理子程序。主程序首先调用文法开始符号 S 过程,然后进入递归下降分析过程。构造递归下降分析子程序有两点约定分别如下:

约定一:进入任何子程序前要 ADVANCE 一次读入符号到 SYM 中。

约定二:退出任何子程序前要 ADVANCE 一次读入符号到 SYM 中。

对于图 4.4 的递归子程序框图,假设在开始工作前,输入串指示器 IP 指向第一个输入符号。当每个子程序工作完毕之后,IP 总是指向下一个未处理的符号。

请注意递归下降子程序 S 只有两个候选式。第一个候选式开头终结符号为 a,第二个候选式开头终结符号为 b。这就是说,当 S 面临当前输入符号 a 时就令第一个候选式工作,当 S 面临当前输入符号为 b 时就令第二个候选式工作,其他情况为出错。递归下降分析子程序 A 只有两个候选式,第一个候选式开头终结符号为" * ",第二个候选式为 ε,这就是说当 A 面临当前输入符号" * "时就令第一个候选式工作,当面临其他任何输入符号时,A 就总认为获得了匹配(这时,更精确的做法是判断该当前输入符号是否属于 FOLLOW(A))。

过程则是按该产生式符号顺序编写的,每匹配一个终结符,就再读入下一个符号;对于产生式右部的每个非终结符号,则调用相应的过程;当一个非终结符对应多个候选式时,过程将按照首符集来决定选用哪个候选式。

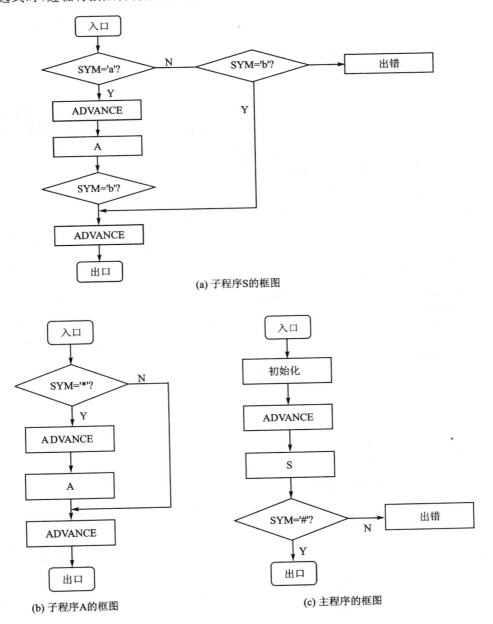

(a) 子程序S的框图

(b) 子程序A的框图　　　　　　　(c) 主程序的框图

图 4.4　递归下降分析子程序框图

例 4.17　设有文法 G[E]如下:

$$E \rightarrow E+T \mid T$$
$$T \rightarrow T*F \mid F$$
$$F \rightarrow (E) \mid i$$

设文法 G[E]去掉左递归后的文法如下：

$$E \rightarrow TE'$$
$$E' \rightarrow +TE' \mid \varepsilon$$
$$T \rightarrow FT' \qquad (4.4)$$
$$T' \rightarrow *FT' \mid \varepsilon$$
$$F \rightarrow (E) \mid i$$

文法(4.4)中每个非终结符的递归下降分析子程序分别为

```
PROCEDURE   E
  BEGIN
    T
    E'
  END
```

```
PROCEDURE   T
  BEGIN
    F
    T'
  END
```

```
PROCEDURE   E'
  BEGIN
IF SYM = '+' THEN
    BEGIN
    ADVANCE
    T
    E'
    END
  END
```

```
PROCEDURE   T'
  BEGIN
IF SYM = '*' THEN
    BEGIN
    ADVANCE
    F
    T'
    END
  END
```

```
PROCEDURE F
        BEGIN
      IF SYM = 'i' THEN ADVANCE
        ELSE IF SYM = '(' THEN
           BEGIN
           ADVANCE
           E;
           IF SYM = ')' THEN ADVANCE
           ELSE ERROR
           END
        ELSE ERROR
        END
```

递归下降分析器的优点是显而易见的,最主要的一点是分析器编写速度快,可以按人的正常书写速度把它编写出来。另一点是由于分析器和文法的紧密对应性,容易保证语法分析器的正确性,至少使得任何错误都变得简单和易于发现。它的主要缺点是:在句法分析期间高深度的递归调用影响了分析器的效率,许多时间需要花费在递归子程序之间的连接上。与下面介绍的表驱动分析方法相比,它的分析器是相当大的。递归下降分析器通常是和机器有关的。如果所采用的高级语言不允许递归,那么就不能使用递归下降法;相反,如果能用某种高级语言写出所有递归过程,那么就可以用这个语言的编译系统来产生整个的分析程序。下面介绍的 LL(1)方法就可以解决这个问题,并克服这种方法的缺点。

4.3.3　LL(1)分析法

用高级语言的递归过程描述递归下降分析器只有当具有实现这种过程的编译系统时才有实际意义,并且高深度的递归调用影响了分析器的效率。实现 LL(1)分析的另一种有效方法是使用一张**分析表**和一个**栈**进行联合控制。下面将要介绍的**预测分析程序**就是这种类型的 LL(1)分析器。

1. 预测分析程序的预测分析器模型和工作过程

(1)预测分析器模型

预测分析器模型主要包括:输入串、栈、总控程序、预测分析表和输出。其预测分析器模型如图 4.5 所示。

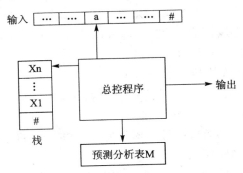

图 4.5　预测分析器

栈 STACK 用于存放文法符号。分析开始时,栈底先放一个"♯",然后,放进文法开始符号。

输入串存放要识别的句子符号,输入串符号以"♯"结束,输入串后加"♯"作为输入串结束标志。

预测分析程序的总控程序在任何时候都是按照 STACK 栈顶符号 X 和当前的输入符号 a 查询 LL(1)分析表工作的。

预测分析表是一个 M[A,a]形式的矩阵。其中,A 为非终结符,a 是终结符或"♯"(注意,"♯"不是文法的终结符,通常把它作为输入串的结束符。虽然它不属于文法符号,但是它的存在有助于简化分析算法的描述)。矩阵元素 M[A,a]中存放着一条关于 A 的产生式,指出当 A 面临输入符号 a 时所应采用的候选式;M[A,a]中也可能存放一个"出错标志",指出 A 根本不该面临输入符号 a。

例 4.18　设文法(4.4)的分析表如表 4.1 所列,其中空白格均指"出错标志"。

表 4.1　文法(4.4)的 LL(1)分析表

	i	+	*	(	)	#
E	E→TE′			E→TE′		
E′		E′→+TE′			E′→ε	E′→ε
T	T→FT′			T→FT′		
T′		T′→ε	T′→ * FT′		T′→ε	T′→ε
F	F→i			F→(E)		

（2）工作过程

例 4.19　已知文法(4.4),所要识别的输入串为 i * i♯,利用表 4.1,其工作过程如图 4.6 所示。

初始化过程如图 4.6(a)所示,当前栈顶(x)是文法开始符号 E,读输入符号指示器(a)指向输入串第一个字符。

根据图 4.6(a)可知,栈顶(x)是文法开始符号 E,指示器(a)指向输入串第一个字符 i,读符号 i,查分析表 4.1 可知:M[E, i]=TE′,如图 4.6(b)所示。

E→TE′进栈,当前栈顶为 T,当前输入串指示器(a)为 i,查分析表 4.1 可知 M[T, i]=FT′,如图 4.6(c)所示。

图 4.6(c)对应的最左推导为 E⇒TE′。

T→FT′进栈,当前栈顶为 F,当前输入串指示器(a)为 i,查分析表 4.1 可知, M[F,i]=i,如图 4.6(d)所示。

图 4.6(c)和图 4.6(d)对应的最左推导为 E⇒TE′⇒FT′E′。

F→i 进栈,如图 4.6(e)所示。

图 4.6(c)、图 4.6(d)和图 4.6(e)对应的最左推导为

$$E⇒TE′⇒FT′E′⇒iT′E′$$

从图 4.6(e)可知,当前栈顶符号(x)为 i,当前输入符号指示器(a)为 i,即(x)= (a),故 i 匹配,栈顶符号 i 弹出,当前栈顶符号变为 T′,输入符号指示器(a)下移一个符号指向"*"。查分析表 4.1,M[T′, *]= * FT′,如图 4.6(f)所示。

* FT′进栈,如图 4.6(g)所示。

步骤(2)、(3)、(4)和(6)对应的最左推导为

$$E⇒TE′⇒FT′E′⇒iT′E′⇒i * FT′E′$$

图 4.6(c)、图 4.6(d)、图 4.6(e)和图 4.6(g)对应的最左推导为

$$E⇒TE′⇒FT′E′⇒iT′E′⇒i * FT′$$

从图 4.6(g)可知,当前栈顶符号(x)为"*",当前输入符号指示器(a)指向"*", 即(x)=(a),故"*"匹配,栈顶符号"*"弹出,当前栈顶符号变为 F,输入符号指示器

（a）下移一个符号指向 i。查分析表 4.1，M[F，i]=i，如图 4.6(h)所示。

F→i 进栈，如图 4.6(i)所示。

图 4.6(c)、图 4.6(d)、图 4.6(e)、图 4.6(g)和图 4.6(i)对应的最左推导为

$$E \Rightarrow TE' \Rightarrow FT'E' \Rightarrow iT'E' \Rightarrow i*FT'E' \Rightarrow i*iT'E'$$

从图 4.6(i)可知，当前栈顶符号(x)为 i，当前输入符号指示器(a)指向 i，即(x)=(a)，故 i 匹配，栈顶符号 i 弹出，当前栈顶符号变为 T'，输入符号指示器(a)下移一个符号指向"♯"。查分析表 4.1，M[T'，♯]=ε，如图 4.6(j)所示。

T'自动匹配，(x)指向新的栈顶 E'，查分析表 4.1，M[E'，♯]=ε，如图 4.6(k)所示。

步骤(2)、(3)、(4)、(6)、(8)和(10)对应的最左推导(图 4.6(c)、图 4.6(d)、图 4.6(e)、图 4.6(g)、图 4.6(i)和图 4.6(k)对应的最左推导)为

$$E \Rightarrow TE' \Rightarrow FT'E' \Rightarrow iT'E' \Rightarrow i*FT'E' \Rightarrow i*iE'$$

E'自动匹配，(x)指向新的栈顶"♯"，当前输入符号指示器(a)指向"♯"，即栈顶"♯"=指示器"♯"时，标志输入串识别成功，如图 4.6(l)所示。

图 4.6(c)、图 4.6(d)、图 4.6(e)、图 4.6(g)、图 4.6(i)、图 4.6(k)和图 4.6(l)对应的最左推导为

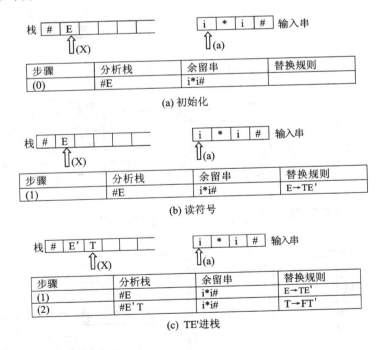

图 4.6　工作过程

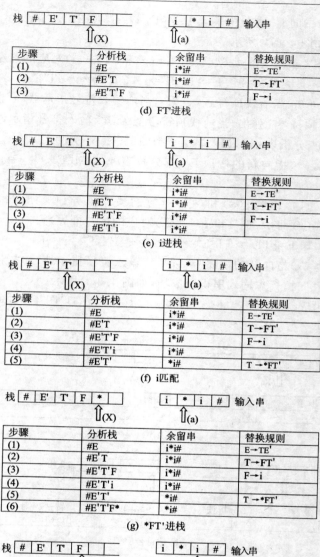

栈 | # | E' | T' | F | | | (X)   i | * | i | # | 输入串   (a)

步骤	分析栈	余留串	替换规则
(1)	#E	i*i#	E→TE'
(2)	#E'T	i*i#	T→FT'
(3)	#E'T'F	i*i#	F→i

(d) FT'进栈

栈 | # | E' | T' | i | | | (X)   i | * | i | # | 输入串   (a)

步骤	分析栈	余留串	替换规则
(1)	#E	i*i#	E→TE'
(2)	#E'T	i*i#	T→FT'
(3)	#E'T'F	i*i#	F→i
(4)	#E'T'i	i*i#	

(e) i进栈

栈 | # | E' | T' | | | | (X)   i | * | i | # | 输入串   (a)

步骤	分析栈	余留串	替换规则
(1)	#E	i*i#	E→TE'
(2)	#E'T	i*i#	T→FT'
(3)	#E'T'F	i*i#	F→i
(4)	#E'T'i	i*i#	
(5)	#E'T'	*i#	T→*FT'

(f) i匹配

栈 | # | E' | T' | F | * | (X)   i | * | i | # | 输入串   (a)

步骤	分析栈	余留串	替换规则
(1)	#E	i*i#	E→TE'
(2)	#E'T	i*i#	T→FT'
(3)	#E'T'F	i*i#	F→i
(4)	#E'T'i	i*i#	
(5)	#E'T'	*i#	T→*FT'
(6)	#E'T'F*	*i#	

(g) *FT'进栈

栈 | # | E' | T' | F | | | (X)   i | * | i | # | 输入串   (a)

步骤	分析栈	余留串	替换规则
(1)	#E	i*i#	E→TE'
(2)	#E'T	i*i#	T→FT'
(3)	#E'T'F	i*i#	F→i
(4)	#E'T'i	i*i#	
(5)	#E'T'	*i#	T→*FT'
(6)	#E'T'F*	*i#	
(7)	#E'T'F	i#	F→i

(h) *匹配

图 4.6　工作过程(续)

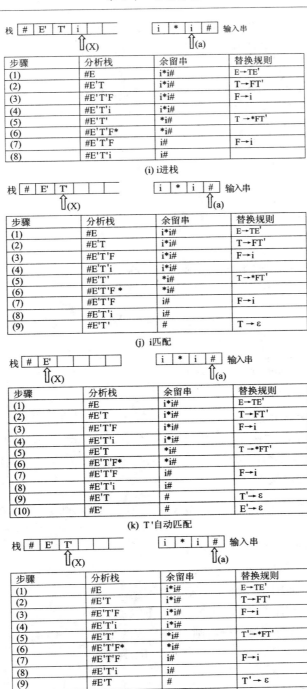

(i) i进栈

(j) i匹配

(k) T'自动匹配

(l) E'自动匹配(识别成功)

图 4.6 工作过程(续)

$$E \Rightarrow TE' \Rightarrow FT'E' \Rightarrow iT'E' \Rightarrow i * FT'E' \Rightarrow i * i$$

通过上例分析,总结预测分析程序的总控算法描述如下:

BEGIN

首先把"♯"放入栈底,然后把文法开始符号推进 STACK 栈;

把第一个输入符号读进 a;

   FLAG: = TRUE;

WHILE FLAG DO

{

把 STACK 栈顶符号上拖出去并放在 X 中;

        IF $X \in V_T$ THEN

          IF X = a THEN 把下一输入符号读进 a

          ELSE ERROR

        ELSE IF X = ' ♯ ' THEN

          IF X = a THEN FLAG: = FALSE ELSE ERROR

        ELSE IF $M[A,a] = \{X \rightarrow X_1 X_2 \cdots X_k\}$ THEN

把 $X_k X_{k-1} \cdots X_k$ ——推进 STACK 栈

          / * 若 $X_1 X_2 \cdots X_k = \varepsilon$,不推什么进栈 * /

        ELSE ERROR

        END OF WHILE;

        STOP/ * 分析成功,过程完毕 * /

}

2. 预测分析表的构造

下面,对于任给的文法 G[S],分析如何构造它的预测分析表 $M[A,a]$。为了构造预测分析表 M,需要给出两个相关的 FIRST 和 FOLLOW 集合的定义。

(1) 构造 FIRST 集合

$$FIRST(\alpha) = \{a | \alpha \overset{*}{\Rightarrow} a\cdots, a \in V_t\}, \quad 且若 \alpha \overset{*}{\Rightarrow} \varepsilon, 则 \varepsilon \in FIRST(\alpha)$$

其中,$\alpha \in (V_t \bigcup V_n)^*$。

对每一个文法符号 X 满足条件如下:

$$X \in \{V_n \bigcup V_t\}, \quad a \in V_t, \quad Y \in V_n, \quad y_1 y_2 \cdots y_k \in \{V_t \bigcup V_n\}^+$$

① 若 $X \in V_t$,则 $FIRST(X) = \{X\}$;

② 若 $X \in V_n$,且有规则 $X \rightarrow a\cdots$,则 $a \in FIRST(X)$;

③ 若 $X \in V_n$,且有规则 $X \rightarrow \varepsilon$,则 $\varepsilon \in FIRST(X)$;

④ 若 $X \rightarrow Y\cdots$,则 $FIRST(Y) - \{\varepsilon\} \subseteq FIRST(X)$。

若有规则 $X \rightarrow y_1 y_2 \cdots y_k$:

① 若有 $\varepsilon \in FIRST(y_1)$,则 $\{FIRST(y_2) - \{\varepsilon\}\} \subseteq FIRST(X)$。

② 若有 $\varepsilon \in FIRST(y_1)$,且 $\varepsilon \in FIRST(y_2)$,则

$$\{FIRST(y_3) - \{\varepsilon\}\} \subseteq FIRST(X)$$

...

若有 $\varepsilon \in FIRST(y_1)$，且 $\varepsilon \in FIRST(y_2)$，…，则 $\varepsilon \in FIRST(y_{k-1})$，$FIRST(y_k) \subseteq FIRST(X)$。

综上所述，设有 $A \rightarrow \alpha_1 | \alpha_2 | \cdots | \alpha_n$，则

$$FIRST(A) = FIRST(\alpha_1) \bigcup (\alpha_2) \bigcup \cdots \bigcup (\alpha_n)$$

例 4.20　已知文法 $G[S]$ 如下，计算每个非终结符的 FIRST 集合。

$$S \rightarrow ABa；A \rightarrow b | eB | \varepsilon；B \rightarrow d | \varepsilon$$

$FIRST\{S\} = \{b, e, d, a\}$，$FIRST\{A\} = \{b, e, \varepsilon\}$，$FIRST\{B\} = \{d, \varepsilon\}$

（2）构造 FOLLOW 集合

设有文法 $G[S]$，$A, B \in Vn$，$\alpha, \beta \in (V_n \bigcup V_t)^*$，$FOLLOW(A) = \{a | S \overset{*}{\Rightarrow} \cdots Aa \cdots \}$，且若有 $S \overset{*}{\Rightarrow} \cdots A$，则 $\# \in FOLLOW(S)$。具体算法如下：

① $\# \in FOLLOW(S)$；

② 若 $A \rightarrow \alpha B \beta$，且 $\beta \neq \varepsilon$，则 $FIRST(\beta) - \{\varepsilon\} \subseteq FOLLOW(B)$；

③ 若 $A \rightarrow \alpha B$ 或 $A \rightarrow \alpha B \beta$ 且 $\varepsilon \in FIRST(\beta)$，则

$$FOLLOW(A) \subseteq FOLLOW(B)$$

注意：FOLLOW 集合中没有 ε。

例 4.21　求例 4.20 文法 $G[S]$ 的每个非终结符的 FOLLOW 集。

$FOLLOW\{S\} = \{\#\}$，$FOLLOW\{A\} = \{d, a\}$，$FOLLOW\{B\} = \{a, d\}$

例 4.22　求文法（4.4）每个非终结符的 FIRST 集合和 FOLLOW 集合。

$FIRST(F) = \{(, i\}$　$FIRST(T') = \{*, \varepsilon\}$　$FIRST(E') = \{+, \varepsilon\}$

$FIRST(E) = FIRST(T) = FIRST(F) = \{(, i\}$

$FOLLOW(E) = FOLLOW(E') = \{), \#\}$

$FOLLOW(T) = FOLLOW(T') = \{+), \#\}$

$FOLLOW(F) = \{*, +, \#\}$

（3）构造 LL(1)分析表算法

根据求 FIRST 集和 FOLLOW 集算法对文法 G 的每个非终结符 A 及其任意候选式 α 都构造出其对应的 $FIRST(A)$ 和 $FIRST(\alpha)$ 之后，利用它们来构造文法 G 的分析表 $M[A, a]$。例如，设文法 G 的某条产生式：$A \rightarrow \alpha_1 | \alpha_2 | \cdots | \alpha_n$，如果 $a \in FIRST(\alpha_i)$，$i \in \{1, 2, \cdots, n\}$，那么，当 A 呈现于 STACK 栈的栈顶并且当前的输入符号为 a 时，a 应被当作是 A 唯一合适的全权代表。因此，分析表的 $M[A, a]$ 相应位置中应放进产生式 $A \rightarrow \alpha_i$，$i \in \{1, 2, \cdots, n\}$。当 $\alpha_i \overset{*}{\Rightarrow} \varepsilon$ 时，如果当前面临的输入符号 $a \in FOLLOW(A)$（a 可能是终结符或"$\#$"），那么，$A \rightarrow \alpha_i$，$i \in \{1, 2, \cdots, n\}$，就认为已自动得到匹配，因而，应把 $A \rightarrow \alpha$ 放在分析表 $M[A, a]$ 的相对位置中。根据该思想，构造分析表 $M[A, a]$ 的算法总结如下：

① 若终结符 $a \in FIRST(\alpha)$，则 $M[A, a] = A \rightarrow \alpha'$。

② 若 ε∈FIRST(α),a∈FOLLOW(A),则 M[A,a]=A→α′。

③ 无定义 M[A,a]处为 ERROR。

例 4.23 把上述算法应用于文法(4.4)就可以得到 LL(1)分析表,如表 4.1 所列。

对于产生式 E→TE′,FIRST(TE′)={(,i},则 M[E,(]和 M[E,i]填入 E→TE′;对于产生式 E′→+TE′,FIRST(+TE′)={+},则 M[E′,+]填入 E′→+TE′;对于产生式 E′→ε,FOLLOW(E′)={),♯},则 M[E′,)]和 M[E,♯]填入 E′→ε;其他情况雷同。

上述算法可应用于任何文法 G 构造它的分析表 M。但对于某些文法,有些 M[A,a]可能持有若干个产生式,从而会导致 M[A,a]可能是多重定义的。如果 G 是左递归或二义的,那么,M 至少含一个多重定义入口。因此,消除左递归和提取因子将有助于获得无多重定义的分析表 M。

综上可以得到 LL(1)文法判断的另一种方法,当且仅当 G 的预测分析表 M 不含多重定义入口。

4.4 语法分析——自下而上分析

自下而上分析是一种"**移进—归约**"法。这种方法和自上而下分析过程的方向相反。所谓自下而上分析方法就是从输入串开始,逐步进行"归约",直至归约到文法的开始符号。或者说从语法树的末端叶子结点开始,步步向上"归约",直到归约到根结点。

首先讨论自下而上分析的一般方法会存在什么问题,以及怎样解决这些问题,这种方法是要寻找什么样的"可归约串"可以被归约。按照"可归约串"的结构不同,进一步介绍算法优先分析方法、LR 类分析方法。其中,算符优先分析方法涉及到 FIRSTVT 和 LASTVT 集合的求法、算符优先分析表的构造、算符优先分析文法的判断;LR 类分析方法涉及到 FIRST 和 FOLLOW 集合求法、LR(0)和 SLR(1)分析方法(识别活前缀 DFA 的构造、判断,以及分析表的构造)。

4.4.1 自下而上分析的基本问题

自下而上分析方法的基本思想是:自左向右逐个扫描输入串,一边把输入符号**移入**分析栈内,一边检查位于栈顶部附近的一串符号是否为某个非终结符产生式的右部,如果相同,就把栈顶的这串符号替换为相应产生式左部的非终结符号,这种替换称为**归约**;如果不相同,就继续向栈内**移进**输入符号,并继续进行判断。如此反复一直到输入串结束为止,而栈内则恰好为给定文法的开始符号为止(假定未发现错误)。

在上述过程中,反复执行"**移进—归约**"这两个操作。**归约**动作是在栈顶形成某个产生式右部的符号串时才可能会执行的。一个产生式的右部通常表示句子某部分语法成分,一个程序语句就是通过不断地归约才识别出来的。因此,把每次归约的那串符号(它们是某个产生式的右部)定义为"**可归约串**"。自下而上分析的过程中,**最关键的问题是如何找到"可归约串"进行归约**。只要每次能正确地识别出"**可归约串**",就能最终把句子分析出来(如果没有语法错误的话),一个句子正确识别的标志是栈底只剩下文法的开始符号,且输入串已经读完。

下面通过实例来分析自下而上分析可能存在的问题。

1. 归约与分析树

例 4.24　已知文法 G[E]:

$$E \rightarrow E + E \mid i$$

设有句子 i+i,最右推导:

$$E \overset{R}{\Rightarrow} E + E \overset{R}{\Rightarrow} E + i \overset{R}{\Rightarrow} i + i$$

最左归约过程:

① $E + i \Rightarrow i + i$　② $E + E \Rightarrow E + i$　③ $E \Rightarrow E + E$

对应的语法树如图 4.7 所示。

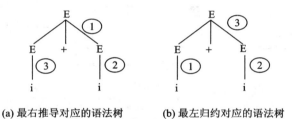

(a) 最右推导对应的语法树　　　(b) 最左归约对应的语法树

图 4.7　最右推导和最左归约对应的语法树

该例分析得:最左归约为最右推导的逆过程,每步归约的都是某产生式右部,该例采用"移进—归约"方法实现,过程如图 4.8 所示。

步骤	当前句型栈	余留符号串	动作规则	
0	#	i+i#	移进	
1	#i	+i#	归约	E →i
2	#E	+i#	移进	
3	#E+	i#	移进	
4	#E+i	#	归约	E →i
5	#E+E	#	归约	E→E+E
6	#E	#	接受	

图 4.8　句子 i+i 识别过程

例 4.25 设有文法 G[S]：

$$(1)\ S \rightarrow aAcBe$$
$$(2)\ A \rightarrow b \qquad\qquad (4.5)$$
$$(3)\ A \rightarrow Ab$$
$$(4)\ B \rightarrow d$$

句子 a b b c d e ♯ 的识别过程如图 4.9(a)和图 4.9(b)所示。

步骤	当前句型栈	余留符号串	动作规则	
0	#	abbcde#	移进	
1	#a	bbcde#	移进	
2	#ab	bcde#	归约	A→b
3	#aA	bcde#	移进	
4	#aAb	cde#	归约	A→b
5	#aAA	cde#	移进	
6	#aAAc	de#	移进	
7	#aAAcd	e#	归约	B→d
8	#aAAcB	e#	移进	
9	#aAAcBe	#	出错	

(a) 句子abbcde识别过程一

步骤	当前句型栈	余留符号串	动作规则	
(4)	#aAb	cde#	归约	A→Ab
(5)	#aA	cde#	移进	
(6)	#aAc	de#	移进	
(7)	#aAcd	e#	归约	B→d
(8)	#aAcB	e#	移进	
(9)	#aAcBe	#	归约	S→aAcBe
(10)	#S	#	接受	

(b) 句子abbcde识别过程二

图 4.9 识别过程

出错的原因是(4)，栈顶 Ab 和 b 在文法中都是 A 的右部，即 A→Ab，A→b。找到的产生式右部不是"可归约串"。正确分析过程如图 4.9(b)所示。

通过该例总结分析得知，选择正确的可归约串是句子识别成功的关键。那么，如何正确确定栈顶的"可归约串"呢？这是自下而上分析方法的关键核心问题，解决此问题需要精确定义"可归约串"这个直观概念。事实上，存在种种不同的方法刻画"可归约串"。对这个概念的不同定义形成了不同的自下而上分析方法。在算符优先分析中,采用"最左素短语"来刻画可归约串,在"规范归约"分析中,则用"句柄"来刻画"可归约串"。

在自下而上分析的过程中,每一步归约都可以画出一棵子树来,随着归约的完成,这些子树被连成一棵统一的语法分析树,即语法分析过程可用语法分析树的形成过程来表示。例如,在上例的"移进—归约"过程中,当第 3 步把栈顶的 b 归约为 A 时,就形成了以 A 为根结点、以 b 为末端结点的语法分析子树,如图 4.10(a)所示;当第 5 步把栈顶的 Ab 归约为 A 时,就把图 4.10(a)的语法分析子树和端末结点 b 连接起来,形成了以 A 为新树根的语法分析子树,如图 4.10(b)所示;当第 8 步把栈顶的 d 归约为 B 时,就形成了以 d 为端末结点、以 B 为根结点的语法分析子树,如图 4.10(c)所示;当第 10 步把栈顶的 aAcBe 归约为 S 时,就把端末结点 a、图 4.10(b)所示的子树 A、端末结点 c、图 4.10(c)所示的子树 B 和端末结点 e 从左向右连接起来,形成以 S 为新树根的语法分析树,如图 4.10(d)所示。由于 S 是文法的开始符号,故归约过程终止,所以,图 4.10(d)所示的关于 S 的子树便是最终的语法分析树。

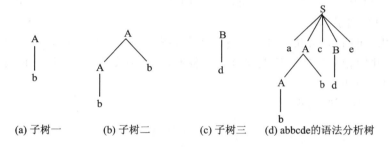

(a) 子树一　　　(b) 子树二　　　(c) 子树三　　　(d) abbcde的语法分析树

图 4.10　语法分析子树

通过上述分析得知:**自下而上分析的中心问题是怎样判断栈顶的符号串的可归约性**,以及**如何归约**。

这是算符优先分析和 LR 类分析法将要讨论的问题。各种不同的自下而上分析法的一个共同特点是:边输入单词符号(移进符号栈)边归约,也就是在从左到右移进输入串的工作中,一旦发现栈顶出现可归约串就立即进行归约。这个归约对编译实现来说是一个十分自然的过程,因为不能把整个源程序输入完之后,再对它进行归约。

4.4.2　规范归约简述

设 G[S]是一个文法,S 是文法的开始符号,假定 $\alpha\beta\delta$ 是文法 G 的一个句型。

如果有 $S\overset{*}{\Rightarrow}\alpha A\delta$ 且 $A\overset{+}{\Rightarrow}\beta$,则称 β 是句型 $\alpha\beta\delta$ 相对于非终结符 A 的**短语**。特别是,如果有 $A\Rightarrow\beta$,则称 β 是句型 $\alpha\beta\delta$ 相对于规则 $A\rightarrow\beta$ 的**直接短语**,一个句型的最左直接短语称为该句型的句柄。

作为"短语"的这两个条件均是不可缺少的,即仅仅有 $A\overset{+}{\Rightarrow}\beta$,未必意味着 β 就是

句型 $\alpha\beta\delta$ 的一个短语,还必须有 $S \Rightarrow \alpha A\beta$ 这一条件。

例 4.26 考虑文法 $G[E]$:

$$E \rightarrow T \mid E + T$$
$$T \rightarrow F \mid T * F \qquad\qquad (4.6)$$
$$F \rightarrow i \mid (E)$$

上述文法的一个句型 $i_1 * i_2 + i_3$ 尽管有 $E \overset{+}{\Rightarrow} i_2 + i_3$,但是 $i_2 + i_3$ 并不是该句型的一个短语,因为不存在从 E(文法开始符号)到 $i_1 * E$ 的推导。但是,$i_1, i_2, i_3, i_1 * i_2$ 和 $i_1 * i_2 + i_3$ 自身都是句型 $i_1 * i_2 + i_3$ 的短语,而且 i_1、i_2 和 i_3 均为直接短语,其中 i_1 是最左直接短语,即句柄;$i_j (j \in \{1, 2, 3\})$ 中的下标 j 表示 i 出现的位置次序。

例 4.26 中,文法 (4.6) 的另一句型 $E + T * F + i$ 的短语有:$E + T * F + i$,$T * F + i$,$T * F$ 和 i。其中 $T * F$ 可以直接归约为 T,i 可以直接归约为 F,$T * F + i$ 可以间接归约为 T,$E + T * F + i$ 可以间接归约为 E。它们在句型 $E + T * F + i$ 归约到 E 过程中起到了作用。

可以用"句柄"来对句子进行归约。例如,例 4.25 中的句子 abbcde,如果逐步寻找"句柄",并用相应产生式的左部符号去替换,就得到如下归约过程(画底线的符号串为句型的"句柄"):

句型　　　　　　　　　归约规则

a<u>b</u>bcde　　　　　　　(2) A→b

a<u>Ab</u>cde　　　　　　　(3) A→Ab

aAc<u>d</u>e　　　　　　　(4) B→d

<u>aAcBe</u>　　　　　　　(1) S→aAcBe

S

显然,这个归约过程与图 4.10 中所描述的"移进—归约"过程相一致。因为两者都是先后使用 (2)、(3)、(4) 和 (1) 这四条规则进行归约的。

更精确的说明如下:假定 α 是文法 G 的一个句子,称序列

$$\alpha_n, \alpha_{n-1}, \cdots, \alpha_0$$

是 α 的一个**规范归约**,如果此序列满足:

① $\alpha_n = \alpha$。

② α_0 为文法的开始符号,即 $\alpha_0 = S$。

③ 对任何 i,$0 < i \leqslant n$,α_{i-1} 是从 α_i 经把"句柄"替换为相应产生式的左部符号而得到。

就上面的例子来说,四步归约先后使用了文法 (4.5) 的 (2)、(3)、(4) 和 (1) 这四条

规则。若把产生式的使用顺序倒过来,即先后次序为(1)、(4)、(3)和(2),那么,可得到最右推导

$$S \underset{(1)}{\Rightarrow} aAcBe \underset{(4)}{\Rightarrow} aAcde \underset{(3)}{\Rightarrow} aAbcde \underset{(2)}{\Rightarrow} abbcde$$

容易看到,规范归约是关于 α 的一个最右推导的逆过程。因此,规范归约也称**最左归约**。在形式语言中,最右推导常被称为**规范推导**,由规范推导所得的句型称为**规范句型**。如果文法 G 是无二义性的,那么,规范推导(最右推导)的逆过程必是**规范归约(最左归约)**。

请注意句柄的"最左"特性,这一点对于移进—归约来说是很重要的。因为句柄的"最左"性和符号栈的栈顶两者是相关的。对于规范句型来说,句柄的后面不会出现非终结符号,即句柄的后面只能出现终结符。基于这一点,可用句柄来刻画移进—归约过程的"可归约串"。因此,规范归约的实质是在移进过程中,当发现栈顶出现句柄时就用相应产生式的左部符号进行替换。

为了加深对"句柄"和"归约"这些重要概念的理解,使求解方法简单,下面使用修剪语法树的办法来进一步阐明自下而上的分析过程。

语法树的一棵子树是由该树的某个分枝点(内点)作为子树的根连同它的所有子孙(如果有的话)组成的。一棵子树的所有端末结点自左向右排列起来就形成一个相对子树根的短语。一个句型的句柄是这个句型的语法树最左那棵只有父子两代的子树端末结点的自左向右排列,并且这棵子树只有父子两代(一步推导),没有第三代。例如,句子 abbcde 的语法树如图 4.11(a)所示。

它最左边的两代的子树是用虚线勾出的部分。这棵子树的端末结点 b 就是句型 abbcde 的句柄。若把这棵子树的端末结点都剪去(归约),就得到句型 aAbcde 的语法树,如图 4.11(b)所示。

它的最左两代的子树是虚线勾出的部分。这棵子树的端末结点 A 与 b(连成 Ab)构成句型 aAbcde 的句柄。若把这棵子树的端末结点剪去,就得到句型 aAcde 的语法树,如图 4.11(c)所示。

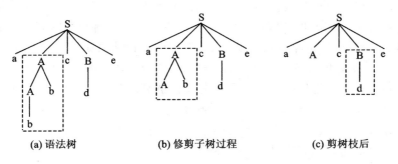

(a) 语法树　　　　(b) 修剪子树过程　　　　(c) 剪树枝后

图 4.11 归约过程

照此处理,当剪到只剩下根结点时,就完成了整个归约过程。

至此,本节简单讨论了"句柄"和"规范归约"这两个基本概念,但并没有解决规范归约的问题,因为这里没有给出寻找"句柄"的算法。事实上,规范归约的中心问题恰恰是如何寻找或确定一个句型的"句柄"问题,给出了寻找"句柄"的不同算法就给出了不同的规范归约方法。

4.4.3 符号栈的使用与语法树的表示

栈是语法分析的一种基本数据结构。在解释"移进—归约"的自下而上分析过程时就已经提到了符号栈(见图 4.8)。一个"移进—归约"分析器使用了这样的一个符号栈和一个输入缓冲区。今后为了分析方便,将用一个不属于文法符号的特殊符号"#"作为栈底符号,即在分析开始时预先把它推进栈;同时,也用这个符号作为输入串的"结束符",即无条件地将它置在输入串之后,以示输入串结束的标志。

设文法 G[S]输入串为 ω,分析开始时,栈和输入串的初始情形为

符号栈	余留输入串
#	ω#

分析器的工作过程算法如下:

① "#"进入符号栈。

② IF 余留输入串最左边符号是"#",THEN ⑤,ELSE 余留输入串最左边的符号入栈。

③ 一旦发现符号栈顶形成了一个可归约串,就把这个串用相应的归约符号(在规范归约的情况下用相应规则左部的符号)代替。

④ GO TO ②。

⑤ IF 形成如下格局则接受,否则出错。

符号栈余	留输入串
#S	#S

此时,栈里只含"#"与最终归约符号 S(在规范归约的情形下,S 为文法开始符号),而输入串 ω 全部吸收,仅剩下输入串结束符"#"。这种格局表示分析成功。如果达不到这种格局,则意味着输入串 ω(源程序)含有语法错误。

例 4.27 设文法 G[S]:S→S+S|i,规范规约分析图如图 4.12 所示。

这个归约是一个规范归约。符号 S 是文法的开始符号,当栈顶为#S 和余留串为"#"时,标志输入串已经全部被吸收分析成功。

语法分析对符号栈的使用有四类操作,即**"移进"、"归约"、"接受"**和**"出错处理"**。"移进"指把余留输入串最左边的一个符号移进栈。"归约"指发现栈顶出现可归约串,用相应的规则将左部符号替换(可归约串)为右部符号。"接受"指宣布最终分析成功,接受动作是唯一的,这个操作可以看作是"归约"的一种特殊形式。"出错处理"指发现栈顶的内容与输入串相悖,分析工作无法正常进行,此时需调用出错处理程序

步骤	当前句型栈	余留符号串	动作规则	
(1)	#	i+i #	移进	
(2)	# i	+i #	归约	S→i
(3)	# S	+i #	移进	
(4)	# S+	i#	移进	
(5)	#S+i	#	归约	S→i
(6)	#S+S	#	归约	S→S+S
(7)	#S	#	接受	

图 4.12　规范规约分析图

进行诊察和校正,并对栈顶的内容和输入符号进行调整。

对于"归约"而言,请留心一个非常重要的事实,任何**可归约串**的出现必在栈顶,不会在栈的内部。对于规范归约而言,这个事实是很明显的。由于规范归约是最右推导的逆过程,因此这种归约具有"最左"性,故"可归约串"必在栈顶,而不会在栈的内部。正因如此,先进后出的栈在归约分析中是一种非常有用的数据结构。

如果要实际表示一棵语法分析树,则一般来说,使用穿线表是比较方便的,只需要对每个进栈的符号配上一个指示器即可。

当要从输入串移动一个符号 a 入栈时,开始一项代表端末结点 a 的数据结构,这项数据结构应包含这样一些内容:① 儿子个数,默认为 0;② 关于 a 自身的信息(如单词内部值,现在暂且不管)。

当要把栈顶的 n 个符号,如 $X_1 X_2 \cdots X_n$ 归约为 A 时,开辟一项代表新结点 A 的数据结构。这项数据结构应包含这样一些内容:① 儿子个数,默认为 n;② 指向儿子结点的 n 个指示器值;③ 关于 A 自身的其他信息(例如语义信息,现在暂且不管)。归约时,把这项数据结构的地址连同 A 本身一起进栈。

最终,当要执行"接受"操作时,可以发现一棵用穿线表示的语法树也已经形成,代表根结点的数据结构的地址和文法的开始符号(在规范归约的情况下)一起留在栈中。

用这种方法表示语法树是最直截了当的。当然,也可以用别的或许是更加高效的表示方法。

4.4.4　算符优先分析

算符优先分析法是 Floyd 在 1963 年首先提出来的,Greis 在 1971 年把它形式化。这是一种古典而又实用的方法,用这种方法在分析程序语言中的各类表达式时尤为有效。一般编译程序中都使用这种方法分析表达式,而使用其他方法分析其余语言成分。算符优先分析过程是自下而上的归约过程,归约未必严格按照句柄归约,所以算符优先分析不是规范归约。所谓**算符优先分析**就是定义算符之间(终结符之间)的某种优先关系,来寻找"可归约串"并进行归约。由于这种方法简单直观,所以特别便于手工实现。

1. 直观(简单)算符优先分析方法

在研究算符优先分析之前,首先简单介绍一下直观(简单)算符优先分析方法。它的基本思想是根据文法符号归约的先与后,为句型中相邻的文法符号规定优先关系。在同一句型中,"句柄"中的各个符号同时归约,因此规定句柄(即产生式右部)内各相邻符号之间的关系是同优先级的。用下面的方法表示任何两个可能相继出现的终结符 a 和 b(它们之间可能插有一个非终结符)的优先关系。这种关系有三种:

① $a \lessdot b$ a 的优先性低于 b;

② $a \doteq b$ a 的优先性等于 b;

③ $a \gtrdot b$ a 的优先性高于 b。

若 a、b 在任何情况下都不可能相继出现,则 a、b 无关系。

注意,这三个关系不同于数学中的"<"、"="和">"。例如,$a \gtrdot b$ 并不一定意味着 $b \lessdot a$,$a \doteq b$ 不一定意味着 $b = a$。

例 4.28 设文法 G[E]:

$$E \to E+E \mid E*E \mid (E) \mid i$$

其算符优先分析表如表 4.2 所列。

表 4.2 算符优先分析表

算 符	+	*	i	(	)	#
+	$\gtrdot$	$\lessdot$	$\lessdot$	$\lessdot$	$\gtrdot$	$\gtrdot$
*	$\gtrdot$	$\gtrdot$	$\lessdot$	$\lessdot$	$\gtrdot$	$\gtrdot$
I	$\gtrdot$	$\gtrdot$			$\gtrdot$	$\gtrdot$
(	$\lessdot$	$\lessdot$	$\lessdot$	$\lessdot$	$\doteq$	
)	$\gtrdot$	$\gtrdot$			$\gtrdot$	$\gtrdot$
#	$\lessdot$	$\lessdot$	$\lessdot$	$\lessdot$		$\doteq$

在该例中,"$(\doteq)$",但是")"和"("没关系;"+" $\lessdot$ "(",但是"(" $\lessdot$ "+"。

2. 算符优先分析技术的改进

算符优先分析技术是由直观算符优先分析技术发展而来的,直观算符优先分析器的模型如图 4.13 所示。

直观算符分析器使用了两个工作栈,一个是算符栈(OPTR),用于存放运算符和括号;另一个是操作数栈(OPND)。

直观算符分析算法如下所示:设 OPND 栈顶为 a,b,…,OPTR 栈顶为 p。

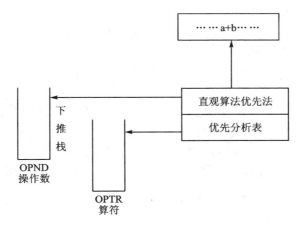

图 4.13　直观算符优先分析器模型

```
OPND = " ";
OPTR = " ♯ ";
flag = true;
advance;                              / * 读入一个单词
while flag{
ifp = " ♯ "and sym = " ♯ "then flag = false     / * 成功
else if   p = "("and sym = ")"then               / * 匹配括号对
{OPTR 栈顶出栈;advance}
else if sym 是算量 then                            / * 移进算量
{sym 入 OPND 栈;advance;}
else if p<sym then                               / * 移进算符
{sym 入 OPTR 栈;advance;}
else if   p ＞sym then                            / * 归约
{OPND 栈顶两个元素 a,b 弹出;
弹出 OPTR 栈顶元素 ;
将 a P b 的结果入 OPND 栈;}
else ERROR;
}
```

直观算符优先分析技术简单明了,易于手工实现,适用于分析各种算术表达式。使用此算法可以很方便地把表达式翻译成目标指令,只要在归约时把计算 a P b 值改为生成相应指令(p, a, b, T1)即可。

但是该算法采用了两个栈,有时会把错误句子当成合法句子,而且它也无法指出输入串出错的位置,对于含有单目正负号的算术表达式不好处理。这是因为负号的优先级高于加减法,低于乘除法,但负号的形式与减号相同,不容易被识别。

3. 算符优先文法定义及算符优先表构造

下面将讨论算符优先文法,通过它可以自动产生终结符之间的优先关系表,并进行有效的算符优先分析。

一个文法,如果它的任一产生式的右部都不含两个相继(并列)的非终结符,即不含如下形式的产生式右部:

$$\cdots PQ\cdots$$

则称该文法为**算符文法**。

在后面的定义中,a、b 代表任意终结符;P、Q、R 代表任意非终结符;"…"代表由终结符和非终结符组成的任意序列,包括空字。

假定 G 是不含 ε—产生式的算符文法。对于任何一对相邻终结符 a、b,有

① a≐b,当且仅当文法 G 中含有形如 P→⋯ab⋯或 P→⋯aQb⋯的产生式;

② a⋖b,当且仅当文法 G 中含有形如 P→⋯aR⋯的产生式,而 R⇒b⋯或 R⇒Qb⋯。

解释:设有形如 P→⋯aR⋯的产生式,一定存在如图 4.14 所示结构的树。所以,句型⋯ab⋯和句型⋯aQb⋯,必然有 b 比 a 先被归约,即 a⋖b。

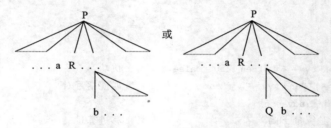

图 4.14 P→⋯aR⋯结构的树

③ a⋗b,当且仅当文法 G 中含有形如 P→⋯Rb⋯的产生式,而 R⇒⋯a 或 R⇒⋯aQ。

对一个算符文法 OG,如果任意两个相邻终结符对(a,b)之间至多只满足上述三种关系之一,则称 G 是一个**算符优先文法**(OPG)。

以上是算符优先文法的介绍。下面通过一个例子,分别分析算符优先分析表的构造方法,算符优先分析表有手工构造和自动生成两种方法。

(1) 手工构造

例 4. 29 考虑下面的文法 G[E]:

$$(1)\ E{\rightarrow}E{+}T\,|\,T$$
$$(2)\ T{\rightarrow}T*F\,|\,F$$
$$(3)\ F{\rightarrow}(E)\,|\,i$$

利用规则 F→(E),有"(≐)"。

利用规则 E→E+T 中的+T:

$$T{\Rightarrow}T*F\qquad 有\quad +{\lessdot}*$$
$$\Rightarrow F*F$$

$\Rightarrow(E) * F$　　有　$+ \dot< ($

或$\Rightarrow i * F$　　有　$+ \dot< i$

称 $FIRSTVT(T) = \{ * , (, i \}$

利用规则 $E \rightarrow E + T$ 中的 $E +$：

$E \Rightarrow E + T$　　有　$+ \dot> +$

$\Rightarrow E + T * F$　　有　$* \dot> +$

$\Rightarrow E + T * (E)$　　有　$) \dot> +$

或$\Rightarrow E + T * i$　　有　$i \dot> +$

称 $LASTVT(E) = \{ + , * ,) , i \}$

利用 $* F$ 可得 $FIRSTVT(F) \doteq \{ (, i \}$；

利用$(E$ 可得 $FIRSTVT(E) \doteq \{ + , * , (, i \}$；

利用 $T *$ 可得 $LASTVT(E) \doteq \{ * ,) , i \}$；

利用 $E)$ 可得 $LASTVT(E) \doteq \{ + , * ,) , i \}$。

总之,按上述分析,可得到文法 G[E]终结符对的手工方法的优先关系表,如表 4.3 所列。因为,对于 G[E]的任何终结符对(a,b),至多只有一种关系成立,因此,G[E]是一个算符优先文法。

表 4.3　算符优先表

算　　符	+	*	(	)	i	#
+	$\dot>$	$\dot<$	$\dot<$	$\dot>$	$\dot<$	$\dot>$
*	$\dot>$	$\dot>$	$\dot<$	$\dot>$	$\dot<$	$\dot>$
(	$\dot<$	$\dot<$	$\dot<$	$\doteq$	$\dot<$	
)	$\dot>$	$\dot>$		$\dot>$		$\dot>$
i	$\dot>$	$\dot>$		$\dot>$		$\dot>$
#	$\dot<$	$\dot<$	$\dot<$		$\dot<$	$\doteq$

在表 4.3 中,"♯"是一个特殊符号,用作句子括号。为统一起见,把它也看成是文法的一个终结符,并规定有这样的关系：

$$♯ \dot< 文法的所有终结符 \dot> ♯$$

第一个"♯"表示分析栈的栈底的符号,第二个"♯"表示分析句子句末的结束符号。表中的空白格表示相应终结符对之间没有优先关系,调用出错处理程序。例如,文法 G 的任一句型决不允许含有"…)(…"或")i("这样的情形。

这种用手工通过优先关系的定义来找终结符对的关系的方法比较麻烦,而且容易有遗漏。现在来研究从算符优先文法 G 自动构造优先关系表的算法。

(2) 自动生成

实际上,可归约短语是某产生式右部的符号串,所以通过检查 G 的每一个非终结符产生式的每个候选式，就能找出所有满足 $a \doteq b$ 的终结符对。为了找出所有满足关系"$\lessdot$"和"$\gtrdot$"的终结符对，首先要对 G 的每个非终结符 P 构造两个集合，即首终结符集 FIRSTVT(P) 和尾终结符集 LASTVT(P)。

$$FIRSTVT(P) \doteq \{a \mid P \overset{+}{\Rightarrow} a \cdots \text{ 或 } P \overset{+}{\Rightarrow} Qa \cdots, a \in V_T, Q \in V_N\}$$

$$LASTVT(P) \doteq \{a \mid P \overset{+}{\Rightarrow} \cdots a \text{ 或 } P \overset{+}{\Rightarrow} \cdots aQ, a \in V_T, Q \in V_N\}$$

有了这两个集合之后，就可以通过检查每个产生式的候选式来确定满足关系"$\lessdot$"和"$\gtrdot$"的所有终结符对，而不用像上例一样，把所有可能的推导都写出来后再找优先关系。例如，假定有个产生式的一个候选式为

$$\cdots aP \cdots$$

那么，对任何 $b \in FIRSTVT(P)$，有 $a \lessdot b$。同理，假定有个产生式中的一个候选式为

$$\cdots Pb \cdots$$

那么，对任何 $a \in LASTVT(P)$，有 $a \gtrdot b$。

首先来讨论构造集合 FIRSTVT(P) 的算法。按其定义，可用下面两条规则来构造集合 FIRSTVT(P)。

① 若有产生式 $P \to a \cdots$ 或 $P \to Qa \cdots$，则 $a \in FIRSTVT(P)$。

② 若 $a \in FIRSTVT(Q)$，且有产生式 $P \to Q \cdots$，则 $a \in FIRSTVT(P)$。

算法步骤：首先建立布尔数组 F[P,a] 和栈 STACK，并对它们进行初始化操作。

使得 F[P,a] 为真的条件是：当且仅当 $a \in FIRSTVT(P)$。具体操作如下：

按上述规则①为 F 赋初值，且将所有值为 1 的符号对 (P,a) 放进 STACK 栈之中。最后，根据规则②继续为 F[P,a] 赋值，即如果 STACK 栈不空，弹出栈顶，记此项为 (Q,a)，对每个形如：

$$P \to Q \cdots$$

的规则，若 F(P,a) 为 0，则置 F(P,a) 为 1 并且将 (P,a) 推进 STACK 栈，循环执行，直至栈为空时为止。

如果把这个算法稍微形式化一点，就可以得如下所示的一个程序，其中包括一个 INSERT 过程和主程序。

```
PROCEDURE INSERT(p,a);
  if NOT F[P,a] THEN
    BEGIN F[P,a]: = TURE;把(p,a)下推进 STACK 栈
END;
```

下面是主程序：

```
BEGIN
  FOR 每个非终结符 P 和终结符 a DO F[P,a]: = FALSE;
  FOR 每个形如 P→a···或 P→Qa···的产生式 DO
```

```
        INSERT (P,a);
WHILE STACK 非空 DO
    BEGIN
        把 STACK 的顶项,记为(Q,a),上推出去;
        FOR 每条形如 P→Q…的产生式 DO
            INSERT(P,a);
    END OF WHILE;
END
```

这个算法的工作结果是得到一个二维数组 F,从它可得任何非终结符 P 的 FIRSTVT 集合,即 FIRSTVT(P) $\dot{=}$ {a|F[P,a] $\dot{=}$ TRUE}。

同理,可构造计算 LASTVT 的算法。

例 4.30 考虑下面文法 G[E]:

$$(1) \ E→E+T|T$$
$$(2) \ T→T*F|F$$
$$(3) \ F→(E)|i$$

根据规则①对初值为 1 的赋值如表 4.4 所列,分析栈如下。

表4.4 F(P,a)表(1)

	+	*	(	)	i
E	1				
T		1			
F			1		1

分析栈

E+
T*
F(
Fi

根据规则②对 F[P,a]继续赋值和进栈,具体过程如下:

弹出栈顶(E+),没有形如 P→E…的规则;继续弹出栈顶(T*),因为有规则 E→T,所以布尔数组 F(E*)置为 1,(E*)推进栈顶,如表 4.5 所列,分析栈如下。

表4.5 F(P,a)表(2)

	+	*	(	)	i
E	1	1			
T		1			
F			1		1

分析栈

E*
F(
Fi

继续弹出栈顶(E *),没有形如 P→E…的规则;继续弹出栈顶(F ( ),因为有规则 T→F,所以布尔数组 F(T ( )置为 1,(T()推进栈顶,如表 4.6 所列,分析栈如下。

表4.6 F(P,a)表(3)

	+	*	(	)	i
E	1	1			
T		1	1		
F			1		1

分析栈

T(
Fi

继续弹出栈顶(T ( ),有规则 E→T 所以,布尔数组 F(E( )置为 1,(E( )推进栈顶,如表 4.7 所列,分析栈如下。

表4.7　F(P,a)表(4)

	+	*	(	)	i
E	1	1	1		
T		1	1		
F			1		1

分析栈

E(
F i

继续弹出栈顶(E()，没有形如 P→E…的规则；继续弹出栈顶(Fi)，有规则 T→F，所以布尔数组 F(Ti)置为 1，(Ti)推进栈顶，如表 4.8 所列，分析栈如下。

表4.8　F(P,a)表(5)

	+	*	(	)	i
E	1	1	1		
T		1	1		1
F			1		1

分析栈

Ti

继续弹出栈顶(Ti)，有规则 E→T，所以置布尔数组 F(Ei)置为 1，(Ei)推进栈顶，如表 4.9 所列，分析栈如下。

表4.9　F(P,a)表(6)

	+	*	(	)	i
E	1	1	1		1
T		1	1		1
F			1		1

分析栈

Ei

继续弹出栈顶(Ei)，没有形如 P→E…的规则；最后 STACK 栈弹为空栈，最终的 F(P,a)表如表 4.10 所列，分析栈如下。

表4.10　F(P,a)表

	+	*	(	)	i
E	1	1	1		1
T		1	1		1
F			1		1

即 $FISTVT(E) \doteq \{+, *, (, i\}$；$FISTVT(T) \doteq \{*, (, i\}$；$FISTVT(F) \doteq \{(, i\}$。

类似地可以得到

$LASTVT(E) \doteq \{+, *,), i\}$；$LASTVT(T) \doteq \{*,), i\}$；

$LASTVT(F) \doteq \{), i\}$。

使用每个非终结符 P 的 FIRSTVT(P)和 LASTVT(P)，就能够构造文法 G 的优先表。

自动构造优先表的算法如下：

```
FOR 每条产生式 P→X₁X₂…Xₙ DO
    FOR i：= 1 TO n－1 DO
        BEGIN
            IF Xᵢ 和 Xᵢ+1 均为终结符，THEN 置 Xᵢ = Xᵢ+1；
            IF i≤n－2 且 Xᵢ 和 Xᵢ+2 均为终结符
但 Xᵢ+1 为非终结符，THEN 置 Xᵢ = Xᵢ+2
IF Xᵢ 为终结符，而 Xᵢ₊₁ 为非终结符，THEN
```

```
        FOR FIRSTVT(X_{i+1})中的每个 a DO
            置 X_i<a;
        IF X_i 为非终结符,而 X_{i+1} 为终结符,THEN
    FOR LASTVT(X_i)中的每个 a DO
            置 a> X_{i+1};
    END
```

至此就完成了从文法 G 自动构造优先表的算法,虽然所给出的算法仍是原理性的,但足以作为实现的依据。

4. 算符优先分析算法

下面讨论算符优先文法所产生语言的分析算法。为了刻画什么是"可归约串",下面将定义算符优先文法某句型的"最左素短语"的概念。

考察 4.4.2 小节所述的"短语"概念的含义。仅仅有 $A\overset{+}{\Rightarrow}\beta$,不一定意味着 β 就是句型 $\alpha\beta\delta$ 的一个短语,因为还需要 $S\overset{+}{\Rightarrow}\alpha A\delta$ 这一条件。例如,考察一下文法 (4.6)的一个句型 $T*F+i$,尽管有 $E\overset{+}{\Rightarrow}F+i$,但它并不是句型 $T*F+i$ 的一个短语,因为不存在从 E(文法开始符号)到 $T*E$ 的推导。但是,$T*F$、i 和 $T*F+i$ 自身都是句型 $T*F+i$ 的短语。其语法树如图 4.15 所示。

所谓**素短语**是指这样的一个短语,它至少含有一个终结符,并且除它自身之外不再包含任何更小的素短语。所谓**最左素短语**是指处于句型(语法树)最左边的那个素短语。如图 4.15 所示,$T*F$ 和 i 都是句型 $T*F+i$ 的素短语,$T*F$ 是句型 $T*F+i$ 的最左短语,$T*F+i$ 不是句型 $T*F+i$ 的素短语(包含其他素短语,如 i,$T*F$)。

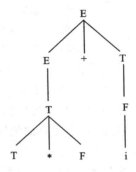

图 4.15 T * F+i 语法树

现在考虑算符优先文法,把句型(括在两个#之间)的一般形式写成:

$$\#N_1 a_1 N_2 a_2 \cdots N_n a_n N_{n+1}\#$$ (4.7)

其中,每个 a_i 都是终结符,N_i 是可有可无的非终结符;换言之,句型中含有 n 个终结符,任意两个终结符之间至多只有一个非终结符。任何算符文法的句型都具有这种形式。

一个算符优先文法 G 的任何句型的最左素短语是满足如下条件的最左子串 $N_j a_j \cdots N_i a_i N_{i+1}$。

$$a_{j-1}\lessdot a_j \doteq a_{j+1}, \cdots, a_{i-1} \doteq a_i a_i \gtrdot a_{i+1}$$

根据这个定理,下面来讨论算符优先分析算法。为了和定理的叙述相适应,现在仅使用一个符号栈 S,既使用它寄存终结符,也用它寄存非终结符。下面的分析算法是直接根据这个定理构造出来的,其中 k 代表符号栈的使用深度。

```
1   k=1;   S[k]='#'
2   REPEAT
```

3　　把下一个输入符号读进 a 中；

4　　IF $S[k] \in V_t$　THEN　$j = k$　ELSE　$j = k-1$

5　　WHILE $S[j] > a$ DO

6　　　BEGIN

7　　　REPEAT

8　　　　$Q = S[j]$

9　　　　IF $S[j-1] \in V_t$ THEN　$j = j-1$　ELSE　$j = j-2$

10　　UNTIL $S[j] < Q$

11　　把 $S[j+1] \cdots S[k]$ 规约为某个 N；

12　　$k = j+1$；

13　　$S[k] = N$

14　　END OF WHILE；

15　　IF $S[j] < a$ OR $S[j] = a$ THEN

16　　　BEGIN $k = k+1$；$S[k] = a$ END

17　　ELSE ERROR / * 调用出错侦察程序

18　UNTIL $a = $ ' # '

在上述算法的工作过程中，若出现 j 减 2 后的值小于或等于 0 的情况，则意味着输入串有错。在正确的情况下，算法工作完毕时，符号栈 S 应出现 #N#。

注意：在上述算法的第 11 行中，并没有指出应把所找到的最左素短语归约到哪一个非终结符号 N。N 是指这样一个产生式的左部符号，此产生式的右部和 $S[j+1] \cdots S[k]$ 构成如下一一对应的关系：自左向右，终结符对终结符，非终结符对非终结符，而且对应的终结符必须相同。由于非终结符对归约没有影响，因此，非终结符可以不进符号栈 S，也即非终结符只要对应的位置相同即可，相应的非终结符不要求完全相同。下面来看一个具体的算符优先分析的例子。

例 4.31　已知文法 G[E] 如下，它的算符优先关系表如表 4.11 所列，试分析句子 #i+i*i# 是否为该文法的一个句子，分析过程如表 4.12 所列。

　　　① $E \rightarrow E+T \mid T$；　　　② $T \rightarrow T*F \mid F$；　　　③ $F \rightarrow (E) \mid i$。

表 4.11　算符优先关系表

算符	+	*	(	)	i	#
+	⋗	⋖	⋖	⋗	⋖	⋗
*	⋗	⋗	⋖	⋗	⋖	⋗
(	⋖	⋖	⋖	≐	⋖	
)	⋗	⋗		⋗		⋗
i	⋗	⋗		⋗		⋗
#	⋖	⋖	⋖		⋖	≐

表 4.12　句子 i＋i＊i 的算符优先分析过程

步　骤	下推栈	剩余的输入串	关　系	动　作
0	＃	i＋i＊i＃	＃⋖i	移进 i
1	＃i	＋i＊i＃	i⋗＋	F→i 归约
2	＃F	＋i＊i＃	＃⋖＋	移进＋
3	＃F＋	i＊i＃	＋⋖i	移进 i
4	＃F＋i	＊i＃	i⋗＊	F→i 归约
5	＃F＋F	＊i＃	＋⋖＊	移进＊
6	＃F＋F＊	i＃	＊⋖i	移进 i
7	＃F＋F＊i	＃	i⋗＃	F→i 归约
8	＃F＋F＊F	＃	＊⋗＃	T→F＊F 归约
9	＃F＋T	＃	＋⋗＃	E→F＋T
10	＃E	＃	＃≐＃	接受

考虑非二义性的文法(4.6)，识别句子 i＋i＊i 的规范归约和算符优先分析推导过程分别如下：

①　规范归约：

i＋i＊i＃
⇒F＋i＊i＃
⇒T＋i＊i＃
⇒E＋i＊i＃
⇒E＋F＊i＃
⇒E＋T＊i＃
⇒E＋T＊F＃
⇒E＋T＃
⇒E＃

②　算符优先分析规约：

i＋i＊i＃
⇒F＋i＊i＃
⇒F＋F＊i＃
⇒F＋F＊F＃
⇒F＋T＃
⇒E＃

句子 i＋i＊i 规范归约的语法树如图 4.16(a) 所示，算符优先分析过程中建立的分析树如图 4.16(b)所示。

图 4.16(a)中标注的从小到大的序号为规范规约的顺序，图 4.16(b)中标注的从小到大的序号为算符优先分析中规约的顺序。

算符优先分析算法的优缺点：算法优先分析要比规范归约速度快得多，因为算符优先分析跳过了所有单非产生式(右部仅含有一个非终结符的产生式，如 P→Q)所对应的归约步骤。这既是算符优先分析法的优点，同时也是它的缺点，因为忽略非终结符在归约过程中的作用，存在某种危险性，可能会导致算法把本来不是合法句子的输入串误认为是合法句子的输入串。但这种缺陷容易从技术上加以弥补。

概括地说，算符优先分析归约的是最左素短语，规范归约时归约的是句柄，所以

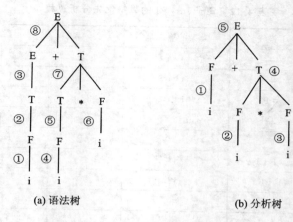

(a) 语法树　　　　　　　　　(b) 分析树

图 4.16　语法树和分析树

算符优先分析不等价于规范归约。详细地说,算符优先过程中建立的分析树不等于语法树,规范归约要严格按照句柄进行归约,句柄是由终结符和非终结符一起构成的,所以规范归约终结符和非终结符一起考虑,只要栈顶形成句柄,不管句柄是否包含终结符都要进行归约。算符优先分析仅研究终结符之间的优先关系,而不考虑非终结符之间的优先关系,归约的是最左素短语。所以算符优先分析是非规范的分析方法。

算符优先分析法是一种广为有效的方法。这种方法不仅可以方便地用于分析各类表达式,而且可以用于具有某种特定的文法类的语法分析。

5. 算符优先分析中的出错处理

使用算符优先分析法时,可在如下两种情况下发现语法错误。

① 在栈顶终结符号与下一输入符号之间不存在任何优先关系。对错误一般采用的处理方法是改变、插入或删除符号等出错处理方法。

例 4.32　表 4.13 所列的优先矩阵是在表 4.12 的空项内填上各种不同的处理错误子程序后的结果,每个处理错误子程序进行如下的工作:

e_1 : /* 若表达式以左括号结尾,则调用此程序 */

　　　　从栈顶弹出左括号"(";给出错误信息:非法左括号。

e_2 : /* 若 i 或 ")" 后跟 i 或 "(",则调用此程序 */

　　　　在输入端插入"+";给出错误信息:缺少运算符。

e_3 : /* 若表达式以右括号")"开始,则调用此程序 */

　　　　从输入端删除右括号;给出错误信息:非法右括号。

e_4 : /* 若栈顶为空,则调用此程序 */

在输入端插入 i;给出错误信息:缺少表达式。

表 4.13　文法(4.8)算符优先关系表

算　符	+	*	(	)	i	#
+	·>	<·	<·	·>	<·	·>
*	·>	·>	<·	·>	<·	·>
(	<·	<·	<·	≐	<·	e_1
)	·>	e_2	·>	·>	e_2	·>
I	·>	·>	e_2	·>	e_2	·>
#	<·	<·	<·	e_3	<·	e_4

② 找到某一"句柄"(此处"句柄"是指最左素短语),但不存在任一产生式其右部为此"句柄"。

对错误②的处理方法是,找出与该最左素短语最相似的产生式归约,且打印出错信息。

例 4.33　假定从栈中确定的"最左素短语"是 abc,但是,没有一个产生式右部为 abc。此时,可考虑是否该删除 abc 中的一个。例如,设有一个产生式,其右部为 aAcB,则给出错误信息"非法 b";若另一个产生式,其右部为 abdc,则可以给出错误信息:"缺少 d"。

注意:在使用算符优先分析法时,非终结符的处理是隐匿的,但是应该在栈中为这些非终结符留有相应的位置。因此论及"句柄"与某一产生式右部相匹配时,则意味着其相应的终结符是相同的,而非终结符所占位置也是相同的。即使如此,出现在栈中一定位置上的非终结符也不一定是正确的非终结符。然而,对一般的表达式使用算符优先处理,不会有很大的问题。

最后,举例说明前面介绍的这些子程序是如何去处理一串含有错误的符号串的。

例 4.34　设表达式为 D+E,由于错误输入成为"D+)",经过词法分析后,将"i+)"送至语法分析器。首先,将 i 移入栈内,此时有情况如图 4.17(a)所示。由于 +>),对"+"进行归约,错误诊断程序发现"+"的右端没有 E,故给出错误信息"缺少表达式"。但它仍进行归约,归约后的情况假设如图 4.17(b)所示。因"#"和")"之间没有任何优先关系,从表 4.13 可以看出此时应该调用 e_3。e_3 将")"删除,并给出错误信息"非法右括号"。最后进入的状态如图 4.17(c)所示。

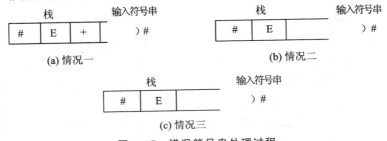

图 4.17　错误符号串处理过程

4.4.5　LR 分析法

LR 是当前最一般的分析方法,它对文法的限制很少,大多数上下文无关文法都可以用该种方法分析,且效率高,并能及时、准确地发现输入串的语法错误。其缺点是存储容量大,手工实现的工作量大,但已有自动生成器 YACC(将在 4.5 节中讨论),使用这种工具可以有效地产生语法分析程序。

LR 分析法属于自下而上的分析。这里的 L 表示从左到右扫描输入串,R 表示分析构造一个最右推导的逆过程(最左归约)。

一般地说,大多数用上下文无关文法描述的程序语言都可以用 LR 分析器予以识别。LR 分析法比算符优先分析法或其他的"移进—归约"技术应用更加广泛,而且识别效率并不比它们差。能用 LR 分析器分析的文法类,包含能用 LL(1)分析器分析的全部文法类。LR 分析法在自左向右扫描输入串时就能发现其中的任何错误,并能准确地指出出错地点。

下面首先讨论 LR 分析器的工作过程,然后重点讨论两种不同分析表的构造方法。总结来说 LR 类分析表一共有四种构造方法。第一种是分析表方法,也是最简单的一种,叫作 LR(0)表构造法。这种方法的局限性极大,但它是建立其他较一般的 LR 分析法的基础。第二种叫作简单 LR(简称 SLR)表构造法,虽然有一些文法构造不出 SLR 分析表,但是,这是一种比较容易实现又极有实用价值的方法。第三种叫作规范 LR 表构造法,这种分析表的能力最强,能够适用很多文法,但实现代价过高,或者说,分析表的体积非常大。第四种叫作超前 LR 表构造法(LALR)。这种分析表的能力介于 SLR 和规范 LR 之间,比较容易高效地实现。

1. LR 分析器

规范归约(最左归约——最右推导的逆过程)的关键问题是寻找一个"可归约串",即句柄。在"移进—归约"过程中,当一串貌似句柄的符号串呈现于栈顶时,怎样可以确定它是否为相对于某一产生式的句柄呢?

LR 方法的基本思想是,在规范归约过程中,一方面记住已经移进和归约了的整个符号串,即记住"历史";另一方面要根据所用的产生式来推测未来可能碰到的输入符号,即对未来进行"展望";当一个貌似句柄的符号串出现在分析栈的顶部时,我们希望能根据记载的"历史"、"展望"以及"现实"的输入符号这 3 方面的信息,来确定栈顶的符号串是否构成相对某一产生式的句柄。

LR 分析法的这种基本思想是非常通用的。归约过程中"历史"信息的积累是不困难的,这些信息都保存在分析栈中;但是,"展望"信息的汇集却是一件很不容易的事情。因为根据历史推测未来,即使是推测未来的一个符号,也常常存在着非常多的不确定性和模糊性。因此,当把"历史"和"展望"信息综合在一起时,复杂性就大大增加了。如果简化对"展望"信息的要求,就可能获得实际可行的分析算法。所以,这里所讨论的 LR 方法都是带有一定限制的。

（1）LR 分析器逻辑结构

一个 LR 分析器实质上是一个带分析栈的先进后出的存储器的确定有限状态自动机。可以把"历史"和"展望"材料综合地抽象成某些"状态"，分析栈用来存放状态。栈里的每个状态都概括了从分析开始直到某一归约阶段的全部"历史"和"展望"的资料。任何时候，栈顶的状态都代表了整个的历史和已经推测出的展望。因此，在任何时候都可从栈顶状态得知所要了解的一切，而绝对没有必要从底而上翻阅整个栈。LR 分析器的每一步工作都是由栈顶状态和当前输入符号所唯一确定的。为了有助于明确归约手续，需要把已经归约出的文法符号串也同时放在栈里，但显然它们是多余的，因为它们已经被概括在"状态"里了。于是可以把栈结构看成是如图 4.18 所示的结构。

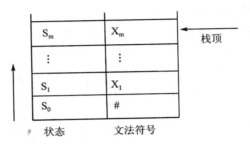

图 4.18 LR 分析栈结构

栈的每一项内容包括状态 S 和文法符号 X 两部分。$(S_0，\sharp)$ 为分析开始前预先放到栈里的初始状态和句子括号。栈顶状态为 S_m，符号串 $X_1 X_2 \cdots X_m$ 是当前已移进归约出的部分。

LR 分析器模型的逻辑结构（下推自动机）如图 4.19 所示。

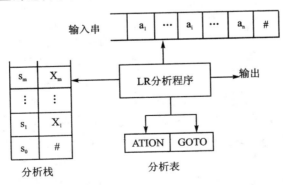

图 4.19 LR 分析器模型

LR 分析器的核心部分是一张**分析表**。这张分析表包括两个部分，一张是"动作"（ACTION）表，另一张是"状态转换"（GOTO）表。它们都是二维数组。ACTION $[S，a]$ 规定了当状态 S 面临输入符号 a 时应采取什么动作。GOTO $[S，X]$ 规定了状态 S 面对文法符号 X(非终结符或终结符)时下一状态是什么。显然,GOTO[S,X]定义了一个以文法符号为字母表的 DFA。

每一项 ACTION[S,a]所规定的动作有下述四种可能之一。

① 移进:把(S,a)的下一状态 S′=GOTO[S,a]和输入符号 a 推进栈,下一输入符号变成当前输入符号。

② 归约:指用某一产生式 A→β 进行归约。假设 β 的长度为 r,归约的动作是 A,去除栈顶的 r 个项,使状态(S$_{m-r}$, A)的下一状态 S′=GOTO[S$_{m-r}$, A]和文法符号 A 推进栈。归约动作不改变当前输入符号。执行归约动作意味着 β(β=X$_{m-r+1}$…X$_m$)已出现于栈顶而且是一个相对于 A 的句柄,S$_m$ 表示栈顶状态,m 是分析栈的长度。

③ 接受:宣布分析成功,停止分析器的工作。

④ 报错:发现源程序含有错误,调用出错处理程序。

(2) 工作过程

LR 分析器的总控程序本身是非常简单的。它的任何一步只需按栈顶状态 S 和当前输入符号 a 执行 ACTION[S,a]所规定的动作。不管什么分析表,总控程序都是执行一样的工作。

一个 LR 分析器的工作过程可以看成是栈里的状态序列,以及已归约串(状态、句子的识别序列)和输入串所构成的三元式的变化过程。分析开始时的初始三元式为

$$(S_0; \# ; a_1, a_2, \cdots, a_n \#)$$

其中,S$_0$ 为分析器的初态,♯ 为句子识别的栈底的初始状态(句子左括号),a$_1$,a$_2$,…,a$_n$ 为输入串,其后的 ♯ 为句子结束符(句子右括号)。分析过程每步的结果可表示为

$$(S_0 S_1 \cdots S_m; \# X_1 X_2 X_m; a_i a_{i+1} \cdots a_n \#)$$

分析器的下一步动作是由栈顶状态 S$_m$ 和当前输入符号 a$_i$ 所唯一决定的,即执行 ACTION[S$_m$, a$_i$]所规定的动作。执行每种可能的动作之后,三元式的变化情形如下:

① 若 ACTION[S$_m$, a$_i$]为移近,且 S′=GOTO[S$_m$, a$_i$],则三元式变成

$$(S_0 S_1 \cdots S_m S'; \# X_1 X_2 X_m a_i; a_{i+1} \cdots a_n \#)$$

② 若 ACTION[S$_m$, a$_i$]={A→β},则按产生式 A→β 进行归约。此时三元式变为

$$(S_0 S_1 \cdots S_{m-r} S'; \# X_1 X_2 X_{m-r} A; a_i a_{i+1} \cdots a_n \#)$$

其中,S′=GOTO[S$_{m-r}$, A],r 为 β 的串长,β=X$_{m-r+1}$…X$_m$。

③ 若 ACTION[S$_m$, a$_i$]为"接受",则三元式变化过程终止,不再变化,宣布分析成功。

④ 若 ACTION[S$_m$, a$_i$]为"报错",则三元式的变化过程终止,报告错误。

总之，一个 LR 分析器的工作过程就是一步一步地变换三元式，直至执行到"接受"或"报错"为止。

例 4.35　设有文法 G[S]：

$$(1)\ S \rightarrow S(S)$$

$$(2)\ S \rightarrow a$$

该文法 LR 分析表如表 4.14 所列，假设输入串为 a(a)，LR 分析器的工作过程即三元式的变化过程如表 4.15 所列。

表 4.14　文法 G[S]的 LR 分析表

状　态	ACTION（动作）				GOTO（转换）
	a	(	)	#	S
0	S_2				1
1		S_3		acc	
2	r_2	r_2	r_2	r_2	
3	S_2				4
4		S_3	S_5		
5	r_1	r_1	r_1	r_1	

表 4.14 中所引用记号的意义如下：

① S_j　shiftj，指将读入符号 a 从余留串移进符号栈内，状态转到 j 状态，状态栈顶变为 j，符号栈顶变为 a。

② r_j　reducej，按第 j 号产生式进行归约（j 表示产生式标号）。

③ acc　accept，表示分析成功。

④ 空白格　出错标志，若填入相应出错处理子程序标号，便转到相应程序进行出错处理。

注意：若 a 为终结符，则 GOTO[S,a]的值已列在 ACTION[S,a]S_j 之中（状态 j）。因此，GOTO 表仅对所有非终结符 A 列出了 GOTO[S,A]的值。

表 4.15　句子 a(a) 的 LR 分析过程

步　骤	状态栈	符号栈	余留串	动　作	规　则	下一状态
1	0	#	a(a)#	S_2		2
2	02	#a	(a)#	R_2	S→a 归约	1
3	01	#S	(a)#	S_3		3
4	013	#S(	a)#	S_2		2
5	0132	#S(a	)#	R_2	S→a 归约	4
6	0134	#S(S	)#	S_5		5
7	01345	#S(S)	#	R_1	S→S(S)归约	1
8	01	#S	#	acc		

句子 a(a)的 LR 分析过程中建立的语法分析树如图 4.20 所示。

注：序号①表示左边的 a 规约成 S,序号②表示右边的 a 规约成 S,序号③表示 S(S)规约成 S。

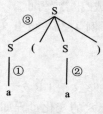

图 4.20　分析树

（3）文法的讨论

考虑这样一个问题：上述 LR 分析过程是规范归约吗？规范句型是如何形成的？ LR 分析表是如何构造的？

上述分析的归约过程对应的推导是：$S \overset{R}{\Rightarrow} S(S) \overset{R}{\Rightarrow} S(a) \overset{R}{\Rightarrow} a(a)$。该推导是最右推导，所以它是规范的归约，归约的字符串是句柄。分析中的状态信息是：栈内符号串（符号栈）＋余留串＝规范句型。栈内符号串（已经扫描的部分）称为规范句型的活前缀，归约是在栈顶进行，分析的历史记录在栈中。

对于一个 LR 分析器来说，栈顶状态提供了所需的一切"历史"和"展望"的信息。请注意一个非常重要的事实，即如果仅由栈内的内容和现实的输入符号就可以识别一个句柄，那么就可以用一个有限自动机自底向上扫描栈内的内容并检查当前输入符号来确定出现于栈顶的句柄是什么（当形成一个句柄时）。实际上，LR 分析器就是这样一个有限自动机，只是因栈顶的状态已概括了整个栈的内容，因此，无需扫描整个栈，栈顶状态就好像已经进行了这种扫描。

对于一个文法，如果能构造一张分析表，使得它的每个入口均是唯一确定的，则把这个文法称为 LR 文法。并非所有的上下文无关文法都是 LR 文法，但对于多数程序语言来说，一般都可用 LR 文法描述。直观上说，对于一个 LR 文法，当分析器对输入串进行自左向右的扫描时，一旦句柄出现于栈顶，就能及时对它实行归约。

一个 LR 分析器有时需要"展望"和实际检查未来的 k 个输入符号才能决定应采取什么样的"移进—归约"动作。一般而言，一个文法，如果能用一个每步顶多向前检查 k 个输入符号的 LR 分析器进行分析，则这个文法就被称为 LR(k)文法。但对于多数程序语言来说，k＝0 或 k＝1 就足够了。因此只考虑 k≤1 的情形。

注意：LR 文法关于识别产生式右部的条件远不像预测那样严格。预测法要求每个非终结符的所有候选式的首符均不相同，预测分析程序认为，一旦看到首符之后就明确了该用哪一个产生式进行推导。但是 LR 分析程序只有在看到整个产生式右部所推导的东西之后才认为是确定了归约的方向。因此，LR 方法比预测法更加一般化。

前面已经说过，存在不是 LR 结构的上下文无关文法。直观上说，对于一个文法，如果它的任何"移进—归约"分析器都存在这样的情形，尽管栈的内容和下一个输入符号都已经了解，但无法确定是"移进"还是"归约"，即"移进"和归约冲突；或者，无法从几种可能的归约中确定其一即归约—归约冲突，那么，这个文法就是非 LR(1)文法。

LR 文法肯定是无二义性的。一个二义性文法绝不会是 LR 的。

例 4.36　假设一个二义性文法含有如下产生式：

$$S \rightarrow iCtS \mid iCtSeS$$

假设有一个自下而上的分析器，它正处于情形：

栈	输入
···iCtS	e···#

此时无法肯定 iCtS 是否为一句柄，无论在它之下栈中所含的内容是什么。此时有两种可能的动作选择，或者应该把 iCtS 归约为 S，或者把 e 移进，期待另一个 S。但此时不知道应该选择哪一个动作。因此，这个文法不是 LR(1) 的。任何二义文法都不是 LR(k) 的，无论 k 多大。

应该指出，LR 分析技术可修改为适用于分析一定的二义文法。如上例，当出现以上矛盾时，规定把 e 移进，而不是直接把 iCtS 归约为 S。这种变通方法是符合现实中程序语言的要求的。

例 4.37　假定有一个词法分析器，它对任何标识符都送回单词符号 i，不论这个标识符做什么用。如果语言中过程调用和数字元素引用具有相同的语法结构，则在这种情况下，当以一个诸如 A(i,j) 的结构出现时，分析器不知道它是过程调用还是数组元素引用。但是，由于下标的翻译和实际参数的翻译是不一样的，因此，自然要用不同的规则产生实际参数表和下标表。于是，文法的有关部分可以采用如下的产生式：

① 语句→i(参数表)；

② 语句→表达式:＝表达式；

③ 参数表→参数表,参数；

④ 参数表→参数；

⑤ 参数→i；

⑥ 表达式→i(表达式表)；

⑦ 表达式→i；

⑧ 表达式表→表达式表,表达式；

⑨ 表达式表→表达式。

一个以 A(i,j) 开始的语句，对于语法分析器来说，是一串形如 i(i, i) 的单词符号，在前 3 个符号进栈之后，"移进—归约"分析器就要面对如下的情形：

栈输入：

$$\cdots i(i \qquad ,i)\cdots \#$$
(4.8)

显然，此时栈顶上的 i 应被归约，但是归约成什么呢？如果 A 是过程名，就应该用产生式⑤归约。如果 A 是数组名，则应该用产生式⑦归约。但是栈里的内容并未告知第一个 i 代表什么，要了解这一点可查询符号表。

一种解决办法是,把产生式①中的 i 改为 proci,并且使用一个更灵敏的词法分析器,当它识别一个代表过程名的标识符时能送来 proci,这意味着让词法分析器自动查询符号表。假若采用这种解决办法,当处理 A(i,j)时,语法分析器或将碰到如下情形:

栈输入:

$$\cdots proc(i \quad ,i)\cdots \# \qquad\qquad (4.9)$$

若面对文法(4.8)的情形,则应该用产生式⑦对栈顶 i 进行归约。若面对文法(4.9)的情形,则应该用产生式⑤进行归约。

注意:这里的归约动作虽然仅对栈顶符号 i 进行,但自顶而下的第三个符号(即 i 或 proci)却决定了它的归约方向。这就是 LR 分析法的强大所在,它能根据栈的内容来指导当前的分析。

2. LR(0)项目集族和 LR(0)分析表的构造

接下来主要关心的问题是,如何根据文法构造 LR 分析表。首先,讨论一种只概括"历史"资料而不包括推测行"展望"材料的"状态",并希望仅由这种简单状态就能识别出现在栈顶的某些句柄。

下面讨论的 LR(0)项目集族就是这样一种简单状态。

在讨论 LR 分析法时,需要定义一个重要的概念,这就是文法的规范句型的"活前缀"。

字的**前缀**是指该字的任意首部,例如字 abc 的前缀有 ε、a、ab 和 abc。所谓活前缀是指规范句型的一个前缀,这种前缀不含句柄之后的任何符号。之所以称为活前缀,是因为在右边增添一些终结符号之后,就可以使它成为一个规范句型。活前缀有两种类型,即归态活前缀和非归态活前缀。所谓归态活前缀是指活前缀的尾部正好是句柄之尾,这时可以继续进行归约,归约之后又会成为另一个句柄的活前缀;而非归态活前缀是指句柄尚未形成,需要继续移进若干符号之后才能形成句柄。

例 4.38 利用文法 G[S]识别输入串 abbcde,文法 G[S]如下:

　　　　(1) S→aAcBe　　　(2) A→b|Ab　　　(3) B→d

首先为每条产生式标注序号。

　　　　[1] S→aAcBe　　　[2] A→b　　　[3] A→Ab　　　[4] B→d

然后,用最右推导方式来识别,推导时把序号也带上,其最右推导过程如下。推导过程对应的语法树如图 4.21(a)所示,归约过程对应的分析树如图 4.21(b)所示。

最右推导:

$$S \overset{R}{\Rightarrow} aAcBe[1] \overset{R}{\Rightarrow} aAcd[4]e[1] \overset{R}{\Rightarrow} aAb[3]cd[4]e[1] \overset{R}{\Rightarrow} ab[2]b[3]cd[4]e[1]$$

最右推导序列中出现的[1]、[2]、[3]和[4]表示产生式的序号。

由此可见,若用最左归约的方式进行识别,则完全是上面的逆过程。

● 规范句型 abbcde 的前缀有 ε、a(非归态活前缀)、ab(归态活前缀)。

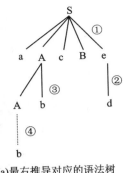

(a)最右推导对应的语法树

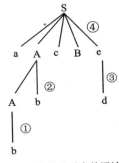

(b) 最左归约对应的语法树

图 4.21 最右推导和最左归约对应的语法树

- 规范句型 aAbcde 的前缀有 ε、a、aA(非归态活前缀)、aAb(归态活前缀)。
- 规范句型 aAcde 的前缀有 ε、a、Aa、aAc(非归态活前缀)、aAcd(归态活前缀)。
- 规范句型 aAcBe 的前缀有 ε、a、Aa、aAc、aAcB(非归态活前缀)、aAcBe(归态活前缀)。

在 LR 分析工作过程中的任何时候,栈里的文法符号(自栈底而上)$X_1 X_2 \cdots X_m$ 应该构成活前缀,把输入串的剩余部分配上之后即应成为规范句型(如果整个输入串确实是文法的合法句子)。因此,只要输入串的已经扫描部分保持可归约成一个活前缀,那就意味着所扫描过的部分没有错误。

对于一个文法 G,可以构造一个有限自动机,它能识别 G 的所有活前缀。这个 NFA 的每个状态是下面定义的一个"项目"。文法 G 的每一个产生式的右部添加一个黑色的小圆点称为一个 LR(0)**项目**(简称**项目**)。若圆点在产生式中的位置不同,则是不同项目,它们有不同的含义。例如,A→XYZ 对应有四个项目,分别为

① A→ • XYZ:预期要归约的句柄是 XYZ,但是它们还都未进栈。

② A→X • YZ:预期要归约的句柄是 XYZ,仅 X 进栈。

③ A→XY • Z:预期要归约的句柄是 XYZ,仅 XY 进栈。

④ A→XYZ • :处于归态活前缀,XYZ 可进行归约。

但是,产生式 A→ε 只对应一个项目 A→ • 。在计算机中,每个项目可用一对整数表示,第一个整数代表产生式标号,第二个整数指出圆点的位置。

直观上来说,一个项目指明了在分析过程中的某个时刻看到产生式多大一部分。例如,上面四项中的第一个项目意味着,希望能从后面的输入串中看到可以从 XYZ 推出的符号串。第二个项目意味着,已经从输入串中看到能从 X 推出的符号串,希望能进一步看到可以从 YZ 推出的符号串。第四个项目小圆点在产生式最右边,意味着 XYZ 推出的符号串都已经能看到,可以归约。

例 4.39 设有文法 G[S] 的拓广文法 G[S′]：

$$(0)\ S′→S$$
$$(1)\ S→S(S) \tag{4.10}$$
$$(2)\ S→a$$

这个文法的 LR(0) 项目有：

(0) S′→ · S   (1) S′→S ·   (2) S→ · S(S)   (3) S→S · (S)

(4) S→S(· S)   (5) S→S(S ·)   (6) S→S(S) ·   (7) S→ · a

(8) S→a ·

LR(0) 项目反映了句柄的识别程度，联系分析动作项目可分类如下：

(1) A→α ·   归约项目；

(2) S′→S ·   接受项目；

(3) A→α · Xβ   其中 $X∈V_N$，待约项目；

(4) A→α · aβ   其中 $a∈V_N$，移进项目。

其中，文法 G[S] 拓广为文法 G[S′]，引入非终结符 S′，增加产生式 S′→S，目的是使文法的开始符号 S′仅在第一个产生式的左部出现，使用这个事实 S′为 NFA 的唯一初态，项目 S′→S · 作为唯一接受项目。

下面介绍由文法的项目构造 DFA 的方法和 LR(0) 分析表的步骤。

（1）由文法的 LR(0) 项目直接构造相应的 DFA

为了使"接受"状态项目易于识别并且唯一，总是规定把文法 S **拓广**。设文法为 G[S]，构造一个新的 G[S′]，新文法 G[S′] 包含文法 G[S] 中所有的产生式，并且引入非终结符 S′，增加产生式 S′→S，目的是使文法的开始符号 S′仅在第一个产生式的左部出现，使用这个事实 S′为 NFA 的唯一初态，项目 S′→S · 作为唯一接受项目。

在由 LR(0) 项目直接构造相应的 DFA 之前，先利用第 3 章所引入的 ε—CLOSURE(闭包)的办法来构造一个文法 G 的 LR(0) **项目集规范族**。

1）定义和构造 I 的闭包

假设 I 是文法 G′ 的任一项目集合，定义和构造 I 的闭包 CLOSURE(I) 的算法如下：

① I 的任何项目都属于 CLOSURE(I)。

② 若 A→α · Bβ 属于 CLOSURE(I)，则对任何关于 B 的产生式 B→γ，项目 B→ · γ 也属于 CLOSURE(I)。

③ 重复执行上述两步骤，直至 CLOSURE(I) 不再增加为止。

例 4.40 已知文法 G[S′] 如下，设 I＝{S′→S}，则构造其 CLOSURE(I) 为

$$(0)\ S′→S$$
$$(1)\ S→S(S)$$
$$(2)\ S→a$$

CLOSURE(I)为

$$S'\rightarrow \cdot S, \qquad S\rightarrow \cdot S(S), \qquad S\rightarrow \cdot a$$

在构造 CLOSURE(I)时,请注意一个重要的事实,那就是,对任何非终结符 B,若某个圆点在左边的项目 B→ $\cdot\gamma$ 进入到 CLOSURE(I),则 B 的所有其他圆点在左边的项目 B→ $\cdot\beta$ 也将进入同一个 CLOSURE 集。因此,在某种情况下,并不需要真正列出 CLOSURE 集里所有项目 B→ $\cdot\gamma$,而只需列出非终结符 B 即可。

2）构造状态转换函数 GO(I, X)

GO(I, X)= CLOSURE(J),其中 J= {A→ αX $\cdot\beta$ | A→ $\alpha\cdot$X $\beta\in$ I},I 为项目集,X 为文法符号。

其含义是对于任意项目集 I,由于 I 中有 A→ $\alpha\cdot$X β 的项目,J 中有 A→ αX $\cdot\beta$ 的项目,表示识别的活前缀又移进了一个符号 X。直观上说,若 I 是对某个活前缀 γ 有效的项目集,那么 GO(I, X)便是对 γX 有效的项目集。

例如,令 I 是例 4.39 中的项目集 I_1={S'→S $\cdot$, S→S $\cdot$ (S)},那么,GO(I, ( )就是该题中的 I_3 = {S→S($\cdot$ S),S→ $\cdot$ S(S), S→ $\cdot$ a},即检查 I 中所有那些圆点之后紧跟着"("的项目,第二项 S→S $\cdot$ (S)则是这样的项目,把这个项目中的圆点向右移动一位置,就得到了 S→S($\cdot$ S),于是 J={ S→S($\cdot$ S)},然后再对这个 J 求其闭包 CLOSURE(J)。

通过函数 CLOSURE 和 GO,很容易构造一个文法 G 的拓广文法 G'的 LR(0)项目集规范族,构造算法如下:

```
PROC EDURE ITEMSETS(G')
BEGIN
    C: = {CLOSURE({S'→ · S})}
    REPEAT
        FOR   C 中的每个项目集 I 和 G'的每个符号 X   DO
    IF   GO(I,X)非空且不属于 C   THEN
    把 GO(I,X)放入 C 族中
    UNTIL C 不再增大
END
```

这个算法的结果 C 就是文法 G'的 LR(0)项目集规范族。

例 4.41　设有文法 G[S']如下,构造其 CLOSURE(I),构造其识别该文法活前缀的 DFA。

$$(0)\ S'\rightarrow S$$
$$(1)\ S\rightarrow S(S)$$
$$(2)\ S\rightarrow a$$

CLOSURE(I)为

$$I_0 : S' \to \cdot S \qquad S \to \cdot S(S) \qquad S \to \cdot a$$
$$I_1 : S' \to S \cdot \qquad S \to S \cdot (S)$$
$$I_2 : S \to a \cdot$$
$$I_3 : S \to S(\cdot S) \qquad S \to \cdot S(S) \quad S \to \cdot a$$
$$I_4 : S \to S(S \cdot) \qquad S \to S \cdot (S)$$
$$I_5 : S \to S(S) \cdot$$

3）构造识别 G[S] 所有活前缀的 DFA 算法

① 拓广文法 G[S]，增加产生式 $S' \to S$。

② 令初态 $I_0 = \text{CLOSURE}(S' \to \cdot S)$。

③ 对状态集 C 中当前的每一个状态 I_i 和对每一个文法符号 X，计算 $K = \text{GO}(I_i, X)$，并且从 I_i 至 K 画弧线，标记为 X，若 $K \notin C$，则 K 加入 C 中。

④ 重复③，直至 C 不再增加为止。

利用状态转换函数 GO 把这些集合联结成一张 DFA 转换图。

如果令集合 I_0 为 DFA 初态，那么，图 4.22 的 DFA 就是恰好能识别例 4.39 文法的全部活前缀的有限自动机。

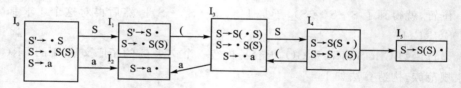

图 4.22　识别活前缀的 DFA

文法 G[S'] 有 6 个项目集（状态），记为 $C = \{ I_0, I_1, \cdots, I_5 \}$，称作文法 G[S'] 的项目集规范族，即 DFA $M = \{ C, V, \text{GO}, I_0, \{ I_0, I_3, I_5 \} \}$，其中 $V = \{ S, S', (,), a \}$，$\text{GO}(I_0, S) = I_1$，$\text{GO}(I_0, a) = I_2$，$\text{GO}(I_1, () = I_3$，$\text{GO}(I_3, a) = I_2$，$\text{GO}(I_3, S) = I_4$，$\text{GO}(I_4, () = I_3$，$\text{GO}(I_4,)) = I_5$。

状态标志着当时某些句柄被识别的程度，由状态中的项目表示。一个项目指明了在分析的某一时刻，已经看到了产生式右部的某一部分（圆点左边），并期望看到圆点右边的部分。由其中的期望可分析出其中的"动作"。

（2）有效项目

通常，希望能从识别文法活前缀的 DFA 建立 LR 分析器（带栈的确定有限状态自动机），因此，需要研究这个 DFA 的每个项目集（状态）中的项目的不同作用。

一般来说，项目 $A \to \beta_1 \cdot \beta_2$ 对活前缀 $\partial \beta_1$ 是有效的，其条件是存在规范推导 $S' \overset{*}{\underset{R}{\Rightarrow}} \partial A \omega \underset{R}{\Rightarrow} \partial \beta_1 \beta_2 \omega$。一般而言，同一项目可能对好几个活前缀都是有效的，当一个项目出现在好几个不同的集合中时便是这种情形。若归约项目 $A \to \beta_1 \cdot$ 对活前缀 $\partial \beta_1$ 是有效的，则应把符号串 β_1 归约成 A，即把活前缀 $\partial \beta_1$ 变成 ∂A。若移进项目 $A \to \beta_1 \cdot$

β_2 对活前缀 $\partial\beta_1$ 是有效的,则句柄尚未形成,因此,下一步动作应该是移进。但是可能存在这样的情形,对同一活前缀,若存在若干项目对它都是有效的,而且对 DFA 而言应做的事情各不相同,则互相冲突。当然,对于非 LR 文法,这种冲突有些是绝对无法解决的,无论向前多看几个输入符号都无济于事。

对于每个活前缀,可以构造它的有效项目集。实际上,一个活前缀的有效项目集正是从上述 DFA 的初态出发,读出 γ 后到达的那个项目集(状态)。换言之,在任何时候,分析栈中的活前缀 $X_1X_2\cdots X_m$ 的有效项目集正是栈顶状态 S_m 所代表的那个集合。这是 LR 分析理论的一条基本定理。实际上,栈顶的项目集(状态)体现了栈里的一切有用信息——历史。这里不打算对这个定理进行形式证明,而用下面的实例来阐明这个结论。

例 4.40 识别出来的路径即活前缀,如表 4.16 所列。

表 4.16　活前缀表

路　径	活前缀	余留串
0		a(a)
02	a	(a)
01	S	(a)
013	S(	a)
0132	S(a	)
0134	S(S	)
01345	S(S)	
01	S	

(3) LR(0)分析表的构造

如果一个文法 G 的拓广文法 G′ 的活前缀识别自动机中的每个状态(项目集)不存在下述情形:① 既存在移进项目,又存在归约项目;② 含多个归约项目,则称 G 是一个 LR(0)文法。换而言之,LR(0)项目集规范族中每个项目集合都不包含"移进—归约"和"归约—归约"冲突的项目。

对于 LR(0)文法,可以直接从它的项目集规范族 C 和活前缀识别自动机的状态转换函数 GO 构造出 LR 分析表。下面是构造 LR(0)分析表的算法。

假定项目集规范族 $C=\{I_0,I_1,\cdots,I_n\}$,前面已经习惯用数码表示状态,因此,令每个项目集 I_k 的下标 k 作为分析器的状态,其中 $k\in\{1,2,\cdots,n\}$。特别是,令包含项目 $S'\to S$ 的集合 I_k 的下标 k 为分析器的初态。一般令 I_0 为分析器的初态,LR(0)分析表的 ACTION 子表和 GOTO 子表可按照如下方法构造。

① 若 $A\to\alpha\cdot X\beta\in I_i$,且 $GO(I_i,X)=I_j$,则

若 $X=a(a\in V_t\cup\{\#\})$,则置 $ACTION[I_i,a]=S_j$。

若 $X \in V_n$,则置 $GO[I_i, x] = I_j$。

② 若序号为 j 的产生式 $A \rightarrow \partial \cdot \in I_i$,则

$\forall a \in V_t$ 或 ♯,都置 $ACTION[I_i, a] = r_j$。

③ 若 $S' \rightarrow S \cdot \in I_i$,则置 $ACTION[I_i, ♯] = acc$。

④ 分析表中凡不能用规则(1)至(3)填入信息的空白格均置上"报错标志"。

例 4.42 上例 LR(0)分析表如表 4.17 所列。

表 4.17 文法 G[S]的 LR 分析表

状 态	ACTION(动作)				GOTO(转换)
	a	(	)	♯	S
0	S_2				1
1		S_3		acc	
2	r_2	r_2	r_2	r_2	
3	S_2				4
4		S_3	S_5		
5	r_1	r_1	r_1	r_1	

若文法 G 的每个 LR(0)项目集都不含冲突项目(即同一个项目集中没有移进与归约项目共存,或多个归约项目共存),则称该文法为 LR(0)文法。

LR(0)分析器只依靠(栈顶)状态提供的"历史"信息,无需"展望"其他信息(符号),就能决定 LR(0)文法所定义语言的分析动作(移进—归约)。

3. SLR 分析表的构造

上面所说的 LR(0)文法是一类非常简单的文法,这种文法的活前缀识别自动机的每一个状态(项目集)都不含冲突的项目。但是,即使是定义算术表达式这样的简单文法也不是 LR(0)的。因此,下面将要研究一种有简单"展望"材料的 LR 分析法,即 SLR(1)分析法。其中,S 表示简单的,L 表示从左到右扫描输入串,R 表示构造一个最右推导的逆过程(最左归约),数字 1 表示在分析过程中顶多只要向前看一个符号。

可以看到,许多冲突性的动作都可能通过考察有关非终结符的 FOLLOW 集而获得解决。例如,设某文法有产生式 (j)$A \rightarrow \alpha$,(k)$C \rightarrow \beta$,假定一个 LR(0)项目集规范族中含有如下的一个项目集(状态)I_i:

$$I_i = \{X \rightarrow \alpha \cdot b\beta, A \rightarrow \alpha \cdot C \rightarrow \beta \cdot \}$$

和 $$GO(I_i, b) = I_L$$

其中,第一个项目是移进项目,第二个和第三个项目是归约项目,则其对应的 LR(0)分析表如表 4.18 所列。

表 4.18　文法 G[S]的 LR 分析表

状　态	ACTION(动作)			
	b	c	d	♯
...				
I_i	S_l			
	r_j	r_j	r_j	r_j
	r_k	r_k	r_k	r_k
...				

注意：由此可见表中出现**多重定义**入口。提出值得考虑的一个问题，面对归约项目是不是所有的输入符号都要归约？

对于第二个项目，应把栈顶的 α 归约为 A；对于第三个项目，应把 β 归约为 C。下面通过例题来分析解决问题的办法。

例 4.43　对于归约项目 A→α・面临输入串 a … ♯时的归约分析过程。

$$\boxed{\text{♯ } \cdots \text{ } \alpha} \qquad\qquad a\cdots\text{♯}$$

此时归约形成的句型为…Aa…。

因此得出结论：当输入符号 $a\in$FOLLOW(A)时，则应对 A→α・归约，否则不应该归约。

利用此结论对例 4.42 的解决办法如下：

解决冲突的一个简单办法是分析所含 A 或 C 的句型，考察句型中可能直接跟在 A 或 C 之后的终结符，也就是说，考察集合 FOLLOW(A)和 FOLLOW(C)。如果这两个集合不相交，而且都不包含 b，那么，当状态 I_i 面临输入符号 α 时，就可以采取如下的"移进—归约"决策。

如果移进集合{b}，FOLLOW(A)和 FOLLOW(C)两两不相交，则当 I_i 面临输入符号 a 时：

① 若 a＝b，则移进，即置 ACTION[I_i, b]＝S_L。

② 若 a∈FOLLOW(A)，则利用产生式 A→α・归约，即置 ACTION[I_i, a]＝r_j。

③ 若 a∈FOLLOW(C)，则利用产生式 C→β 归约，即置 ACTION[I_i, a]＝r_k。

④ 此外，报错。

一般而言，设 LR(0)规范族的一个项目集合有 m 个移进项目、n 个归约项目，即 I_i＝{A_1→αa_1β, A_2→αa_2β, …, A_m→αa_mβ, B_1→α・, B_2→α・, …, B_n→α・}，如果移进字母集合{a_1, a_2, …, a_m}, FOLLOW(B_1), FOLLOW(B_2), …, FOLLOW(B_n)两两不相交，则隐含在 I_i 中的动作冲突可通过检查当前输入符号 a（向前展望 1 个符号）属于上述 n＋1 个集合中的哪个集合而获得解决。这就是

① 若 a∈{a_1, a_2, …, a_m}，则移进。

② 若 $a \in FOLLOW(B_i)$，则用产生式 $B_i \rightarrow \alpha \cdot$ 进行归约，$i=1,2,\cdots,n$。

③ 此外，报错。

冲突性动作的这种解决方法叫作 SLR(1) 方法。假定 $C=\{I_0,I_1,\cdots,I_n\}$，前面已经习惯用数码表示状态，因此，令每个项目集 I_k 的下标 k 作为分析器的状态，其中 $k \in \{1,2,\cdots,n\}$。特别是，令包含项目 $S' \rightarrow S$ 的集合 I_k 的下标 k 为分析器的初态。SLR(0) 分析表的 ACTION 子表和 GOTO 子表算法可按照如下方法构造。

① 若 $A \rightarrow \alpha \cdot X\beta \in I_i$，且 $GO(I_i,X)=I_j$，则

若 $X=a$，$(a \in V_t)$，则置 $ACTION[I_i,a]=S_j$；

若 $X \in V_n$，则置 $GO[I_i,x]=I_j$。

② 若序号为 j 的产生式 $A \rightarrow \partial \cdot \in I_i$，$\forall a \in FOLLOW(A)$，则都置 $ACTION[I_i,a]=r_j$。

③ 若 $S' \rightarrow S \cdot \in I_i$，则置 $ACTION[I_i,\#]=acc$。

④ 分析表中凡不能用规则①至③填入信息的空白格均置上"报错标志"。

例 4.44 设有文法 $G[S']$：

(0) $S' \rightarrow S$ (1) $S \rightarrow aAa$ (2) $S \rightarrow a$ (3) $A \rightarrow Bb$ (4) $B \rightarrow cB$ (5) $B \rightarrow \varepsilon$

识别这个文法的项目集的转换函数 GO 可以表示成如图 4.23 所示的 DFA，这就是识别该文法活前缀识别自动机（DFA）。

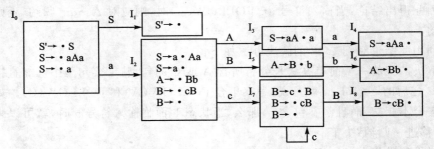

图 4.23　识别活前缀的 DFA

在项目 I_2 中，存在"归约—归约"冲突以及"移进—归约"冲突：移近集合 $=\{c\}$，$FOLLOW(B)=\{b\}$，$FOLLOW(S)=\{\#\}$ 不难发现移近集合与规约集合两两相交为空集，所以无冲突。在项目 I_7 中存在"移进—归约"冲突：移近集合 $=\{c\} \cap (FOLLOW(B)=\{b\})=\varnothing$。

以上冲突都可以解决，所以该文法是 SLR(1) 文法，其分析表如表 4.19 所列。

表 4.19　文法 $G[S]$ 的 SLR(1) 分析表

状　态	ACTION（动作）				GOTO（转换）		
	a	b	c	#	S	A	B
0	S_2				1		
1				acc			

续表 4.19

状 态	ACTION（动作）				GOTO（转换）		
	a	b	c	#	S	A	B
2		r_5	S_7	r_2		3	5
3	S_4						
4				r_1			
5			S_6				
6	r_3						
7			S_7				8
8		r_4					

按照上述算法构造的含有 ACTION（动作）和 GOTO（转换）函数两部分的分析表，如果每个入口都不含多重定义的元素，则称 G 是 SLR(1) 文法。具有 SLR 表的文法 G 称为一个 SLR(1) 文法，使用 SLR(1) 分析表的分析器叫作 SLR 分析器。

若按照上述算法构造的分析表含有多重定义的入口，即含有动作冲突，则说明文法 G 不是 SLR(1) 的。在这种情况下，不能用上述算法构造分析器。

每个 SLR(1) 文法都是无二义的，但也有许多无二义文法不是 SLR(1) 的，通过例 4.45 分析该问题。

例 4.45 设有文法 G[S']：

(0) S'→S   (1) S→L=R   (2) S→R   (3) L→﹡R   (4) L→i   (5) R→L

识别该文法活前缀的自动机（DFA）如图 4.24 所示。

考虑 I_2，S→L·=R 为移进项目，移进元素集合为 {=}，R→L· 为归约项目，

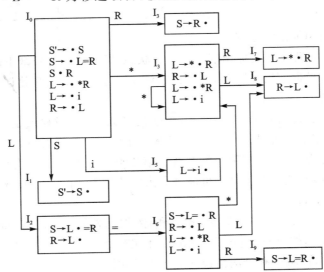

图 4.24　识别活前缀的 DFA

141

FOLLOW(R)＝{♯，＝}，{＝}∩{♯，＝}＝{＝}，即第一个项目 S→L・＝R 置 ACTION[2，＝]＝S6，第二个项目 R→L・置 ACTION[2，＝]＝r5。因此，当状态 I_2 面临输入符号"＝"时，存在"移进—归约"冲突。

该文法是无二义的。产生这种冲突的原因在于 SLR 分析法未包含足够的"展望"信息，以便当状态 I_2 面临"＝"时能用展望信息来决定"移进"和"归约"的取舍。该问题的解决会有更强的 LR 分析表，如规范 LR 分析表和 LALR 分析表。但是，应当知道，即使功能再强的 LR 分析表，仍然存在对无二义文法不能消除其冲突的情况。但对现实的程序设计来说，可以回避使用这种文法。

4．二义文法的应用

任何二义文法决不是一个 LR 文法，因而也不是 SLR 或 LALR 文法，某些文法是二义性的，但是非常有用。

例 4．46 E→E＋E｜E＊E｜(E)｜i。

该文法的特点是简单，若改变优先关系，无需改写文法，构造的 LR 分析表的状态少。

改文法的 DFA 中的 I_7：

$$I_7＝\{ E→E＋E・ ，E→ E・＋E， E→E・＊E\}$$

且 FOLLOW(E)＝{＋，＊，)，♯}。经过分析：存在"归约—移进"冲突，但若规定："＊"的优先级高于"＋"，且同级为左结合，则可构造分析表，如表，4．20 所列。

♯ E+E		＊ i ♯		移进

表 4．20　SLR 分析表

	i	＋	＊	(	)	♯
7		r_1	S_5		r_1	r_1

5．LR 分析中的出错处理

在 LR 分析过程中有可能出现这样一种状态，即当输入符号既不能移入栈顶，栈顶元素又不能归约时，就意味着出现了语法错误。当编辑时发现错误后，应进入相应的出错处理子程序。

错误处理的方法分两类，第一类多半使用插入、删除或修改的方法，如在语句"a[1,2:=3.14;"中有错误，可以在其中插入一个"]"后，改成"a[1,2]:=3.14;"。如果不能使用这种方法，则采用第二类方法。第二类处理方法是在检查到某一不合适的短语时，它不能与任一非终结符可能推导出的符号串匹配。例如语句：

if x>k+2 then go 10 k is 2;

由于把保留字 goto 误写成 go，校正程序试图改成 goto，但后面还有错误（将"：＝"误写成"is"），故放弃将 go 换为 goto。校正子程序在此种情况下，将 go1 跳过，作为非法语句看待，将含有语法错误的短语局部化。

分析程序认为含有错误的符号串是由某一非终结符 A 所推导出的，此时该符号串的一部分已经处理,处理的结果反映在栈顶某一系列状态中,剩下的未处理符号仍在输入串中。分析程序跳过这些剩余符号,直至找到一个符号 a,它能合法地跟在 A 的后面。同时,要把栈顶的内容逐个移去,直至找到某一状态 S,该状态与 A 有一个对应的新状态 GOTO[S,A],并将该新状态下推入栈。这样,分析程序就认为它已找到 A 的某个匹配并已将它局部化,然后恢复正常的分析过程。

利用这种方法,可以以语句为单位进行处理,也可以把跳过的范围缩小。例如,若在"if"后面的表达式中遇到某一错误,则分析程序可调至下一个输入符号"then"而不是";"或"end"。

与算法优先分析方法比较,用 LR 分析方法时,设计特定的出错处理子程序比较容易,因为不会发生不正确的归约。在分析表的每一个空项内,可以填入一个指示器,指向特定的出错处理子程序。第一类错误的处理一般采用插入、删除和修改的方法,但要注意,不能从栈内移去任何这种状态,它代表已成功地分析了程序中的某一部分。

例 4.47 设有文法 G[S′],带出错处理子程序的 LR 分析表如表 4.21 所列,对输入串"i+)#"分析过程如表 4.22 所列。

(0) S′→E (1) E→E+E (2) E→E*E (3) E→(E) (4) E→i (5) R→L

表 4.21 能识别该二义文法所定义的语言。表中某些状态(如状态 8、9 等)遇到某些输入符号就进行特定的某种归约(如状态 8 为 r_2,状态 9 为 r_3),这些状态遇到不合法的输入符号时,本应转向对应的出错处理子程序,而现在也把它们进行了相同的归约,这样就缩减了分析表所占的空间。当然,如果有错,虽然进行了某些归约,但在移入下一输入符号以前,错误终将被发现,只是发现的时间推迟了。

表 4.21 中各个错误诊断子程序的工作如下:

表 4.21 LR(0)分析表

状　态	ACTION						GOTO
	i	+	*	(	)	#	E
0	S_3	e_1	e_1	S_2	e_2	e_1	1
1	e_3	S_4	S_5	e_3	e_2	acc	
2	S_3	e_1	e_1	S_2	e_2	e_1	6
3	r_4	r_4	r_4	r_4	r_4	r_4	
4	S_3	e_1	e_1	S_2	e_2	e_1	7
5	S_3	e_1	e_1	S_2	e_2	e_1	8
6	e_3	S_4	S_5	e_3	S_9	S_4	
7	r_1	r_1	S_5	r_1	r_1	r_1	
8	r_2	r_2	r_2	r_2	r_2	r_2	
9	r_3	r_3	r_3	r_3	r_3	r_3	

e_1:/ * 处在状态 0、2、4、5 时,要求输入符号为某种运算的首符,如 i 或者左括号。当遇到"+"、"*"或"#"等时,调用此程序。

处理方法:将一假 i 置于栈内,将栈顶状态改为状态 3;

给出错误信息"缺少操作数"。

e_2: /* 处在状态 0、1、2、4、5 而遇到右括号时,调用此程序。

处理方法:将下一输入符号右括号删除;

给出错误信息"右括号不匹配"。

e_3: /* 处在状态 0 或 6 时,要求输入符号为运算符,但当遇到 i 或者左括号时,调用此程序。

处理方法:将"+"移入栈顶,将栈顶状态改为状态 4;

给出错误信息"缺少运算符"。

e_4: /* 当处在状态 6 时,要求输入符号为运算符或右括号,但此时遇到"#"调用此程序。

处理方法:将")"移入栈顶,将栈顶状态改为状态 9;

给出错误信息"缺少右括号。"输入串"i+)#"的分析过程如表 4.22 所列。

表 4.22　输入串"i+)#"的分析过程

步　骤	栈内状态	已归约串	输入串	附　注
①	0	#	i+)#	
②	03	#i	+)#	
③	01	#E	+)#	
④	014	#E+	)#	
⑤	014	#E+	#	/* e_2 子程序将")"删除
⑥	0143	#E+i	#	/* e_1 子程序将 i 纳入栈内
⑦	0147	#E+E	#	
⑧	01	#E	#	/* 分析完毕

前面讨论的只是很简单的情况。对于一个可投入实际运行的 LR 分析程序,需要考虑许多更为复杂的情形。例如,当处在某一状态下遇到各种不合法的符号时,错误诊断子程序需要向前查看几个符号,根据所查看的符号才能确定应该采取哪一种处理方法。又如前已述及,分析表中有些状态在遇到不合法的输入符号时,不是立即转到错误诊察子程序,而是进行某些归约,这不仅推迟了发现错误的时间,而且往往会带来一些处理上的困难。试研究下面的输入符号串:"a:=b? c]",这里以"?"表示在 b 与 c 之间有某个错误。如果分析程序遇到"a:=b"而不向前多看几个符号,则它就会把"a:=b"先归约成语句,而后我们就再没有机会通过简单地插入符号"]"进行修补了。但是,即使采用向前查看的办法,查看的符号也不能太多,否则会使分析表变得过分庞大。应该找出一种切实可行的办法,使得在确定处理出错办法时能够参考一些语义信息,以便在向前查看几个符号时,可以避免出现有时从语法上看是正确的,然而却是无意义的校正这一情况。例如,语句:

a[1,2:=3.14;

中,标识符"a"是一个数组标识符,这一语义信息将导致插入符号"]"。

4.5 语法分析器的自动产生工具 YACC

本节介绍一个著名的编译程序自动产生工具 YACC(Yet Another Compiler-Compiler)。它是由 S. C. Johnson 等人在 AT&T 贝尔实验室研制开发的,早期作为 UNIX 操作系统中的一个实用程序。现在 YACC 得到了广泛的使用,借助它已经构造了许多编译程序。

从字面上理解,YACC 是一个编译程序的编译程序,但严格来说它还不是一个编译程序的自动产生器,因为它不能产生完整的编译程序。YACC 根据输入用户提供的语言的语法描述规格说明,基于 LALR 语法分析的原理,自动构造一个该语言的语法分析器,其结构如图 4.25 所示;同时,它还能根据规格说明中给出的语义子程序建立规定的翻译。

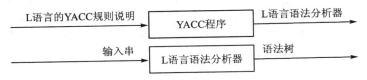

图 4.25　YACC 程序的作用

YACC 规格说明(或称 YACC 源程序)由说明部分、翻译规则和辅助过程三个部分组成,其形式如下:

说明部分

%%

翻译规则

%%

辅助过程

下面以构成台式机计算器的翻译程序为例,介绍 YACC 的规格说明。该台式机计算器读一个算术表达式求值,然后打印其结果。设算术表达式的文法如下:

$$E \rightarrow E + T \mid T$$
$$T \rightarrow T * F \mid F$$
$$F \rightarrow (E) \mid digit$$

其中,digit 表示 0…9 的数字。根据这一文法写出 YACC 的规格说明如下:

```
%{
# include<ctype.h>
%}
Token DIGIT
%%
```

```
line        :    expr'\n'              {printf("%\n",$1);}
            ;
expr        :    expr'+'term           {$$ = $! + $3;}
            |    term
term        :    term'*'factor         |$$ = $1*$3;}
            |    factor
            ;
factor      :    '('expr')'            {$$ = $2;}
            |    DIGIT
            ;
%%
    yylex() |
            int c;
            c = getchar();
            if (isdigit(c)) {
                yylval = c - '0';
                return DIGIT;
                }
            return c;
            }
```

在 YACC 的规格说明里,说明部分包括可供选择的两部分。用"%{"和"%}"括起来的部分是 C 语言程序的正规说明,可以说明翻译规则和辅助过程里的变量和函数的类型。例中只有一个语句

    # include <ctype. h>

它将导致 C 预处理器把包含 isdigit 函数说明的头文件<ctype. h>引入进来。

语句:

    % token DIGIT

指出 DIGIT 是 token 类型的词汇,供后面两部分使用。

在第一个"%%"之后是翻译规则,每条规则由文法的产生式和相关的语义动作组成。形如:

$$左部 \rightarrow 候选1|候选2|\cdots|候选n|$$

的产生式,在 YACC 规格说明里写成:

```
左部:        候选1      {语义动作1}
    |        候选2      {语义动作2}
    ......
    |        |候选n     {语义动作n}
    ;
```

在形如 YACC 的产生式里,用单引号括起来的单个字符"c"看成是终结符号 c,没括起来并且也没被说明成 token 类型的字母数字串看成是非终结符号。产生式的左部非终结符之后是一个冒号,右部候选式之间可以用竖线分割。在产生式的末尾,即其所有右部和语义动作之后,用分号表示结束;第一个产生式的左部非终结符看成是文法的开始符号。

YACC 的语义动作是 C 语言的语句序列。在语义动作里,符号 $\$\$$ 表示和左部非终结符相关的属性值,$\$1$ 表示和产生式右部第一个文法符号(终结符或非终结符)相关的属性值,$\$3$ 表示和产生式右部第三个文法符号相关的属性值。由于语义动作都放在产生式可选右部的末尾,所以,在归约时执行相关的语义动作。这样,可以在每个 $\$i$ 的值都求出之后再求 $\$\$$ 的值。在上述的规格说明里,产生式 E→E+T|T 及相关的语义动作表示为

```
expr    : expr'+'term        { $ $ = $1+ $3;}
        |   term
```
;

表示产生式右部非终结符 expr 的属性值加上非终结符 term 的属性值,结果作为左部非终结符 expr 的属性值,从而规定出按照这一产生式进行求值的语义动作。这里省略了第二个候选式求值的语义动作,本来这一行的末尾应该设置:

{ $ $ = $1;}

但考虑这样原封不动地进行复制的语义动作没有意义,所以省略。在 YACC 源程序中加入了一个新的开始产生式:

line:expr'\n' {printf ("%d\n", $1);}

它表示,关于台式计算器的输入是一个算术表达式,其后用一个换行符表示输入结束。与该产生式相关的语义动作是:

{printf ("%d\n", $1);}

它表示打印关于非终结符 exptr 的属性值,即表达式的结果值。

第二个"%%"之后是辅助过程,它由一些 C 语言函数组成,其中必须包含名为 yylex 的词法分析器。其他例程,如 error 错误处理例程,可根据需要加入。每次调用函数 yylex( )时,得到一个单词符号,该单词符号包括两部分:一部分是单词种别,单词种别必须在 YACC 源程序中第一部分说明;另一部分是单词自身值,通过 YACC 定义的全程变量 yylval 传递给语法分析器。

下面介绍 YACC 是如何处理二义性文法的。

现在扩充关于台式计算器的规格说明,使之更具有应用价值。第一,允许输入几个表达式,每个表达式占一行,并且允许出现空行。第二,表达式中含有数字、"+"、"−"、"∗"、"/"。这样,表达式的文法可以写成下列形式:

E→E+E | E−E | E∗E | E/E | (E) | −E | number

按这一文法写出 YACC 规格说明如下:

```
% {
#  include <ctype. h>
#  include <stdio. h>
#  include YYSTYPE double   / * double type for YACC stack
% }
Token NUMBER
% left' + ' ' - '
% left' * ' '/ '
% right UMINUS
% %
lines      : lines expr '\n'
           | lines'\n'
           |                 / * ε
           ;
expr       : expr ' + ' expr          { $ $ = $ 1 + $ 3;}
           | expr' - ' expr           { $ $ = $ 1 - $ 3;}
           | expr' * ' expr           { $ $ = $ 1 * $ 3;}
           | expr'/' expr             { $ $ = $ 1/ $ 3;}
           |'(' expr')'               { $ $ = $ 2;}
           |' - ' expr % prec UMINUS  { $ $ = - $ 2;}
           | NUMBER
           ;
% %
yylex ( ) }
          int c;
          while ((c = getchar( )) = '');
          if ((c = = '.') || (isdigit (c))){
            ungetc (c, stdin) ;
            scanf(" % 1f", &yylval);
            return NUMBER;
            }
Return c;
}
```

由于上述文法具有二义性,故 YACC 建立 LALR 分析表时将产生冲突的动作。在这种情况下,YACC 将报告所产生的冲突动作的个数。YACC 可以生成一个辅助文件,其中包含 LR 项目集的核心、冲突的动作和说明如何解决冲突的 LALR 分析表。

如果不另外指明,YACC 将使用下列规则解决语法分析中的动作冲突:

① 当产生"归约—归约"冲突时,按照规则说明中产生式的排列顺序,选择排在前边的产生式进行归约;

② 当产生"移进—归约"冲突时,选择执行移进动作。

因为上述默认规则不是总能满足编译器设计者的要求的,因此,YACC 提供了解决"移进—归约"冲突的机制。在说明部分,可以给终结符赋予优先级和结合性。在上述规格说明中:

% left '+' '—'

规定"+"和"—"具有相同的优先级和左结合性。类似地,用"% right UMINUS"表示 UMINUS(一元运算)具有右结合性。此外,用% nonarsoc 可以使二元运算不具有结合性。

单词符号的优先级由它们在同一说明部分中出现的次序决定,越在后,级别越高。因此,在上述规格说明中,UMINUS 比它之前的五个终结符的优先级都高。

由此可见,YACC 解决"移进—归约"冲突的办法是对有冲突的产生式以及每个终结符规定优先级和结合性。如果必须在待移的输入符号和待归约的产生式 A→α 之间进行选择的话,则

● 如果产生式的优先级比 a 高,或如果优先级相同且产生式的结合性为左结合,则 YACC 选择归约。

● 否则,选择移进。

通常,产生式优先级被当做与最右边的终结符是相同的,这在大多数情况下是明智的。例如,给定产生式:

$$E→E+E \mid E*E$$

当面临的符号为"+"时,会用 E→E+E 归约,因为产生式右边的"+"与面临的符号"+"具有相同的优先级,但具有左结合性。如果面临的符号为"*",则选择移进,因为面临的符号"*"比产生式中"+"的优先级高。

在有的场合下,可以用标志%prec 指定其后的终结符的优先级,例如前述规格说明中产生式:

$$expr \qquad : '—' expr$$

后面的标志%proc UMINUS 使得该产生式中的一元运算具有比其他操作符更高的优先级。

4.6 小 结

语法分析处于编译程序的核心部分,语法分析是编译过程的一个逻辑阶段。语法分析的任务是在词法分析的基础上将单词序列组合成各类语法短语,并判断源程序在结构上是否正确,源程序的结构由上下文无关文法描述,语法分析程序可以用 YACC 等工具自动生成。

目前,已存在许多语法分析的方法。但就产生语法树的方向而言,可大致把它们分为自底向上和自顶向下两大类,目前比较流行 LL 分析法和 LR 分析法。

LR(k)分析程序几乎可以分析所有能用上下文无关文法描述的高级语言的结构,而且对于大多数高级语言而言,k＝1即可。一般 LR 类分析方法包括:LR(0)、SLR(1)和 LALR。LR 分析程序比算符优先分析程序适用面更广泛,且能以同样的功效实现,但是为一个典型的高级语言构造一个 LR 分析程序的工作量非常大,因此,一般借助自动方法来构造。

本章主要介绍了 LL(1)分析方法、算符优先分析方法、LR(0)和 SLR(1)分析方法。算符优先分析方法不是规范规约,LR 分析方法是规范规约。

本章重点:

掌握:消除文法左递归,消除回溯;FIRST、FOLLOW 集合的求法;LL(1)文法的判断,分析表的构造,递归下降分析子程序的设计;短语、直接短语、句柄和素短语求法;FIRSTVT、LASTVT 集合求法,算法优先分析表的构造方法;识别活前缀 DFA 的构造,LR(0)、SLR(1)文法的判断,相应分析表的构造,LR(0)和 SLR(1)文法的区别。了解:语法分析器的输入和输出、自顶向下语法分析方法存在的问题和基本思想、自下而上语法分析方法存在的问题和基本思想。

习题 4

4.1 回答下列问题。

(1) 自上而下语法分析存在的问题有哪些? 如何解决?

(2) 自下而上语法分析存在的问题有哪些? 如何解决?

(3) 语法分析的功能有哪些?

(4) 算符优先分析方法是规范归约吗? 归约的是什么?

(5) 解释 LL(1)方法。

(6) LR 类分析方法是规范归约吗? 归约的是什么?

(7) LR(0)分析方法与 SLR(1)分析方法的区别是什么?

(8) LL(1)分析方法中,第一个 L 是什么意思? 第二个 L 是什么意思?

(9) LR 分析方法中,L 是什么意思? R 是什么意思?

(10) 词法分析和语法分析都是对字符串进行识别,二者有何区别?

(11) 为什么说"移近—归约"法不是一种语法分析方法?

4.2 改写文法。

(1) 设有文法 G[S]:S→Sbc|Sc|a|ac,改写文法,使文法不具有左递归和回溯。

(2) 设有文法 G[S]:S→Sbc|Sc|a,改写文法,使文法不具有左递归。

(3) 已知文法 G[Z]:Z→AZ|b   A→ZA|a,消去该文法间接左递归。

4.3 判断下面文法中哪些是 LL(1)的,说明理由。

(1) 设有文法 G[S]:S→ABc   A→a|ε   B→b|ε;

(2) 设有文法 G[S]:S→Ab   A→a|B|ε   B→b|ε;

（3）设有文法 G[S]:S→ABBA　A→a|ε　B→b|ε;

（4）设有文法 G[S]:S→aSe|B　B→bBe|C　C→cCe|d。

4.4 算符优先文法设计题。

（1）设有文法 G[A]:A → aBb B →ab。

① 求每个非终结符的 FIRSTVT 和 LASTVT。

② 构造算符优先关系表,判断是否为算符优先文法。

（2）设有文法 G[E]：E→E+F|F　(1) F→(E)|i。

① 求每个非终结符的 FIRSTVT 和 LASTVT;

② 构造算符优先关系表,判断是否为算符优先文法。

4.5 求每个非终结符的 FIRST 和 FOLLOW 集。

（1）设有文法 G[S]:S→ABa;A→b|eB|ε;B→d|ε;

（2）设有文法 G[S]:S→aBAb;B→dS;A→d|ε。

4.6 LL(1)文法设计题。

（1）已知文法 G[S]:S→aAc|bBa　A→b|ε　B→aBc|b。

① 计算每个非终结符的 FIRST 集合和 FOLLOW 集合;

② 根据 LL(1)分析条件判断该文法是否为 LL(1)文法。

若是:构造它的预测分析表;构造非终结符 B 的递归下降分析程序。

若不是,请说明理由。

（2）考虑下面文法 G[S]:S → a|∧|(T)　T → T,S|S。

① 消去 G 的左递归。然后,对每个非终结符写出不带回溯的递归子程序。

② 判断经改写后的文法是否为 LL(1)的。

若是:构造它的预测分析表;构造非终结符 S 的递归下降分析程序。

若不是,请说明理由。

4.7 求短语。

（1）设有文法 G[S]:S→ （L）| aL→L , S | S。

① 证明句型（S , a , （S））是该文法的合法句型;

② 找出该句型的所有短语、直接短语、句柄、素短语、最左素短语。

（2）已知文法 G[S]:S → （AS)|（b),A → （SaA)|（a)。

① 证明（（a)（（SaA)（b)))是句型;

② 写出上述句型的所有短语、直接短语、句柄、素短语和最左素短语。

4.8 LR 类设计题。

（1）设有文法 G[S′]:(0)S′→S;　(1) S → (S);　(2) S → a。

① 构造识别其全部句子活前缀的 DFA;

② 试判断 G[S′] 是否为 LR(0)文法。

若是,请构造 LR(0)分析表;若不是,请说明理由。

（2）设有文法 G[S]：(0)S′→S;　(1) S → S(S);　(2) S →ε。

① 构造识别文法规范句型可规约前缀的 DFA；

② 这个文法是 LR(0)的吗？

若是，请构造 LR(0)分析表；若不是，请说明理由。

(3) 设有文法 G[S]：(0) S′→S；(1) S→Bb； (2) S→b； (3) B→b。

① 构造识别其全部句子活前缀的 DFA；

② 判断是否为 SLR(1)文法。

若是，请构造其分析表；若不是，请说明理由。

(4) 设有文法 G[S]：(0) S′→S； (1) S → aSd； (2) S → aSb； (3) S →ε。

① 构造识别其全部句子活前缀的 DFA；

② 试判断 G[S′] 是否为 SLR(1)文法。

若是，请构造 SLR(1)分析表；若不是，请说明理由。

4.9 设有文法 G[E]： E→E×T| T | T+i；T→T+i|i。

利用语法分析方法计算 $1+2×8+6$ 的值是多少。

第5章 语义分析与中间代码的生成

5.1 语义分析的功能

编译程序的任务是把源程序翻译成目标程序,这个目标程序必须和源程序的语义等同;也就是说,尽管它们的语法结构完全不同,但它们所表达的结果应该完全相同。通常,在用词法分析程序和语法分析程序对源程序的语法结构进行分析之后,要么由语法分析程序直接调用相应的语义子程序进行语义处理,要么首先生成语法树或该结构的某种表示,再进行语义处理。

编译程序的语义处理包括两个功能。

第一,审查每个语法结构的静态语义,即验证语法结构合法的程序是否真正有意义,有时把这个工作称为**静态语义分析**或**静态审查**。静态语义检查包括:确定类型,类型检查,识别含义,控制流检查,一致性检查,相关名字检查等。

第二,如果静态语义正确,语义处理就要执行真正的翻译,即或者将源程序翻译成程序的一种中间表示形式(中间代码),或者将源程序翻译成目标代码。

静态语义检查在编译各逻辑结构中的地位如图5.1所示。

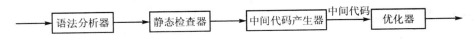

图5.1 静态检查在编译逻辑结构中的地位

静态语义检查所做的工作如下:

① 确定类型。确定标识符所关联的数据类型(有时由词法分析完成)。

② 类型检查。按照语言的类型规则,对运算及进行运算的运算分量进行类型检查,检查运算的合法性与运算分量类型的一致性,必要时作相应的类型转换。

③ 识别含义。根据程序设计语言的语义定义(形式或非形式的),确认(识别)程序中各构造成分组合到一起的含义,并作相应的语义处理。这时对可执行语句生成中间代码或目标代码。

④ 控制流检查:控制流语句必须转移到合法的地方。如C中,break语句使得控制跳离包括该语句的最小while、for或switch语句,如果不存在包括它的语句,则报错。

⑤ 一致性检查:在很多场合要求对象只能被说明一次。如C语言规定同一标识符只能被说明一次等。

⑥ 相关名字检查：有的语言，如 Ada，循环或程序块可以有一个名字，它出现在这些结构的开头和结尾，编译程序必须检查这两个地方用的名字是否相同。

其他如名字的作用域分析等，也是语义分析的工作。

5.2　属性文法

虽然形式语义学（如指称语义学、公理语义学、操作语义学等）的研究已经取得了许多重大的进展，但目前在实际应用中比较流行的语义描述和语义处理的方法主要还是属性文法和语法制导翻译方法。

属性文法（attribute grammar），也称属性翻译方法，是 Knuth 在 1968 年首先提出的。它是在上下文无关文法的基础上，为每个文法符号（终结符或非终结符）配备若干相关的"值"（称为**属性**）。

从形式上讲，一个属性文法是一个三元组，$A=(G,V,F)$，其中：

- G：上下文无关文法。
- V：有穷的属性集，每个属性与文法的一个终结符或非终结符相连，这些属性代表了与文法符号相关的信息，如它的类型、值、代码序列、符号表内容等。属性与变量一样，可以进行计算和传递。属性加工的过程即是语义处理的过程。
- F：关于属性的一组计算规则（称为语义规则）。语义规则与一个产生式关联，只引用该产生式左端或右端的终结符或非终结符相联的属性。

5.2.1　属性的类型

属性通常分为两类：**综合属性**和**继承属性**。简单地说，综合属性用于"自下而上"传递信息，而继承属性用于"自上而下"传递信息。在一个属性文法中，对于文法的每个产生式都配备了一组属性的计算规则，属性计算规则称为语义规则。以产生式 $A \rightarrow \alpha$ 为例，语义规则的形式为

$$b := f(c_1, c_2, \cdots, c_k)$$

这里，f 是一个函数。

① b 是 A 的一个综合属性并且 $c_1, c_2, \cdots, c_k$ 是产生式右边文法符号的属性；

② b 是产生式右边某个文法符号的一个继承属性并且 $c_1, c_2, \cdots, c_k$ 是 A 或产生式右边任何文法符号的属性。

在以上两种情况下，都说属性 b 依赖于属性 $c_1, c_2, \cdots, c_k$。

要特别强调的是：

① 终结符只有综合属性，它们由词法分析器提供。

② 非终结符既可有综合属性，也可有继承属性，文法开始符号的所有继承属性作为属性计算前的初始值。

一般来说,对出现在产生式右边的继承属性和出现在产生式左边的综合属性都必须提供一个计算规则。属性计算规则中只能使用相应产生式中的文法符号的属性,这有助于在产生式范围内"封装"属性的依赖性。然而,出现在产生式左边的继承属性和出现在产生式右边的综合属性不由所给的产生式的属性计算规则进行计算,它们由其他产生式的属性规则计算或者由属性计算器的参数提供。

语义规则所描述的工作可以包括属性计算、静态语义检查、符号表操作、代码生成等,有时要用语义规则描述成为完成某些操作而设置的过程,此时,称为某文法符号的虚属性,如例 5.1 中的 L。语义规则可能产生副作用(如产生代码),也可能不是变元的严格函数(如某个规则给出可用的下一个数据单元的地址)。这样的语义规则通常写成过程调用或过程段。

例如,考虑非终结符 A、B 和 C,其中,A 有一个继承属性 a 和一个综合属性 b,B 有综合属性 c,C 有继承属性 d。产生式 A→ BC 可能有规则:

$$C.d: =B.c+1$$
$$A.b: =A.a+B.c$$

再例如,考虑表 5.1 所列的一个属性文法,它用作台式计算器程序。对每个非终结符 E、T 及 F 都有一个综合属性——称为 val 的整数值。在每个产生式对应的语义规则中,产生式左边的非终结符的属性值 val 是从右边的非终结符的属性值 val 计算出来的。

表 5.1　一个简单台式计算器的属性文法

产生式	语义规则
(0) L→En	print(E. val)
(1) E→E_1+T	E. val: =E_1. val+T. val
(2) E→T	E. val: =T. val
(3) T→T_1 * F	T. val: =T_1. val * F. val
(4) T→F	T. val: =F. val
(5) F→(E)	F. val: =E. val
(6) F→digit	F. val: =digit. lexval

符号 digit 有一个综合属性 lexval,它的值由词法分析器提供。

产生式 L→En 对应的语义规则仅仅是打印由 E 产生的算术表达式的值的一个过程,认为这条规则定义了 L 的一个虚属性。

（1）综合属性

综合属性在实际中被广泛应用。在语法树中,一个结点的综合属性的值由其子结点的属性值确定。因此,通常使用自底向上的方法在每一个结点处使用语义规则计算综合属性的值。仅仅使用综合属性的属性文法称 **S-属性文法**。

下面给出一个简单例子说明综合属性的使用和计算过程。

例 5.1 表 5.1 是一个台式计算器的文法,该文法定义了一个含有数字、括号和"＋"、"＊"运算符的算术表达式,并打印表达式的值,每个输入行以 n 作为结束,而且确定了算符的优先级。

例如,假设表达式为 3＊5＋4,后跟一个换行符 n,则程序打印数值 19。表达式 3＊5＋4 的带注释(属性值)的语法树如图 5.2(a)所示,一般的语法树如图 5.2(b)所示。在语法树的根结点打印结果,其值为根的第一个子结点 E.val 的值。

为了区分一个产生式中同一非终结符多次出现,我们对某些非终结符加了下标,以便消除对这些非终结符的属性值引用的二义性。

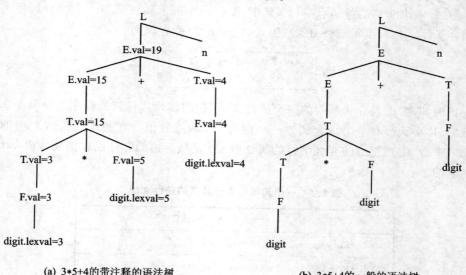

(a) 3*5+4的带注释的语法树   (b) 3*5+4的一般的语法树

图 5.2　带注释的语法树和一般的语法树

为了说明属性值是如何计算出来的,首先考虑最底最左边的内部结点,它对应于产生式 F→digit,相应的语义规则为 F. val＝digit. lexval。由于这个结点的子结点 digit 的属性 digjt. lexval 的值为 3,所以决定了结点 F 的属性 F. val 的值也为 3。同样,在 F 结点的父结点处,属性 T. val 的值也可计算得 3。

再考虑关于产生式 T→T_1＊F 的结点。这个结点的属性 T. val 的值由下面的语义规则确定:

$$T→T_1 * F \qquad T. val＝T_1. val * F. val$$

在这个结点应用语义规则时,从左子结点得到 T_1. val 的值为 3,从右子结点得到 F. val 的值为 5,因此,在这个结点中算得 T. val 的值为 15…。

最后,包含开始符号 L 的产生式 L→E 对应的语义规则打印出通过 E 得到的表达式的值。

注意：产生式左部的综合属性使用相应产生式的文法符号属性计算。产生式右部符号的综合属性使用其他产生式的属性规则计算。

（2）继承属性

在语法树中，一个结点的继承属性由此结点的父结点或兄弟结点的某些属性确定。用继承属性来表示程序设计语言结构中的上下文依赖关系很方便。例如，可以利用一个继承属性来跟踪一个标识符，看它是出现在赋值号的左边还是右边，以确定是需要这个标识符的地址还是值。尽管有可能仅用综合属性来改写一个属性文法，但是使用带有继承属性的属性文法有时更为自然。

在下面的例子中，继承属性在说明中为各种标识符提供类型信息。

例 5.2　在表 5.2 中给出的属性文法中，由非终结符 D 所产生的说明含关键字 int 和 real，后跟一个标识符表。非终结符 T 有一个综合属性 type，它的值由说明中的关键字确定。与产生式 D→TL 相应的语义规则 L. in：＝T. type 把说明中的类型赋值给继承属性 L. in，然后，利用语义规则把继承属性 L. in 沿着语法树往下传。与 L 的产生式相应的语义规则调用过程 addtype 把每个标识符的类型填入符号表的相应项中（符号表入口由属性 entry 指明）。

表 5.2　带继承属性 L. in 的属性文法

产生式	语义规则
（0）D→TL	L. in：＝T. type
（1）T→int	T. type：＝integer
（2）T→real	T. type：＝real
（3）L→L_1, id	L_1. in：＝L. in
（4）L→id	addtype(id. entry, L. in)
	addtype(id. entry, L. in)

图 5.3 给出了句子 real id_1, id_2, id_3 的带注释的语法树。在三个 L 结点中 L. in 的值分别给出了标识符 id_1, id_2, id_3 的类型。为了确定这三个属性值，先求出根的左

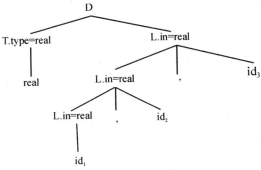

图 5.3　在每个 L 结点都带有继承属性的语法树

子结点的属性值 T. type,然后每项向下计算根的右子树的三个 L 结点的属性值 L. in。在每个 L 结点处还要调用过程 addtype,往符号表中插入信息,说明本结点的右子结点上的标识符类型为 real。

5.2.2　属性文法的分类

1. L 属性文法

L 属性文法也称为自顶向下的属性翻译文法,它特别适合于用来指导自顶向下的分析过程。其定义如下:

① 产生式右部任一文法符号 V 的继承属性仅依赖于下述两种属性值中的一种:

● 产生式左部的继承属性;

● 产生式右部但位于 V 左边的符号的任何属性。

② 产生式左部符号的综合属性仅依赖于下述属性值的一种:

● 产生式左部符号的继承属性;

● 产生式右部符号(除自身外)的任意属性。

2. S 属性文法

S 属性文法也称为自底向上的属性翻译文法,它适用于指导自底向上的分析过程,其定义如下:

① 全部非终结符的属性是综合属性;

② 同一产生式中相同符号的各综合属性之间无相互依赖关系;

③ 如果 q 是某个产生式中文法 V 的继承属性,那么,属性 q 的值仅依赖于该产生式右部位于 V 左边的符号的属性。

5.3　中间代码及其分类

中间代码(intermediae code)是源程序的一种内部表示,不依赖于目标机结构,易于机械地生成目标代码的中间表示。

虽然源程序可以直接翻译为目标语言代码,但是许多编译程序却采用了独立于机器的、复杂性介于源语言和机器语言之间的中间语言。这样做的好处是:

① 便于进行与机器无关的代码优化工作;

② 使编译程序改变目标机更容易;

③ 使编译程序的结构在逻辑上更为简单明确。采用中间语言表示,使得编译前端和后端的接口更清晰。

在本节中,将介绍几种常见的中间语言形式:后缀式、图表示(DAG、抽象语法树)、三地址代码(包括三元式、四元式、间接三元式)。

5.3.1　后缀式

后缀式表示法是波兰逻辑学家卢卡西维奇（Lukasiewicz）发明的一种表示表达式的方法。这种表示法是，把运算量（操作数）写在前面，把算符写在后面（后缀），因此又称**逆波兰表示法**。

例 5.3　把 a ＋ b 写成 ab ＋，把 a * b 写成 ab *。

一个表达式 E 的后缀式可以按照如下规则定义：

① 如果 E 是一个变量或常量，则 E 的后缀式是 E 自身。

② 如果 E 是 $E_1 op E_2$ 形式的表达式，这里 op 是任意的二元运算符，则 E 的后缀式为 $E_1 E_2 op$。这里 E_1 和 E_2 分别为 E_1 和 E_2 的后缀式。

③ 如果 E 是（E_1）形式的表达式，则 E 的后缀式为 E_1。这里 E_1 为 E_1 的后缀式。

这种表示法用不着使用括号。例如 (a＋b) * (c＋d) 写成 ab ＋cd ＋ *。后缀式根据运算量和算符出现的先后位置，以及每个算符的目数，可以完全决定表达式的分解。

例 5.4　abc＋ * 所代表的表达式为 a * (b＋c)。ab ＋cd ＋ * 所代表的表达式为 (a＋b) * (c＋d)。

只要知道了每个算符的目数，对于后缀式，不论从哪一端开始进行扫描，都能对它正确地进行唯一分解。

把一般表达式翻译成后缀式是很容易的。把表达式翻译成后缀式的语义规则如表 5.3 所列。

表 5.3　把表达式翻译成后缀式的语义规则

产生式	语义规则
(1) E→E＋T	E＝ET＋
(2) E→T	E＝T
(3) T→T * F	T＝TF *
(4) T→F	T＝F
(5) F→(E)	F＝E
(6) F→a	F＝a

由于后缀式表示上的简洁和计算上的方便，它特别适用于解释执行的程序设计语言和中间表示，也能方便地用于具有堆栈体系的计算机的目标代码生成，后缀表示形式可以从表达式推广到其他语言成分。

5.3.2　图表示

这里所要介绍的图表示法包括抽象语法树和 DAG 图。下面首先讨论如何建立表达式的抽象语法树。

建立表达式的抽象语法树与把表达式翻译成后缀形式类似。通过为每一个运算分量或运算符号都建立一个结点来为子表达式建立子树。运算符号结点的各子结点分别是表示该运算符号的各个运算分量的子表达式组成的子树的根。抽象语法树中的每一个结点可以由包含几个域的记录来实现。在一个运算符号对应的结点中，一个域标识运算符号，其他域包含指向运算分量的结点的指针。运算符号通常叫作这个结点的标号。当进行翻译时，抽象语法树中的结点可能会用附加的域来存放结点的属性值（或指向属性值的指针）。在这一小节中，用下面的一些函数来建立表示带有二目算符的表达式的抽象语法树中的结点。每一个函数都返回一个指向新建立结点的指针。

① mknode (op, left, right) 建立一个运算符号结点，标号为 op，两个域 left 和 right 分别指向左子树和右子树。

② mkleaf(id, entry) 建立一个标识符的叶子结点，标号为 id；一个域 entry 指向标识符在符号表中的入口。

③ mkleaf(num, ral) 建立一个数的叶子结点，标号为 num；一个域 ral 用于存放数的值。

例 5.5 下面一系列函数调用建立了表达式 a－4＋c 的抽象语法树，如图 5.4 所示。在这个序列中，P1，P2，…，P5 是指向结点的指针，entrya 和 entryc 分别是指向符号表中的标识符 a 和 c 的指针。

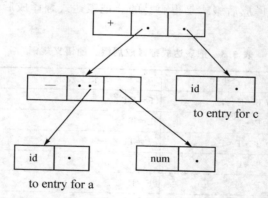

图 5.4 a－4＋c 的抽象语法树

① P1：＝mkleaf(id, entrya); ② P2：＝mkleaf(num, 4);
③ P3＝mkleaf('－', P1, P2); ④ P4＝mkleaf(id, entrya);
⑤ P5＝mkleaf('＋', P3, P4)。

这棵抽象语法树是自底向上构造起来的。函数调用 mkleaf(id, erdrya) 和 mkleaf(num,4)建立了叶结点 a 和 4，指向这两个结点的指针分别用 P1 和 P2 存放。函数调用 mkleaf('－', P1, P2);建立内部结点，它以叶结点 a 和 4 为子结点。再经过两步，P5 成为指向根结点的左指针。

下面考虑建立抽象语法树的语义规则,表 5.4 是一个包含运算符号"+"和"-"的表达式建立抽象语法树的 s-属性文法。它利用文法的基本产生式来安排函数 mknode 和 mkleaf 的调用以建立语法树。E 和 T 的综合属性 nptr 是函数调用返回的指针。

表 5.4　为表达式建立抽象语法树的属性文法

产生式	语义规则
$E \rightarrow E_1 + T$	E. nptr:= mknode('+', E_1. nptr, T. nptr)
$E \rightarrow E_1 - T$	E. nptr:= mknode('-', E_1. nptr, T. nptr)
$E \rightarrow T$	E. nptr:= T. nptr
$T \rightarrow (E)$	T. nptr:= E. nptr
$T \rightarrow id$	T. nptr:= mkleaf(id, id. entry)
$T \rightarrow num$	T. nptr:= mkleaf(num, num. val)

例 5.6　一个带注释的语法分析树如图 5.5 所示,它用来描绘表达式 a-4+c 的抽象语法树的构造。语法分析树是用虚线表示的。语法分析树中的 E 和 T 标识的结点用综合属性 nptr 来保存,指向抽象语法树中非终结符号代表的表达式结点的指针。

在图 5.5 中,当一个表达式 E 是一个单个项时,相应于使用产生式 E→T,属性 E. nptr 得到 T. nptr 的值。当与产生式 E→E_1-T 对应的语义规则 E. nptr:= mknode('-', E_1. nptr, T. nptr)被引用时,前面的规则已经把 E_1. nptr 和 T. nptr 分别置成指向代表 a 和 4 的叶结点的指针。

为了解释图 5.5,应注意,图中下面的由记录组成的树是构成输出的一个"真正的"抽象语法树,而上面的虚线是一个语法分析树,它只是象征性地存在。

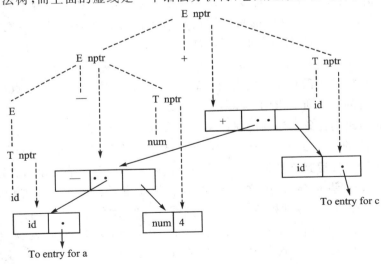

图 5.5　a-4+c 的抽象语法树的构造

下面再介绍一下无循环有向图（Direct Acyclic Graph，简称 DAG）。对表达式中的每个子表达式，DAG 中都有一个结点。一个内部结点代表一个操作符，它的孩子代表操作数。两者不同的是，在一个 DAG 中代表公共子表达式的结点具有多个父结点。

例 5.7　表达式 a ＋ a * (b−c)＋(b−c) * d 的 DAG 如图 5.6 所示。

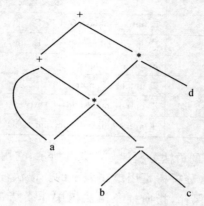

图 5.6　a ＋ a * (b−c)＋(b−c) * d 的 DAG

图 5.6 中叶结点 a 有两个父结点，因为 a 是两个子表达式 a 和 a * (b−c) 的公共子表达式。同理，公共子表达式 b − c 也有两个父结点。

抽象语法树描述源程序的自然层次结构。DAG 也可以描述同样的信息，而且更加紧凑，因为它可以标识出公共子表达式。

例 5.8　赋值语句 a ：= b * (−c) ＋ b * (−c) 的抽象语法树和 DAG 图分别如图 5.7(a) 和图 5.7(b) 所示。可以看出，后缀式是抽象语法树的线性表示形式；后缀式是树结点的一个序列，其中的每个结点都是在它的所有子结点之后立即出现的。例如，在图 5.7(a) 中的语法树的后缀式是

$$a \quad b \quad c \text{ uminus} \quad * \quad b \quad c \quad \text{uminus} \quad * ＋ \text{assign}$$

抽象语法树的边没有显式地出现在后缀式中，这些边可以根据结点出现的次序及表示操作符的结点所要求的操作数的个数还原出来。

产生赋值语句抽象语法树的属性文法如表 5.5 所列，它是第 5.2 节中关于表达式的属性文法的一个扩展。非终结符号 S 产生一个赋值语句。二目算符"＋"和" * "是从典型语言运算符集中选出的两个代表。运算符的结合律和优先次序按照通常的规定，这些规定未在文法中体现。根据表 5.5，可以从输入串 a ：= a＋a * (b−c)＋(b−c) * d 构造出相应的如图 5.6 所示的抽象语法树。

若函数 mknode(op,child) 和 mknode(op,left,right) 每当可能时就返回指向一个存在的结点的指针，以代替建立新的结点，那么，同样的这个属性文法将生成图 5.7(b) 中的 DAG。符号 id 有一个属性 place，它是一个指向符号表中该标识符

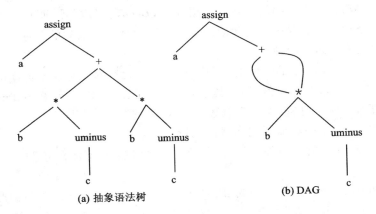

(a) 抽象语法树　　　　　　　　　　　(b) DAG

图 5.7　a ＋ a ＊ (b－c) ＋ (b－c) ＊ d 的 DAG

表项的指针。

表 5.5　产生赋值语句抽象语法树的属性文法

产生式	语义规则
$S \to id := E$	$S.nptr := mknode('assign', mkleaf(id, id.place), E.nptr)$
$E \to E_1 + E_2$	$E.nptr := mknode('+', E_1.nptr, E_2.nptr)$
$E \to E_1 * E_2$	$E.nptr := mknode('*', E_1.nptr, E_2.nptr)$
$E \to -E_1$	$E.nptr := mknode('uminus', E_1.nptr)$
$E \to (E_1)$	$E.nptr := E_1.nptr$
$E \to id$	$E.nptr := mknode(id, id.place)$

5.3.3　三地址代码

三地址语句的一般形式为

$$x := y \ op \ z$$

其中，x、y、z 为名字,以及常数或编译时产生的临时变量;op 代表运算符号,如定点运算符、浮点运算符、逻辑运算符等。每个语句的右边只能有一个运算符。

例如,源语言表达式 x ＋ y＊z 可以被翻译为如下三地址代码语句序列:

$$T_1 := y \ * \ z$$
$$T_2 := x \ + \ T_1$$

其中,T_1、T_2 为编译时产生的临时变量,T 的下标 1、2 表示临时变量的生成顺序。

之所以称其为三地址代码,是因为每条语句通常包含三个地址,两个用来表示操作数,一个用来存放结果。在后面给出的三地址代码中,用户定义的名字在实际实现时将由指向符号表中的相应名字入口的指针所代替。

三地址语句类似于汇编语言代码。语句可以带有符号标号，而且存在各种控制流语句。符号标号代表存放中间代码的数组中三地址代码语句的下标。下面列出本书所使用的三地址语句的种类。

① 形如 x:= y op z 的赋值语句，其中 op 为二元算术算符或逻辑算符。

② 形如 x:=op y 的赋值语句，其中 op 为一元算符，如一元减 umious 、逻辑非 not 、移位算符及转换算符（如将定点数转换成浮点数）。

③ 形如 x:= y 的赋值语句，它将 y 的值赋给 x。

④ 形如 goto L 的无条件转移语句，即下一条将被执行的语句是带标号 L 的三地址语句。

⑤ 形如 if x relop y goto L 或 if a goto L 的条件转移语句。第一种形式语句使用关系运算符号 relop（如"＜"、"＝"、"＞"等），作用于 x 和 y。若 x 与 y 满足关系 relop，那么下面就执行带标号 L 的语句，否则下面就继续执行 if 语句之后的语句。第二种形式的语句中，a 为布尔变量或常量，若 a 为真，则执行带标号 L 的语句，否则执行后一条语句。

⑥ 用于过程调用的语句 paramx 和 call p,n，以及返回语句 return y。源程序中的过程调用语句 $p(x_1, x_2, \cdots, x_n)$ 通常产生如下的三地址代码：

$$param\ x_1$$
$$param\ x_2$$
$$\cdots$$
$$param\ x_n$$
$$call\ p\ ,n$$

其中，n 表示实参个数。过程返回语句 returny 中 y 为过程返回的一个值。

⑦ 形如 x:=y[i] 及 x[i]:=y 的索引赋值。前者把相对于地址 y 后第 i 个单元里的值赋给 x。后者把 y 的值赋给相对于地址 x 后的第 i 个单元。

⑧ 形如 x:=&y、x:= * y 和 * x:=y 的地址和指针赋值。其中第一个赋值语句把 y 的地址赋给 x。这里假定 y 是一个名字，或者是一个临时变量，代表一个具有左值的表达式，例如 A[i,j]，并且 x 是一个指针名字或临时变量。也就是说，x 的右值将被赋予对象 y 的左值。第二个赋值语句 x:= * y，假定 y 是一个指针或者是一个其右值为地址的临时变量。此语句执行的结果是把 y 所指示的地址单元里存放的内容赋给 x。第三个赋值语句 * x:=y，将把 x 所指向的对象的右值赋给 y 的右值。

三地址代码可以看成是抽象语法树或 DAG 的一种线性表示。

例 5.9 图 5.7(a)中的抽象语法树对应的三地址代码如图 5.8(a)所示，图 5.7(b)中的 DAG 图对应的三地址代码如图 5.8(b)所示。

在设计中间代码形式时，运算符的选择是非常重要的。显然，运算符的种类应足以用来实现源语言中的运算。一个小型运算符集合较易于在新的目标机器上实现。然而，用局限的指令集合会使某些源语言运算表示成中间形式时代码加长，从而需要

$$T_1:=-C$$
$$T_2:=b * T_1$$
$$T_3:=-C$$
$$T_4:=b * T_3$$
$$T_5:=T_2+T_4$$

(a) 抽象语法树对应的三地址代码

$$T_1:=-C$$
$$T_2:=b * T_1$$
$$T_5:=T_2+T_2$$
$$a:=T_5$$

(b) DAG图对应的三地址代码

图 5.8　抽象语法树和 DAG 图对应的三地址代码

在目标代码生成时做较多的工作以获得高效的代码。

生成三地址代码时,临时变量的名字对应抽象语法树的内部结点。对于产生式 $E \rightarrow E_1 + E_2$ 左端的非终结符号 E 而言,它经过计算得出的值往往放到一个新的临时变量 T 中。一般来说,赋值语句 id:=E 的三地址代码包括:对表达式 E 求值并置于变量 T 中,然后进行赋值 id. place:=T。如果一个表达式仅有一单个标识符,例如 y,则由 y 自身保留表达式的值。这里先假设对新的临时变量的引入不加限制。

表 5.6 是为赋值语句生成三地址代码的 S-属性文法的定义。如给定输入 a:= b * -c+b * -c,便可产生如图 5.7(a)所示的三地址代码。非终结符号 S 有综合属性 S. code,它代表赋值语句 S 的三地址代码。非终结符号 E 有如下两个属性:

① E. place 表示存放 E 值的名字;

② E. code 表示对 E 求值的三地址语句序列。

函数 newtemp 的功能是,每次调用它时,将返回一个不同临时变量的名字,如: $T_1, T_2, \cdots$。

为了方便,在表 5.6 中使用 gen(x':=' y '+' z)表示生产三地址语句 x:=y+z。代替 x、y 或 z 出现的表达式在传递给 gen 时求值,用单引号括起来的运算符或操作数将保留引号里字面的符号。在实际实现中,三地址序列往往被存放到一个输出文件中,而不是将三地址语句序列置入 code 属性之中。在表 5.6 中可以加进有关控制语句的产生式即语义规则,从而产生控制语句的三地址代码。关于控制语句的翻译将在稍后做介绍。

表 5.6　对赋值语句产生三地址代码的属性文法

产生式	语义规则
$S \rightarrow$ id:=E	S. code:=E. code‖gen(id. place':='E. place)
$E \rightarrow E_1 + E_2$	E. place:=newtemp; E. code:=E_1. code‖E_2. code‖ gen(E. place ':=' E_1. place '+'E_2. place)

续表 5.6

产生式	语义规则
$E \rightarrow E_1 * E_2$	E. place: = newtemp; E. code: = E_1. code‖ E_2. code‖ gen(E. place': =' E_1. place '*' E_2. place)
$E \rightarrow -E_1$	E. place: = newtemp; E. code: = E_1. code gen(E. place': =''uminus' E_1. place)
$E \rightarrow (E_1)$	E. place = E_1. place E. code: = E_1. code
$E \rightarrow$ id	E. place = id. place E. code = '';

三地址语句可看成中间代码的一种抽象形式。编译程序中,三地址代码语句的具体实现可以用记录表示,记录中包含表示运算符和操作数的域。三地址代码具体实现表示通常有三种方法:四元式、三元式、间接三元式。

(1) 四元式

一个四元式是一个带有四个域的记录结构,这四个域分别称为 op、arg1、arg2 以及 result。域 op 包含一个代表运算符的内部码。三地址语句 x: = y op z 可表示为:将 y 置于 arg1 域,z 置于 arg2 域,x 置 result 域,": ="为运算符。带有一元运算符的语句如 x: = -y 或者 x: = y 的表示中不用 arg2,默认使用 arg1。而像 param 这样的运算符仅使用 arg1 域。条件和无条件转移语句将目标标号置于 result 域中,通常,四元式中的 arg1、arg2 和 result 的内容都是一个指针域,此指针指向有关名字的符号表入口。这样,临时变量名也要填入符号表。具体四元式格式如图 5.9 所示。

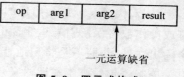

图 5.9 四元式格式

例 5.10 赋值语句 a: = b * (-c) + b * (-c) 的四元式表示如表 5.7 所列,它们从图 5.8(a) 中的三地址代码获得。

$T_1: = -C$
$T_2: = b * T_1$
$T_3: = -C$
$T_4: = b * T_3$
$T_5: = T_2 + T_4$
$a: = T_5$

三地址代码

表 5.7 a: = b * (-c) + b * (-c) 的四元式

序 号	op	arg1	Arg2	result
(0)	uminus	c		T_1
(1)	*	b	T_1	T_2
(2)	uminus	c		T_3
(3)	*	b	T_3	T_4
(4)	+	T_2	T_4	T_5
(5)	: =	T_5		a

（2）三元式

为了避免把临时变量填入到符号表,可以通过计算这个临时变量值的语句的位置来引用这个临时变量。这样表示三地址代码的记录只需三个域:op、arg1 和 arg2,如表 5.8 所列。因为用了三个域,所以称之为三元式。运算符 op 的两个操作数域 arg1 和 arg2,或者是指向符号表的指针(对程序中定义的名字或常量而言),或者是指向三元式表的指针(对于临时变量而言)。

例 5.11　赋值语句 a:=b * (-c)+b * (-c) 的三元式表示如表 5.8 所列,它们从图 5.7(a)中的三地址代码获得。

表 5.8　a:=b * (-c)+b * (-c)的三元式表

序　号	op	arg1	arg2
(0)	uminus	c	
(1)	*	b	(0)
(2)	uminus	c	
(3)	*	b	(2)
(4)	+	(1)	(3)
(5)	assign	a	(4)

在表 5.8 中,括号内的数表示指向三元式表的某一项的指针,而指向符号表的指针由名字自身表示。在实现中,应该能区分 arg1 或 arg2 中是哪一种指针,是指向符号表还是指向三元式表。表 5.8 中,三元式(0)代表-c 的结果,三元式(1)中的(0)指第 0 个三元式的结果,以此类推。对于一目运算符 op、arg1 和 arg2,只需用其一。可随意规定选用一个,如在表 5.8 中,用的是 arg1。

（3）间接三元式

为了便于代码优化处理,有时不直接使用三元式表,而是另设一张指示器(称为间接码表),它将按运算的先后顺序列出有关三元式在三元表中的位置。换句话说就是,用一张间接码表辅以三元式表的办法来表示中间代码。这种表示法称为间接三元式。

例 5.12　上例的间接三元式表如表 5.9 所列。

表 5.9　a:=b * (-c)+b * (-c)的间接三元式表

间接码表	三元式		
(0)	(0)	uminus	c	
(1)	(1)	*	b	(0)
(0)	(2)	+	(1)	(1)
(1)	(3)	:=	a	(2)
(2)			
(3)			

由于另设了间接表，因此，相同的三元式就无需重复填进三元式表中。如上述均含有－c，而三元式－c则只在表中出现一次。这样，可以节省三元式空间。

对于间接三元式表示，语义规则中应增添产生间接码表的动作，并且在向三元式表填进一个三元式之前，必须先查看一下此式是否已在其中，如已在其中，就无须填入。

可以把四元式与三元式和间接三元式作一些比较。四元式之间的联系是通过临时变量实现的。这一点和三元式不同。要变动一张三元式表是很困难的，它意味着必须改变其中一系列指示器的值。但要变动四元式表是很容易的，因为调整四元式之间的相对位置并不意味着必须改变其中一系列指示器的值。因此，当需要对中间代码进行优化处理时，四元式比三元式要方便得多。

5.4 典型语句的分析与翻译

5.4.1 过程中的说明语句

当考察一个过程或分程序的一系列说明语句时，便可为局部于该过程的名字分配存储空间。对每个局部名字，都将在符号表中建立相应的表项，并填入有关的信息，如类型、在存储器中的相对地址等。相对地址是指对静态数据区基址或活动记录中局部数据区基址的一个偏移量。当产生中间代码地址时，应该对目标机的一些情况有所了解。例如，假定在一个以字节编址的目标机上，整数必须存放在 4 的倍数的地址单元，那么，计算地址时就应以 4 的倍数增加。

在 C 语言的语法中，允许将一个过程中的所有说明语句作为一个组来处理，把它们安排在一个数据区中。因此需要一个全程变量如 offset 来跟踪下一个可用的相对地址的位置。

关于过程中名字类型说明的产生式和计算其相对地址的语义规则如表 5.10 所列。在关于说明语句的翻译模式中，非终结符号 P 产生一系列形如 id:T 的说明语句（标识符的类型）。在处理第一条说明语句之前，先置 offset 为 0，以后每次遇到一个新的名字，便将该名字填入符号表中并置相对地址为当前 offset 的值，然后使 offset 加上该名字所表示的数据对象的域宽（即该类型名字所占用的存储单元的个数）。

表 5.10 说明语句翻译模式

产生式	语义规则
P→D	{offset:=0}
D→D;D	
D→id:T	{enter(id. name, T. type, offset); offset:=offset＋T. width}

续表 5.10

产生式	语义规则
T→integer	{T. type:=integer;T. width:=4}
T→real	{T. type:=real;T. width:=8}
T→array[num]of T$_1$	{T. type:=array(num. val,T$_1$. type); T. width:=num. val×T$_1$. type }
T→↑T$_1$	T. type:=pointer(T$_1$. type);T. width:=4}

过程 enter(name,type,offset)用来把名字 name 填入到符号表中,并给出此名字的类型 type 及在过程数据区中的相对地址 offset。

非终结符号 T 有两个综合属性 T. type 和 T. width,分别表示名字的类型和名字的域宽(即该类型名字所占用的存储单元个数)。

在表 5.10 中,假定整数类型域宽为 4,实数域宽为 8;一个数组的域宽可以通过把数组元素数目与一个元素的域宽相乘获得;每个指针类型的域宽假定为 4。如果把表 5.10 中的第一条产生式及其语义动作写在一个产生式内,则对 offset 赋初值更明显,如下式所示:

$$P→\{offset:=0\}D \tag{5.1}$$

增加新产生式 M→ε,其中 M 为新引入的一个标记非终结符,作用为把嵌入在产生式中的每个语义动作用不同的标记非终结符 M 代替,并把这个动作放在产生式 M→ε 的末尾。可以用它来重新改写上述产生式以便语义动作均出现在整个产生式的右边。可采用标记非终结符号 M 来重写式(5.1)为

$$P→MD$$
$$M→ε\{offset:=0\}$$

例 5.13　某过程中标识符 id 类型说明的语法树如图 5.10(a)所示,设相对地址从 0 开始,内存数据区分配情况如图 5.10(b)所示,符号表如表 5.11 所列。

$$P⇒MD⇒M \quad id:T⇒M \quad id:real⇒ε \quad id:real(最右推导)$$

$$offset=0,7; \quad T. type=real; \quad T. width=8$$

表 5.11　符号表

名　字	类　型	地　址	…
a	real	0	

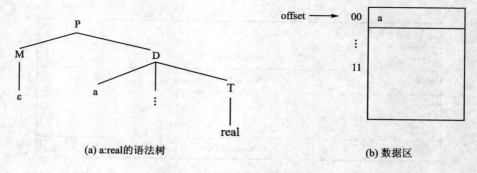

(a) a:real的语法树　　　　　　　　　　　(b) 数据区

图 5.10　a:real 的语法树和数据区

5.4.2　赋值语句

赋值语句中的表达式的类型可以是整型、实型、数组和记录。作为翻译,赋值语句为三地址代码的一个部分。下面将讨论如何在符号表中查找名字及如何存取数组和记录的元素。

1. 简单算术表达式及赋值语句

在 5.3.3 小节的三地址语句中直接使用了名字,并且将它理解为指向符号表中该名字入口的指针。表 5.12 给出了把简单算术表达式及赋值语句翻译为三地址代码的翻译模式。该翻译模式中还说明了如何查找符号表的入口。属性 id. name 表示 id 所代表的名字本身。

函数 lookup(id. name)检查是否在符号表中存在相应此名字的入口,如果有,则返回一个指向该表项的指针;否则,返回 nil,表示没有找到。

函数 newtemp 的作用是在符号表中新建一个临时变量。调用过程 emit 将生成的三地址语句发送到输出文件中,而不是像表 5.6 中那样建造非终结符号的 code 属性。

为直观起见,假定赋值语句出现在如下文法形成的上下文环境中:

$$
\begin{aligned}
&P \rightarrow MD\\
&M \rightarrow \varepsilon\\
&D \rightarrow D;D \mid id:T \mid proc\ id;\ N\ D;S\\
&N \rightarrow \varepsilon
\end{aligned}
\tag{5.2}
$$

表 5.12　产生赋值语句三地址代码的翻译模式

产生式	语义规则
S→id:=E	{p:=lookup(id. name); 　If p≠nil then emit(P':='E. place) 　else error}

续表 5.12

产生式	语义规则
E→E_1 + E_2	{E. place:=newtemp; 　emit(E. place':=' E_1. place+ E_2. place)}
E→E_1 * E_2	{E. place:=newtemp; 　emit(E. place':=' E_1. place * E_2. place)}
E→-E_1	{E. place:=newtemp; 　emit(E. place':="uminus' E_1. place)}
E→(E_1)	{ E. place:= E_1. place }
E→id	{ p:=lookup(id. name); 　If p≠nil then E. place:=p) 　else error}}

例 5.14 赋值语句 B:=C * (-D)的翻译过程如表 5.13 所列。(采用算符优先分析算法。)

表 5.13 赋值语句 B:=C * (-D)的翻译过程

步　骤	栈	余留串	动作结果
(0)	♯	B:=C * (-D)♯	
(1)、(2)、(3)	♯B:=C	* (-D)♯	
(4)	♯B:=E	* (-D)♯	E. place=entry(C)
(5)、(6)	♯B:=E * (	-D)♯	
(7)、(8)	♯B:=E * (-D	)♯	
(9)	♯B:=E * (-E	)♯	E. place=entry(D)
(10)	♯B:=E * (E	)♯	E. place:=T_1 (T_1:=uminus entry(D))
(11)	♯B:=E * (E)	♯	
(12)	♯B:=E * E	♯	E. place:=T_1
(13)	♯B:=E	♯	E. place:=T_2 (T_2:= entry(c) * T_1)
(14)	♯S	♯	entry(B):=T_2

2. 数组元素的引用

现在讨论包含数组元素的表达式和赋值语句的翻译问题。数组在存储器中的存放方式决定了数组元素的地址计算法,从而也决定了应该产生什么样的中间代码。若有数组定义如下:

$$\text{Var A：array}[l_1\cdots u_1,l_2\cdots u_2,\cdots,l_n\cdots u_n]\text{of type}$$

若数组 A 的元素存放在一片连续单元里,则可以较容易地访问数组的每个元素。故当 n=1 时,A[i]这个元素的相对地址为

$$A[i]\text{地址}=\text{base}+(i-\text{low})\times w$$
$$=i\times w+(\text{base}-\text{low}\times w)$$
$$=i\times w+c \tag{5.3}$$

注:$c=\text{base}-\text{low}\times w$,对于常界数组,其值在编译时可计算出来。

其中假设数组 A 每个元素宽度为 w,low 为数组下标的下界,并且 base 是分配给数组的相对地址,即 base 为 A 的第一个元素 A[low]的相对地址。

一个二维数组,可以按行或按列存放。如对于 2×3 的数组 A,图 5.11 给出了存放方式,图 5.11(a)是将它按行存放,图 5.11(b)是将它按列存放。FORTRAN 采用按列存放,C 语言采用按行存放。

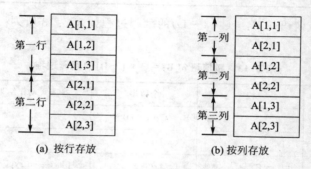

(a) 按行存放　　　　　(b) 按列存放

图 5.11　二维数组的存放方式

当 n=2 时,若二维数组 A 按行存放,则可用如下公式计算:

$A[i_1,i_2]$ 的相对地址:

$$\text{base}+((i_1-\text{low}_1)\times n_2+i_2-\text{low}_2)\times w$$
$$=((i_1\times n_2)+i_2)\times w+(\text{base}-((\text{low}_1\times n_2)+\text{low}_2)\times w)$$
$$=((i_1\times n_2)+i_2)\times w+c \tag{5.4}$$

注:$c=\text{base}-((\text{low}_1\times n_2)+\text{low}_2)\times w$,对于常界数组,其值在编译时可计算出来。

其中,low_1、low_2 分别为 i_1 和 i_2 的下界;n_2 是 i_2 可取值的个数,即若 high_2 为 i_2 的上界,则 $n_2=\text{high}_2-\text{low}_2+1$。假定 i_1、i_2 是编译时唯一尚未知道的值,则可以重写上述表达式为

$$((i_1\times n_2)+i_2)\times W+(\text{base}-((\text{low}_1\times n_2)+\text{low}_2)w)$$

后一项 $(\text{base}-((\text{low}_1\times n_2)+\text{low}_2)w)$ 的值是可以在编译时确定的。

按行或按列存放方式可推广到多维数组。若多维数组 A 按行存放,则越往右边,下标的变化越快,像自动计程仪显示数据一样。式(5.4)可推广成如下计算元素

$A[i_1, i_2, \cdots, i_k]$ 相对地址的公式：

$$((\cdots i_1 n_2 + i_2) n_3 + i_3) \cdots) n_k + i_k \} \times w + base - ((\cdots((low_1 n_2 + low_2) n_3 +$$

$$low_3) \cdots) n_k + low_k) \times w = ((\cdots i_1 n_2 + i_2) n_3 + i_3) \cdots) n_k + i_k \} \times w + c \quad (5.5)$$

注：$c = ((\cdots((low_1 n_2 + low_2) n_3 + low_3) \cdots) n_k + low_k) \times w$，对于常界数组，其值在编译时可计算出来。

假定对任何 i，$n_i = high_i - low_i + 1$ 是确定的。对于按列存放方式，则最左边下标变化最快。

某些语言允许数组的长度在运行时刻当一个过程被调用时动态地确定。有关这种数组在运行时栈中的分配情况，将在第 6 章中介绍。计算这种数组元素地址的公式与在固定长度数组情况下是同样的，只是上、下界在编译时是未知的。

要生成有关数组引用的代码，其主要问题是把式(5.5)的计算与数组引用时的文法联系起来。如果在表的文法中 id 出现的地方也允许下面产生式中的 L 出现，则可把数组元素引用加入到赋值语句中。

$$L \rightarrow id[Elist] \mid id$$
$$Elist \rightarrow Elist, E \mid E$$

为了便于语义处理，改写上述产生式为

$$L \rightarrow Elist] \mid id$$
$$Elist \rightarrow Elist, E \mid id[E$$

即把数组名字 id 与最左下标表达式 E 相联系，而不是在形成 L 时与 Elist 相联系。其目的是使在整个下标表达式串 Elist 的翻译过程中随时都能知道符号表中相应于数组名字 id 的全部信息。对于非终结符号 Elist 引进综合属性 array，用来记录指向符号表中相应数组名字表项的指针。

还利用 Elist.ndim 来记录 Elist 中的下标表达式的个数，即维数。函数 limit(array, j) 返回 n_j，即由 array 所指示的数组的第 j 维长度。最后，Elist.place 表示临时变量，用来临时存放由 Elist 中的下标表达式计算出来的值。

一个 Elist 可以产生一个 k 维数组引用 $A[i_1, i_2, \cdots, i_k]$ 的前 m 维下标，并将生成计算下面式子的三地址代码：

$$(\cdots((i_1 n_2 + i_2) n_3 + i_3) \cdots) n_m + i_m \quad (5.6)$$

利用如下的递归公式进行计算：

$$e_1 = i_1, \qquad e_m = e_{m-1} \times n_m + i_m \quad (5.7)$$

描述 L 的左值(即地址)用两个属性 L.place 及 L.offset。如果 L 仅为一个简单名字，则 L.place 就为指向符号表中相应此名字表项的指针，而 L.offset 为 null，表示这个左值是一个简单的名字而非数组引用。非终结符号 E 的属性 E.place 的意义同表 5.12。

下面考虑在赋值语句中加入数组元素之后的翻译模式，我们将把语义动作加入到如下文法中，具体产生式和语义规则如表 5.14 所列。

表 5.14　赋值语句加入数组元素后的翻译模式

产生式	语义规则
(1) S→L:=E	if L. offset = null then　/ * L 是简单变量 * / emit(L. place':='E. place)else　emit(L. place'['L. offset']' ':='E. place)
(2) E→E+E	E. place:=newtemp;emit(E. place':='E₁. place'+'E₂. place
(3) E→(E₁)	E. place:=E1. place
(4) E→L	if　L. offset=null then E . place:= L. place else begin E. place:=newtemp; 　　　　emit(E. place':='L. place'['L. offset']') 　　　　end
(5) L→Elist]	L. place:=newtemp; emit(L. place':='Elist. array'−'C); L. offset:=newtemp; emit(L. offset':='w' * 'Elist. place)
(6) L→id	L. place:=id. place;　L. offset:=null

(7) Elist→Elist₁,E	t:=newtemp;
	m:=Elist₁. ndim+1;
	emit(t':='Elist₁. place' * 'limit(Elist₁. array,m));
	emit(t':='t'+'E. place);
	　　　　Elist. array:=Elist₁. array;
	　　　　Elisl. place:=t;
	　　　　Elist. ndim:=m

(8) Elist→id[E	Elist. place:=E. place; 　　　　Elist. ndim:=1 　　　　Elist. array:=id. place

其中,Elist. array:指向符号表中数组名字的指针;Elist. ndim:记录 Elist 中的下标表达式的个数,即数组维数。$n_j=limit(array,j)$:array 为所指的数组的第 j 维的长度;Elist. place:临时存放 Elist 中下标表达式的值。

例 5.15　设 A 为一个 $10×20$ 的数组,即 $n_1=10$,$n_2=20$,并设 w=4。对赋值语句 $x:=A[y,z]$ 的翻译过程如下,其中带注释的语法分析树见图 5.12。该赋值语句被翻译成如下三地址语句序列:

$$T_1 := y * 20$$
$$T_1 := T_1 + z$$
$$T_2 := A - 84$$
$$T_3 := 4 * T_1$$
$$T_4 := T_2[T_3]$$
$$x := T_4$$

其中每个变量,用它的名字来代替 id. place。

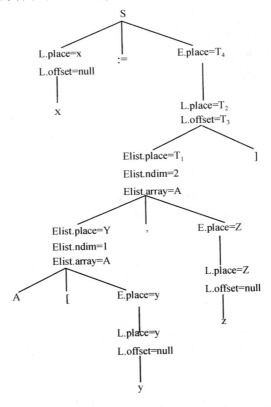

图 5.12　关于赋值语句 x:＝A[y,z]的带注释的分析树

　　在前面关于算术表达式和赋值语句的翻译中,是假定所有的 id 都是同一类型的。实际上,在一个表达式中可能出现各种不同类型的变量或常数。所以,编译程序必须做到:或者拒绝接受,或者产生有关类型转换的指令。如果允许不同类型的运算(例如整型、实型混合),则非终结符和运算符号应该带有类型信息,并且应该有判断运算数的类型。

　　假定前面有关算术表达式和赋值语句的文法中,id 既可以是实型量也可以是整型量。当两个不同类型的量进行运算时,规定首先必须把整型量转换为实型量。在这种混合运算的情况下,每个非终结符的语义值必须增添类型信息。用 E. type 表示非终结符 E 的类型属性。E. type 的值或为 real(实型)或为 integer(整型)。于是,对应产生式 E→E1 op E2 的语义动作中关于 E. type 的语义规则可定义为

{if　E₁. type = integer and E₂. type = integer
　　then E. type: = integer
　　else E. type: = real}

从而,关于 E→E1 op E2 的语义动作应作修改,使得必要时能够产生对运算量进行类型转换的三地址代码。三地址代码

$$x: = inttoreal\ y$$

意味着把整型地址 y 转换成实型量,结果放在 x 中。此外,对于运算符应指出相应的类型说明是定点还是浮点运算。

例 5.16　设赋值语句 x:＝y+i * j,其中,x、y 为实型;i、j 为整型。这个赋值语句产生的三地址代码为

$$T_1: ＝i\ int\ *\ j$$
$$T_3: ＝inttoreal\ T_1$$
$$T_2: ＝y\ real＋T_3$$
$$x: ＝T_2$$

其中,int * 和 real＋分别表示整型乘和实型加。

这样,关于产生式 E→E₁＋E₂ 的语义动作如下:

{E. place: = newtemp;
　　　　if E₁. type = integer and E₂. type = integer then begin
　　　　emit(E. place': = 'E1. place'int + 'E₂. place);
　　　　E. type : = integer
　　　　end
else　if E1. type = real and E₂. type = real then begin
　　　　emit(E. place': = 'E₁. place'real + 'E₂. place};
　　　　E. type: = real
　　　　end
else　if E₁. type = integer and E₂. type = real then begin
　　　　u: = newtemp;
　　　　emit(u': = ''inttoreal'E₁. place);
　　　　emit(E. place': = 'u'real + 'E₂. place};
　　　　E. type: = real
　　　　end
else　if E1. type = real and E₂. type = integer then begin
　　　　u: = newtemp;
　　　　emit(u': = ''inttoreal'E₁. place);
　　　　emit(E. place': = 'E₁. place 'real + 'u};
　　　　E. type: = real

```
          end
else E.type: = type_error}
```

在上述的语义规则中,非终结符 E 的语义为:除了含有 E.place 外,还含有 E.type。这两方面的信息都必须保存在翻译栈中。如果运算量的类型增多,那么,语义程序中必须区别的情形也就迅速增多,从而使语义子程序变得累赘不堪。因此,在运算量的类型比较多的情况下,仔细推敲语义规则就是一件重要的事情。

5.4.3 布尔表达式翻译方法

在程序设计语言中,布尔表达式有两个基本的作用:一个是用作逻辑值计算;另一个是用作控制流语句,如 if-then、if-then-else 和 while-do 等之中的条件表达式。

布尔表达式是由布尔变量、布尔运算符或关系运算符组成的,布尔运算符为 and (与)、or(或)、not(非),按惯例,它们的优先级别由高到低依次为:not、and、or,not 为一元运算,优先级最高;and 和 or 为二元运算,假定 or 和 and 是左结合的。

关系表达式形如 E_1 relop E_2,其中 E_1 和 E_2 是算术表达式,抽象符号 relop 表示六种关系运算,如:$<$、$\leqslant$、$=$、$\neq$、$>$、$\geqslant$。

在本小节中,考虑由下列文法产生的布尔表达式:

$$E \rightarrow E \text{ or } E \mid E \text{ and } E \mid \text{ not } E \mid (E) \mid id \text{ relop } id \mid id$$

使用 relop 的属性 relop.op 来确定 relop 指的是六个关系运算符中的哪一个。

计算布尔表达式的值通常有两种办法。一种办法是,如同计算算术表达式一样,一步不差地从表达式各部分的值计算出整个表达式的值。例如,按通常的习惯,用数值 1 代表 true,用 0 代表 false,那么,布尔表达式 1 or(not 0 and 0)or 0 的计算过程是:

$$1 \text{ or (not 0 and 0) or 0}$$
$$= 1 \text{ or (1 and 0) or 0}$$
$$= 1 \text{ or 0 or 0}$$
$$= 1 \text{ or 0}$$
$$= 1$$

另一种计算法是采取某种优化措施。例如,假定要计算 A or B,如果计算出 A 的值为 1,那么,B 的值就无须再计算了。因为不管 B 的结果是什么,A or B 的值都为 1。同理,在计算 A and B 时,若发现 A 为 0,则 B 的值也就无须再计算了。这种计算法意味着,可以用 if-then-else 来解释 or、and 和 not,也就是:

把 A or B 解释成   if A then true else B

把 A and B 解释成   if A then B else false

把 not A 解释成   if A then false else true

上述这两种计算法对于不包含布尔函数调用的式子是没有什么差别的。但是,假若一个布尔式中含有布尔函数调用,并且这种函数调用引起副作用(指对全局量的赋值)时,那么,上述两种计算法未必是等价的。有些程序语言规定,函数过程调用应不影响这个调用所处环境的计算值。或者说,函数过程的工作不许产生副作用。在这种规定下,可以任选上述中的一种。下面分别用这两种方法来讨论如何把布尔表达式翻译成三地址代码。

1.计算逻辑值

首先考虑(用 1 表示真,0 表示假)实现布尔表达式的翻译。用这种方法,布尔表达式将从左到右按类似算术表达式的求值方法来计算。

例 5.17 对于布尔表达式 a or b and not c,将被翻译成如下三地址序列:

$$T_1 := not\ c$$
$$T_2 := b\ and\ T_1$$
$$T_3 := a\ or\ T_2$$

一个形如 a<b 的关系表达式可等价地写成 if a < b then 1 else 0,并可将它翻译成如下三地址语句序列(假定语句序号从 100 开始):

$$
\begin{array}{ll}
100: & if\ a<b\ goto\ 103 \\
101: & T:=0 \\
102: & goto\ 104 \\
103: & T:=1 \\
104: &
\end{array}
$$

产生布尔表达式的三地址代码的翻译模式见表 5.15。在此翻译模式中,假定过程 emit 将三地址代码送到输出文件中,nextstat 给出输出序列中下一条三地址语句的地址索引,每产生一条三地址语句后,过程 emit 便把 nextstat 加 1。

表 5.15 布尔表达式三地址代码翻译模式

产生式	语义规则
$E \rightarrow E_1\ or\ E_2$	E. place:=newtemp; emit(E. place':='E1. place'or'E2. place)
$E \rightarrow E_1\ and E_2$	E. place:=newtemp; emit(E. place':='E1. place'and'E2. place)
$E \rightarrow not E_1$	E. place:=newtemp; emit(E. place':=' 'not'E1. place)
$E \rightarrow (E_1)$	E. place:=E_1. place
$E \rightarrow id_1\ relop\ id_2$	E. place:=newtemp; emit('if' id_1. place relop. op id_2. place 'goto' nextstat+3); emit(E. place':='‘0') emit('goto' nextstat+2) emit(E. place':='‘1')
$E \rightarrow id$	E. place:=id. place

例 5.18　根据表 5.15,对布尔表达式 a<b or c<d and e<f 分析,语法树如图 5.13(a)、三地址代码如图 5.13(b)所示。

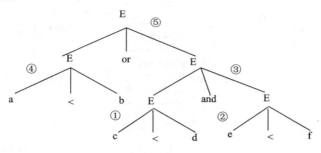

(a) 语法树

100: if a<b goto 103	107: $T_2:=1$
101: $T_1:=0$	108: if e<f goto 111
102: goto 104	109: $T_3:=0$
103: $T_1:=1$	110: goto 112
104: if c < d goto 107	111: $T_3:=1$
105: $T_2:=0$	112: $T_4:=T_2$ and T_3
106: goto 108	113: $T_5:=T_1$ or T_4

(b) 三地址代码

图 5.13　语法树和三地址代码

2. 作为条件控制的布尔式翻译

现在讨论出现在 if-then、if-then-else 和 while-do 等语句中的布尔表达式的翻译。语法如下:

$$E \rightarrow if\ E\ then\ S_1\ |\ if\ E\ then\ S_1\ else\ S_2\ |\ while\ E\ do\ S \qquad (5.8)$$

这些语句的目标代码结构示意图分别如图 5.14(a)、(b)和(c)所示。

例 5.19　语句 if a>c or b<d then S_1 else S_2 翻译成如下一串三地址代码:

$$
\begin{aligned}
&\quad\quad if\ a>c\quad goto\ L_2\\
&\quad\quad\quad goto\ L_1\\
&L_1:\quad if\ b<d\quad goto\ L_2\\
&\quad\quad\quad goto\ L_3\\
&L_2:(关于\ S_1\ 的三地址代码序列)\\
&\quad\quad\quad goto\ Lnext\\
&L_3:(关于\ S_2\ 的三地址代码序列)\\
&\quad\quad Lnext:
\end{aligned}
$$

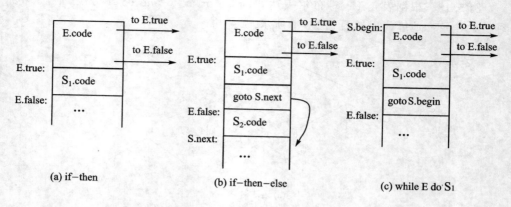

图 5.14　控制语句的目标结构

首先分析关系运算,对于 E 为 a relop b 形式生成的代码如下(relop 作为一种抽象符号,表示六种关系运算中的一种):

$$If\ a\ relop\ b\ goto\ E.true\ 和\ goto\ E.false$$

逻辑运算 not E、E_1 and E_2 和 E_1 or E_2 真值表分别如表 5.16、表 5.17 和表 5.18 所列。

表 5.16　not E 真值表

E	not E
0	1
1	0

表 5.17　E_1 and E_2 真值表

E_1	E_2	E_1 and E_2
0	0	0
0	1	0
1	0	0
1	1	1

表 5.18　E_1 or E_2 真值表

E_1	E_2	E_1 or E_2
0	0	0
0	1	1
1	0	1
1	1	1

由上面真值表可以看出,not E 是对 E 真值取反;E_1 and E_2 真值当且仅当 E_1 和 E_2 真值都为真时它的真值为真,其他情况真值都为假;E_1 or E_2 当且仅当 E_1 和 E_2 真值都为假时它的真值为假,其他情况真值都为真。

假定 E 形如 E_1 or E_2,若 E_1 为真,则立即可知 E 为真,于是可知 E_1. ture 和 E. ture 是相同的。若 E_1 为假,则必须对 E_2 求值,因此置 E_1. false 为 E_2 的代码的第一条指令的标号,而 E_2 为真、假出口,可以分别与 E 的真、假出口相同。类似可以考虑 E 形如 E_1 and E_2 的 E 的翻译。至于形如 not E_1 的布尔表达式 E 不必生成新的代码,只要把 E_1 的假、真出口作为 E 的真、假出口即可。按照此方式将布尔表达式翻译成代码和四元式,如表 5.19 所列。注意 E 的 true 和 E 的 false 属性均为继承属性。

表 5.19　布尔表达式翻译

产生式	生成的代码	四元式
(1) E→a relop b	if a relop b goto E. true 　goto E. false	100 (jrelop a b E. true) 101 (j　　　E. false)
(3) E→E₁ or E₂	if E₁ goto E. true goto l₁ l₁ :　if E₂ goto E. true goto E. false	100 (jnzE₁ E. true) 101 (j　　　102) 102 (jnzE₂　E. true) 103 (j　　　E. false)
(4) E→E₁ and E₂	if E₁ goto l₁ goto E. false l₁ :　if E₂ goto E. true goto E. false	100 (jnzE₁ 102) 101 (j　　　E. false) 102 (jnzE₂　E. true) 103 (j　　　E. false)

总结：

翻译的基本思想是：为布尔表达式 E 设置两个属性（E. true 和 E. false），即当 E 为真时，控制转移转向 E 的真出口（E. true）；当 E 为假时，控制转移转向 E 的假出口（E. false）。

作为条件转移的 E，仅把 E 翻译成代码是一串条件转移和无条件转移的四元式。

例 5.20　按照表 5.19 的定义，布尔表达式 a<b or c<d and e<f 将生成如下的三地址代码和四元式代码。

代码：

if　a<b　goto　E. ture
　　goto　L₁
L₁ :if　c<d　goto　L₂
　　goto　E. false
L₂ :if　e<f　goto　E. true
　　goto　E. false

四元式：

100 (j<, a, b, E. ture)
101 (j _, _, 102)
102 (j<, c, d, 104)
103 (j _ , _ , E. false)
104 (j< , e , f , E. true)
105 (j_, _, E. false)

显然，生成的四元式不是优化的，如 101 是不需要的，这个问题可以留到代码优化阶段解决。为了便于讨论，假定四元式存入一个数组中，数组下标就是四元式标号。

为了便于讨论，假定下面在实现三地址代码时，采用四元式形式实现。把四元式存入一个数组中，数组下标就代表四元式的标号，并且约定，在下面的讨论中，rop 表示六种关系运算之一。

四元式(jnz, a, _, p)　　　表示　　　if　a　goto　p

四元式(jrop,x,y,p)　　　表示　　　if　x rop y　goto　p

四元式(j,_,_,p)　　　表示　　　goto　p

在例 5.18 中,使用了 E. true 和 E. false 分别表示整个表达式 a<b or c<d and e<f 的真、假出口,但是,E. true 和 E. false 的值并不能在产生四元式的同时就知道。为了使问题明确,把该表达式放在条件语句中说明,如语句 if a<b or c<d and e<f thenS₁ elseS₂ 的四元式序列如下:

100 (j< , a ,b,106)

101 (j,_,_,102)

102 (j<,c,d,104)

103 (j,_,_,106+p+1)

104 (j<,e,f,106)

105 (j,_,_,106+p+1)

106 (关于 S₁ 的四元式)

⋮

106+p(j,_,_,106+p+1+q)

106+p+1(关于 S₂ 的四元式)

⋮

106+p+1+q

假设四元式标号从 100 开始,其中,p 表示 S₁ 四元式代码的长度,q 表示 S₂ 四元式代码的长度,标号为 106+p 的语句是无条件跳转,意思是执行完 S₁ 段代码后跳出 S₂ 段代码。

在上述四元式 100、103、104 和 105 的转移地址并不能在产生这些四元式的同时得到,例如 100 和 104 的转移地址是在整个布尔表达式的四元式产生完毕之后才得到的,因此要返填这个地址。

为了记录**需要返填地址的四元式**,采用一种**"拉链返填技术"**。按照这个思想,为非终结符 E 赋予两个综合属性 E. truelist 和 E. falselist,它们分别记录布尔表达式 E 所对应的四元式中需返填真、假出口的四元式的标号所构成的链表。具体实现时,可以借助于需要返填的跳转四元式的第四区段来构造这种链,即随着四元式的生成顺序为需要返填的 E. true 拉成链,链首存入 E. truelist;E. false 拉成链,链首存入 E. falselist。随着四元式的不断生成,当获得实际的真、假出口时,可以沿着各自的链头返填至链尾,**这种技术称为返填**。

例 5.21 对(E→E₁ and E₂)生成的四元式代码为

100 (jnz, E₁_,102)

101 (j_, _, 0)

102 (jnz, E₂,_,0)

103 (j_,_,101)

拉链后为

$$100(jnz, \quad E_1\_, 102)$$
$$101(j, \_, \_, E.\,false)$$
$$102(jnz, \quad E_2, \_, E.\,true)$$
$$103(j, \_, \_, E.\,false)$$

对 E. true 真出口,拉链为(102),链首 E. truelist 为 102;对 E. false 假出口,拉链为(103,101),E. falselist 为 103。

例 5.22 设标号为 p、q 和 r 的三条四元式是需要返填的真出口,则拉链如下:

P(*,   *,   *, 0) ◄——— 0为链尾结束标志
q(*,   *,   *, p)
r(*,   *,   *, q)

E. truelist 链首为 r,链尾为 p。

现在,来构造一个翻译模式,使之能在自下而上的分析过程中生成布尔表达式的四元式代码。在文法中插入了标记非终结符 M,以便在适当的时候执行一个语义动作,记下下一个将要产生的四元式标号。使用的文法如下:

(1) $E \rightarrow E_1$ or M E_2

(2) $E \rightarrow E_1$ and M E_2

(3) $E \rightarrow$ not E_1

(4) $E \rightarrow (E_1)$

(5) $E \rightarrow id_1$ relop id_2

(6) $E \rightarrow id$

(7) $M \rightarrow \varepsilon$

按照上面所考虑的一些思想,在自下而上的分析中,构造出布尔表达式的翻译模式,如表 5.20 所列。

表 5.20 自下而上分析中布尔表达式的翻译模式

产生式	生成的代码
(1) $E \rightarrow E_1$ or M E_2	backpatch(E_1. falselist, M. quad); $\quad$ E. truelist:= merge(E_1. truelist, E_2. truelist); $\quad$ E. falselist:= E_2. falselist
(2) $E \rightarrow E_1$ and M E_2	backpatch(E. truelist, M. quad); $\quad$ E. truelist:= E_2. truelist; $\quad$ E. falselist:= merge(E_1. falselist, E_2. falselist)
(3) $E \rightarrow$ not E_1	E. truelist = E1. falselist; $\quad$ E. falselist:= E_1. truelist

续表 5.20

产生式	生成的代码
(4) E→(E₁)	E. truelist:＝E₁. truelist; 　　E. falselist:＝ E₁. falselist
(5) E→id₁ relop id₂	E. truelist:＝makelist(nextquad); 　　E. falselist:＝ makelist(nextquad＋1); 　　emit('j'relop. op','id₁. place','id₂. place','0'); 　　emit('j,_,_,0')
⑥ E→id	E. truelist:＝makelist(nextquad); 　　E. falselist:＝ makelist(nextquad＋1); 　　emit('jnz','id. place','_','0') 　　emit('j,_,_,0')
(7) M→ε	{M. quad:＝ nextquad}

上述翻译模式中,需用到下面几个变量或函数(过程):

① 函数 makelist(i),它将创建一个仅含 i 的新链表,其中 i 是四元式数组的一个下标(标号);函数返回指向这个链的指针。

② 变量 nextquad,它指向下四元式列表中当前可填入的四元式标号。nextquad 的初值为 1,每当执行一次 emit 之后,nextquad 将自动增 1。

例如,对 a＞b 生成语义动作的结果如下:

```
nextquad  ──→ i (j>,a ,b ,0)      E.truelist  ──→ i (j>, a , b , 0)
E.truelist ──↗ i+1(j_, _, 0)      E.falselist ──→ i+1(j_, _, 0)
E.falselist ──↗                   nextquad    ──→ i+2 (        )
```

解释:利用表 5.20 翻译模式的(5)E→id₁ relop id₂。假设当前 nextquad 指向四元式标号i,调用两次函数 makelist(i),生成四元式标号 i 和 i＋1,E. truelist 指向四元式标号i, E. falselist 指向四元式标号i＋1。执行两次 emit 生成两个四元式,nextquad 当前指向四元式标号 i＋2。

③ 函数 merge($p_1, p_2, \cdots, p_n$),把以 $p_1, p_2, \cdots, p_n$ 为链首的链合并为一,作为函数值,回送合并后的链首。

④ 过程 backpatch(p,t},其功能是完成"返填",顺着链首 P 返填,每个四元式的第四区段都填为 t。

例 5.23 对 a＞b or c＜d 生成语义动作的结果如下:

① a＞b 的翻译(依据(5))

　　E₁. truelist ──→100 (j＞,a,b,0)

　　E₁. falselis ──→101(j,_,_,0)

② c＜d 的翻译(依据(5))

E_2. truelist ——→102 (j<,c,d,0)

E_2. falselist ——→103 (j,_,_,0)

③ a>b or c<d 的翻译(依据(1))实现返填

E_1. truelist ——→100(j>,a,b,0)

E_1. falselist ——→101(j,_,_,102)

E_2. truelist ——→102(j<,c,d,0)

E_2. falselist ——→103(j,_,_,0)

④ a>b or c<d(依据(1))实现拉链

100(j>,a,b,0)

101(j,_,_,102)

E. truelist ——→ 102(j<,c,d,100)

E. falselist ——→ 103(j,_,_,0)

利用表 5.20 翻译模式的(5)E→id_1 relop id_2 语义动作对 a>b or c<d 关系运算翻译,生成四元式 100、101、102 和 103。然后利用翻译模式中的(1) E→E_1 or M E_2 的语义动作函数 backpatch 返填四元式标号 102 到 E_1. falselist 转移地址。合并 merge (E_1. truelist,E_2. truelist)后,链首给 E. truelist,E. falselist:= E_2. falselist。

考虑产生 E→E_1 or M E_2。如果 E_1 为真,则 E 也为真;如果 E_1 为假,则需进一步检测 E_2。若 E_2 为真,则 E 也为真;若 E_2 为假,则 E 为假。因而在 E_1. falselist 所指向的表中所表示的那些转移指令的目标标号应为 E_2 的第一条语句的标号。这个目标标号是利用标记非终结符号 M 得到的。属性 M. quad 记录着 E_2. code(E_2 的代码)的第一条语句的标号。对产生式 M→ε,有如下的语义动作:

$$\{M. quad: = nextquad\}$$

其中,变量 nextquad 保存着下一条将产生的四元式的标号,即四元式数组的索引。该值在分析完产生式 E→E_1 or M E_2 的其余部分以后,用来返填到 E_1. falselist 所指向的链的指令中。

产生式(5)的语义动作中将生成两条语句:一条是条件转移语句;另一条是无条件转移语句。它们的目标标号均未填写。其中第一条语句的标号放到新构建的由 E. truelist 指向的表中;第二条语句的标号放到新构建的由 E. falselist 指向的表中。

例 5.24　对布尔表达式 a<b or c<d and e<f 翻译为如下四元式序列。一棵作了注释的分析树如图 5.15 所示。语义动作是在对树的深度优先遍历中完成的。由于所有的语义动作均出现在产生式的右端的终点,因而它们可以在自下而上的语法分析中随着对产生式的归约来完成。

① 假定 nextquad 的初值为 100。在利用产生式(5) E→id_1 relop id_2 将 a<b 归约为 E 时,生成如下两个四元式:

100(j<,a,b,0)

101(j,_,_,0)

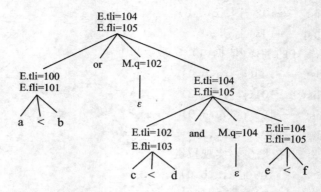

图 5.15　关于 a ＜b or c ＜d and e ＜f 的加了注释的分析树

E. truelist＝100，E. falselist＝101，再利用产生式（7）M→ε 的语义动作函数 M. quad：= nextquad 返填四元式标号 102 到 M. quad。

② 利用产生式（5）E→id_1 relop id_2 将 c＜d 归约为 E 时，生成如下两个四元式：

$$102 （ j＜,c,d,0 ）$$
$$103 （ j,\_,\_,0 ）$$

E. truelist＝102，E. falselist＝103，再利用产生式（7）M→ε 的语义动作函数 M. quad：= nextquad 返填四元式标号 104 到 M. quad。

③ 利用产生式（5）E→id_1 relop id_2 将 c＜d 归约为 E 时，生成如下两个四元式：

$$104 （ j＜,e,f,0 ）$$
$$105 （ j,\_,\_,0 ）$$

E. truelist＝104，E. falselist＝105，再利用产生式（7）M→ε 的语义动作函数 M. quad：= nextquad 返填四元式标号 104 到 M. quad。

④ 利用产生式（2）E→E_1 and M E_2 进行归约，语义动作 backpatch 函数把 M. quad＝104 返填给 E. truelist，E. truelist：= E_2. truelist，利用 merge 函数把 E_1. falselist 和 E_2. falselist 合并赋值给 E. falselist，即四元式 103 和 105 拉链后，链首为 105 赋值给 E. falselist。四元式拉链情况如下：

$$102 （ j＜,c,d,0 ）$$
$$103 （ j,\_,\_,0 ）$$
$$104 （ j＜,c,d,0 ）$$
$$105 （ j,\_,\_,103 ）$$

最后用产生式 E→E_1 or M E_2 进行归约，利用函数 backpatch 把 M. quad＝102 返填给 E_1. falselist ，即 M. quad＝102 返填给四元式 101；利用函数 merge 把 E_1. truelist 和 E_2. truelist 合并，合并后链首给 E. truelist，即 100 和 104 合并链，E. truelist 链首为 104；E. falselist：= E_2. falselist，即 E. falselist＝105。

$$100 \; (j<,a,b,0)$$
$$101 \; (j,\_,\_,0)$$
$$102 \; (j<,c,d,0)$$
$$103 \; (j,\_,\_,0)$$
$$104 \; (j<,c,d,100)$$
$$105 \; (j,\_,\_,103)$$

整个表达式翻译完后,留下两个真出口(100 和 104)和两个假出口(103 和 105),这四条指令的转移目标没有填入,这要等到编译到一定时刻当布尔表达式为真做什么、为假做什么确定之后才能填入,其中真链的链首为 E. truelist = 104,E. falselist＝105。

5.4.4　控制语句的翻译

在图 5.14 中已经给出了 if-then、if-then-else 和 while-do 语句的目标结构。在这里分析 5.4.3 小节使用的"返填"和"拉链"技术如何应用到 if-then、if-then-else 和 while-do 语法翻译上。

控制流语句

现在考虑 if-then、if-then-else、while-do 语句的翻译。先分析这些语句的目标结构,再分析翻译的一般语义规则,然后讨论如何通过一遍扫描产生上述语句的代码,给出相应的翻译模式。

回想在上一小节讨论控制语句中的布尔表达式的翻译时,使用 E. true 和 E. false 分别指出待返填真、假出口的四元式串,如对于条件语句 if E then S_1 else S_2,在扫描到 then 后才能知道 E 的真出口转向的四元式标号,而 E 的假出口只有处理了 S_1 之后,到达 else 时才能明确;也就是说,必须将 E. false 的值传下去,以便到达相应的 else 时才能进行返填。另外,E 为真时,S_1 执行语句执行完意味着整个 if-then-else 语句也已经执行完毕,因此应在 S_1 之后产生一条无条件转移指令,使控制离开整个 if-then-else 语句。但在完成 S_2 的翻译之前,该条件转向的转移目标无法知道。因此仿照处理布尔表达式的办法,要采用"拉链"和"返填"技术。

条件语句 S 的语义规则允许控制从 S 的代码 S. code 之内转移到紧接 S. code 之后的那一条三地址指令。但是,有时此条紧接 S. code 之后的指令是一条无条件转移指令,它转移到标号为 L 的指令。通过使用继承属性 S. next 可以避免上述连续转移的情况发生,而从 S. code 之内直接转移到标号为 L 的指令。S. next 之值是一个标号,它指出继 S 的代码之后将被执行的第一条三地址指令。

这三条语句的目标代码结构在图 5.14 基础上,建立了新的继承属性 S. next,相应目标结构如图 5.16 所示。

在翻译 if-then 语句 S→if E then S_1 时,E. true 标识 S_1 代码的第一条指令,如图 5.16(a)所示。在 E 的代码中将有这样的转移指令:若 E 为真,则转移到 E. true,

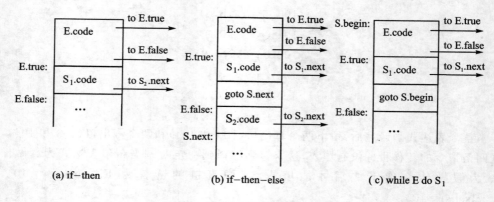

图 5.16　控制语句的目标结构

并且若 E 为假则转移到 S. next。因此,设置 E. false 为 S. next。

在翻译 if - then - else 语句 S→if E then S_1 else S_2 时,布尔表达式 E 的代码中有这样的转移指令:E. true 标识 S_1 代码的第一条指令,E. false 标识 S_2 代码的第一条指令,若 E 为真,则转移到 S_1 代码的第一条指令;若 E 为假,则转移到 S_2 代码的第二条指令。其目标结构如图 5.16(b)所示。与 if - then 语句一样,继承属性 S. next 给出了紧接着 S 的代码之后将被执行的三地址指令的标号。在 S_1 的代码之后,有一条明显的转移指令 goto S. next,但 S_2 之后则没有。请读者注意,考虑到语句的相互嵌套,S. next 未必是紧跟在 S_2. code 之后的那条代码的标号。

如:if E_1 then if E_2 then S_1 else S_2 else S_3 就说明了这种情况。

While - do 型语句 S→while E do S_1 的目标代码结构如图 5.16(c)所示。标号 S. begin 用来标识 E 的代码的第一条指令。另一个标号 E. true 标识 S_1 的代码的第一条指令。在 E 的代码中有这样的转移指令:若 E 为真,则转移到标号为 E. true 的语句;若 E 为假,则转移到 S. next。同前面一样,置 E. false 为 S. next。在 S_1 的代码之后放上指令 goto S. begin,用来控制转移到此布尔表达式的代码的开始位置。注意,置 S_1. next 为标号 S. begin,这样在 S. code 之内的转出指令就能直接转移到 S. begin。

例 5.25　已知:

while a<b do

　　if c<d then x:=y+z else x:=y−z

根据上述语句的目标结构和赋值语句的翻译规则,将生成下列的三地址代码。

$$
\begin{aligned}
&L_1: &&\text{if } a<b \text{ goto } L_2 \\
&&&\text{goto } Lnext \\
&L_2: &&\text{if } c<d \text{ goto } L_3 \\
&&&\text{goto } L_4 \\
&L_3: &&T_1:=y+z
\end{aligned}
$$

$$x:=T_1$$
$$goto\quad L_1$$
$$L_4:\qquad T_2:=y-z$$
$$x:=T_2$$
$$goto\quad L_1$$

Lnext：

现在,考虑如何使用返填技术通过一遍扫描翻译控制流语句。分析下面文法对应的翻译模式。

(1) $S \rightarrow$ if E then S_1

(2) $S \rightarrow$ if E then S_1 else S_2

(3) $S \rightarrow$ while E do S_1

(4) $S \rightarrow$ begin L end

(5) $S \rightarrow A$

(6) $L \rightarrow L ; S$

(7) $L \rightarrow S$

其中,各非终结符号的意义如下:

● S:语句;

● L:语句表;

● A:赋值语句;

● E:布尔表达式。

与上小节讨论布尔表达式的翻译时一样,采用四元式来实现三地址代码,用到的有关变量、函数和过程也与上小节一样。

如图 5.16(c)所示关于产生式 $S \rightarrow$ while E do S_1 的代码结构中,标号 S. begin 和 E. true 分别标记了整个语句 S 的代码的头一条指令和其中的循环体 S_1 的代码的头一条指令。因此,在下面的产生式中引入了标记非终结符 M,以记录这些位置的四元式标号:

$$S \rightarrow \text{while } M_1 \text{ E do } M_2 S_1$$

M 的产生式为 M→ε,M. quad 是非终结符 M 的属性,其语义动作是把下一条四元式的标号赋给属性 M. quad。当 while 语句中的 S_1 的代码执行完毕以后,控制流转向 S 语句的开始处。因此,当归约 while M_1 E do $M_2 S_1$ 为 S 时,返填表 S_1. nextlist 中所有相应的转移指令的目标标号为 M. quad。另外,返填表 E. truelist 中相应的转移指令的目标标号为 M_2. quad,即 S_1 代码的开始位置。

考虑条件语句 $S \rightarrow$ if E then S_1 else S_2 的代码生成,执行完 S_1 的代码后,应跳过 S_2 的代码。因此,在 S_1 的代码之后应有一条无条件转移指令。用一个标记非终结符 N 来生成这条指令,N 的产生式为 N→ε,它具有属性 N. nextlist,它是一个链,链中包含由 N 的语义动作所产生的跳转指令的标号。因此,在下面的产生式中引入了标记非终结符 M 和 N。

$$S \rightarrow if\ E\ then\ M_1\ S_1\ N\ else\ M_2\ S_2$$

考虑条件语句 $S \rightarrow if\ E\ then\ S_1$ 的代码生成，E. true 标记了 S_1 的代码的头一条指令。因此，在下面的产生式中引入了标记非终结符 M，以记录 S_1 的代码的头一条指令。

$$S \rightarrow if\ E\ then\ M\ S_1$$

根据综上分析，给出了这三条语句相应的语义规则，具体如表 5.21 所列。

表 5.21　控制流语句的属性文法

产生式	语义规则
$S \rightarrow if\ E\ then\ M\ S_1$	Backpatch(E. truelist，M. quad)； S. nextlist：= merge(E. falselist，S_1. nextlist)
$M \rightarrow \varepsilon$	M. quad：= nextquad
$S \rightarrow if\ E\ then\ M_1\ S_1\ N\ else\ M_2\ S_2$	Backpatch(E. truelist，M_1. quad)； Backpatch(E. falselist，M_2. quad)； S. nextlist：= merge(S_1. falselist，N. nextlist，S_2. nextlist)
$N \rightarrow \varepsilon$	N. nextlist：= makelist(nextquad)； Emit(j，_，_，_)
$S \rightarrow while\ M_1\ E\ do\ M_2\ S_1$	Backpatch(S_1. nextlist，M_1. quad)； Backpatch(E. truelist，M_2. quad)； S. nextlist：= merge(S_1. falselist，S. nextlist，E. falselist)
$S \rightarrow begin\ L\ end$	S. nextlist：= L. nextlist
$S \rightarrow A$	S. nextlist：= makelist( )
$L \rightarrow L_1；MS$	Backpatch(L_1. nextlist，M_1. quad) L. nextlist：= S. nextlist

例 5.26　按照上述的语义动作，加上前述关于赋值语句和布尔表达式的翻译法，语句：

$$while(a < b\ )\ do\ if\ (c < d)\ then\ x := y + z；$$

一遍扫描编译所对应的语法分析树如图 5.17 所示。

分析过程如下：

① 利用产生式 $M \rightarrow \varepsilon$ 的语义动作 M. quad：= nextquad 将 $100 \Rightarrow M1. quad$。

② 利用产生式 $E \rightarrow id1\ relop\ id2$ 的语义动作：

{E. truelist：= makelist(nextquad)；
　　E. falselist：= makelist(nextquad + 1)；
　　emit('j'relop. op'，'id1. place'，'id2. place'，''0')；
　　emit('j，－，－，0')}

生成四元式为

E_1. truelist $\longrightarrow$ 100(j>, a. b,0)

E_1. falselist $\longrightarrow$ 101(j,_. _,0)

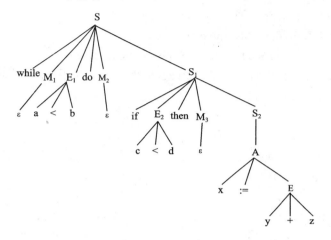

图 5.17 语句 while(a＜b) then x：＝y＋z 的语法分析树

③ 利用产生式 M→ε 的语义动作 M. quad：＝nextquad 将 102⇒M_2. quad。

④ 利用产生式 E→id_1 relop id_2 的语义动作为

{E. truelist：= makelist(nextquad)；

　　E. falselist：= makelist(nextquad + 1)；

　　emit('j'relop. op'，'id_1. place'，'id_2. place'，''0')；

　　emit('j, − , − ,0')}

生成四元式为

E_2 truelist $\longrightarrow$ 102＜(j＜,c,d,0)

E_2 falselist $\longrightarrow$ 103(,_,_,0)

⑤ 利用产生式 M→ε 的语义动作 M. quad：＝nextquad 将 104⇒M_3. quad。

⑥ 利用 E→E_1＋E_2 的语义动作为

{E. place：= newtemp；

emit(E. place'：= 'E1. place'＋'E2. place)}

生成四元式为

104 (＋, y, z, T_1)

105(：＝, T_1,_, x)

⑦ 利用产生式 S→A 的语义动作为

S. nextlist：＝makelist( )

⑧ 利用产生式 S→if E then M S_1 的语义动作为

Backpatch(E. truelist，M. quad)；

S. nextlist：＝merge(E. falselist，S₁. nextlist)

返填四元式 102 中的转向地址为 104，建立 S₁. nextlist＝103。

⑨ 利用产生式 S→while M₁ E do M₂ S₁ 的语义动作为

backpatch(S₁. nextlist，M₁. quad)；

backpatch(E. truelist，M₂. quad)；

S. nextlist：＝merge(S₁. falselist，S. nextlist，E. falselist)

返填四元式 103 中转向地址为 100，返填四元式 100 中转向地址为 102，建立 S. nextlist＝101，生成四元式为

106 (j,_,_,100)

107()

翻译成的四元式整理得

100 (j<,a,b, 102)

101 (j,_,_, 107)

102(j<,c,d, 104)

103 (j,_,_,100)

104 (＋,y,z,T₁)

105 (:＝,T₁,_,x)

106(j,_,_,100)

107 ()

5.4.5 过程语句的翻译

过程是程序设计语言中最常用的一种结构，本小节所讨论的也包括函数，实际上函数可以看作是返回结果值的过程。过程(函数)调用是一种静态调用，调用者和被调用代码在同一程序内，经过编译连接后作为目标代码的一部分。当过程(函数)升级或修改时，必须重新编译连接。

过程调用的实质是把程序控制转移到子程序，在此之前必须用某种办法把实际参数的信息传递给被调用的子程序，并且应告诉子程序工作完毕后返回到什么地方。现在计算机的转子指令大多数在实现转移的同时就把返回地址(转子指令的下一条指令的单元地址)放在某个寄存器或内存单元之中。因此，在返回方面并没有什么需要特殊考虑的问题。关于传递实际参数的信息方面一般有三种方法，分别如下。

(1) 按值传递

这种传递方式只能将实参的值传递给形参，而不能将运算后形参的值再传递给实参，即这种传递只能是单向的。如果实参是常量或表达式，则默认采用的是值传递，在传递时应先计算表达式的值，然后再将该值传递给对应的形参。

(2) 按地址传递

这种传递方式不是将实参的值传递给形参，而是将存放实参值的内存中的存储

单元的地址传递给形参,因此形参和实参具有相同的存储单元地址,也就是说,形参和实参共用同一存储单元。在调用过程或函数时,如果形参的值发生了改变,那么对应的实参的值也将随着改变,并且实参会将改变后的值带回调用该过程的程序,即这种传递是双向的。如果实参是变量,则默认采用按地址传递。

（3）命名传递

前面讲的按值传递和按地址传递,是按照形参和实参在参数表中的位置一一对应传递的。有时在调用过程语句的实参表中所写的实参和在过程定义语句的形式参数表中所写的形参位置并不一一对应,这时就需要使用命名传递。使用命名传递,在调用过程语句的实参表中的参数格式为:＜形参＞:＝＜实参＞。其含义为:将右边实参的值传递给左边的形参。

考虑过程调用文法如下:

（1）S→call id（Elist）

（2）Elist→Elist,E

（3）Elist→E

其中,E 为算术表达式,这里只讨论最简单的一种,即传递实参地址(传地址)的处理方式。如果实参是一个变量或数组元素,那么,就直接传递它的地址。如果实参是其他表达式,如 A＋B 或 2,那么,就先把它的值计算出来并存放在某个临时单元 T 中,然后传送 T 的地址。所有实参的地址应存放在被调用的子程序能够取得到的地方。在被调用的子程序(过程)中,相应每个形参都有一个单元(称为形式单元)用来存放相应的实参的地址。在子程序段中对形参的任何引用都当作是对形式单元的间接访问。当通过转子指令进入子程序后,子程序段的第一步工作就是把实参的地址取到对应的形式单元中,然后,再开始执行本段中的语句。传递实参地址的一个简单办法是,把实参的地址逐一放在转子指令的前面。

综上所述,过程调用处理时语义动作依次为实、形参数传递,通知子程序返回地址,转子程序。

例 5.27　过程调用语句 call S（A＋B,Z,C＊D)的目标代码如下:

计算 T_1:＝A＋B 的代码;

计算 T_2:＝C＊D 的代码;

par　T_1	//实参单元 T_1 的地址;
par　Z	//实参 Z 的地址;
par　T_2	//实参单元 T_2 的地址;
call　S	//转子程序 S 的入口;
K:	

对上述语义动作解释如下:

① 将实参地址安排在一个适当的位置;

② 转子程序后,由子程序取出实参地址存入对应的形参单元;

③ 在过程中,对形参单元间接访问;

④ 过程的返回地址是指令"转 S 入口"后的下一条可执行指令的地址(设为 K),K 一般被硬件系统保存在某寄存器中。

⑤ 实参若是表达式,应该有计算其值并把其值存储到临时单元的指令,当通过执行转子指令 call 而进入子程序 S 之后,S 就可根据返回地址(假定为 k,它是 call 后面的那条指令地址)寻找到存放实在参数地址的单元(分别为 k−4、k−3 和 k−2)。

总结 CALL id(Elist)过程调用目标代码结构,如图 5.18 所示。

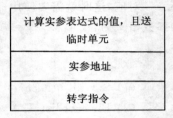

计算实参表达式的值,且送临时单元
实参地址
转字指令

图 5.18　CALL id(Elist)过程调用目标代码结构

根据上述关于过程调用的目标结构,由于所有实参地址统一安排在第二部分中,现在来讨论如何产生反映这种结构的代码。为了在处理实参串的过程中记住每个实参的地址,以便最后把它们排列在 call 指令之前,需要把这些地址存放起来。所以在编译中设置了队列(queue)、一个先进先出表,用来存放处理时不断获得的实参地址,以便在生成了第一部分的代码后,将 queue 中的实参地址取出,安排在第二部分。将赋予产生式 Elist→Elist, E 的语义动作是:将表达式 E 的存放地址 E. place 放入队列 queue 中。产生式 S→call id(Elist)的语义动作是:对队列 queue 中的每一项生成一条 Param 语句,并让这些语句接在对参数表达式求值的那些语句之后。对参数表达式求值的语句已在将它们归约为 E 时产生。下面的翻译模式体现了上述思想。

(1) S→call id(Elist)

　　{for 队列 queue 中的每一项 p do

　　emit('param'　p);

　　emit('call' id. place)}

S 的代码包括:首先是 Elist 的代码(即对各参数表达式求值的代码),其次是顺序为每一个参数对应一条 param 语句,最后一个是 call 语句。

(2) Elist→Elist, E

　　{将 E. place 加入到 queue 的队尾}

(3) Elist→E

　　{初始化 queue 仅包含 E. place}

这里,初始化 queue 为一个空队列,然后将 E. place 送入 queue。

5.5　小　结

语法制导翻译是为每个产生式配上一个语义规则(语义子程序),在语法分析过程中,在选用某个产生式的同时,执行该产生式所对应的语义子程序来进行翻译的一种办法。

产生式只能产生符号串,并没有指明它产生的符号串的含义是什么(相应的代码执行什么功能)。语义规则定义了一个产生式所产生的符号串的含义,这些符号串的含义通常取决于语义规则生成的中间代码的形式。

中间代码是介于源程序和目标代码之间的一种中间语言。常见的中间语言类型有:后缀式、图表示法(DAG 与抽象语法树)和三地址代码。三地址代码是中间
的一种抽象表示,具体实现形式通常有:四元式、三元式和间接三元式。

在一遍扫描编译程序中,当转向目标地址不确定时,采用拉链技术把所有真出口拉成真链,所有假出口拉成假链;当转向目标地址确定时,再采用返填技术沿着真出口返填(或假出口返填)。

本章重点:

掌握中间语言的形式与作用,掌握说明语句的翻译、赋值语句的翻译、布尔表达式的翻译,以及条件语句及过程说明与调用语句的翻译。

习 题 5

5.1 回答下列问题:

(1) 什么叫语法制导翻译? 为什么把这种方法叫语法制导翻译?

(2) 什么叫属性? 属性都有什么特征?

(3) 为什么使用中间语言? 中间代码有哪些类型?

(4) 解释什么是拉链返填技术?

(5) 写出算术表达式 $A = A + B * (C - D) + E/(C - D) * * N$ 的逆波兰式。

(6) 写出算术表达式 $A + B * (C - D) + E/(C - D) * * N$ 的四元式。

5.2 写出下列布尔表达式(作为条件控制)的语法制导翻译后生成的四元式序列,并完成真、假拉链及指出对应的链头。

$$a < b \ \text{AND} \ (\ c \ \text{OR} \ \text{NOT} (d \ \text{AND} \ e))$$

5.3 写出下面语句语法制导翻译后生成的四元式序列。

(1) if 语句:

if ($a > b$　and　$c < d$) then $y = y - 2$ else $x = x + 1$;

(2) while 语句:

while ($a > b$) and ($c < d$) do $x = x - 2$;

（3）复合语句：

while a＞b do if（e＞f or c＜d）then y＝y－x else x＝x－2；

（4）复合语句：

while(a＞b) and (c＜d) do a＝2 if e＞f then y＝y－x else x＝x－2；

5.4 三进制文法 G(S)

$$S \rightarrow L.L \mid L$$
$$L \rightarrow LF \mid F$$
$$F \rightarrow 0 \mid 1 \mid 2$$

令综合属性 S. val 记录该数的十进制值，试设计一翻译模式，计算并打印输出 S. val。

第6章 运行环境与符号表

6.1 运行环境

编译程序最终的目的是将源程序翻译成等价的目标程序。为了达到此目的,除了已介绍的对源程序进行词法、语法和语义分析外,从逻辑上看,在生成目标代码前,编译程序必须进行目标程序运行环境的配置和数据空间的分配。

一般来讲,假如编译程序从操作系统中得到一块存储区以使目标程序在其上运行,则该存储区需容纳生成的目标代码和目标代码运行时的数据空间。数据空间应包括:用户定义的各种类型的数据对象(变量和常数)所需的存储空间,作为保留中间结果和传递参数的临时工作单元,调用过程时所需的连接单元,以及组织输入/输出所需的缓冲区。目标代码所占用空间的大小在编译时就能确定。有些数据对象所占用的空间也能在编译时确定,其地址可以编译到目标代码中。但是,有些数据对象具有可变体积和待分配的性质,如可变体积的动态数组等,无法在编译时确定存储空间的位置和所占用存储单元的多少。因此运行时的存储区常常划分成:目标代码区、静态数据区、栈区和堆区。图 6.1 就是一种典型的划分。

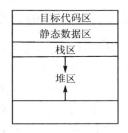

图 6.1 目标程序运行时
存储区的典型划分

目标代码(code)区用于存放目标代码,它是固定长度的,即编译时能确定的;静态数据(static data)区用于存放编译时能确定的所占用空间的数据;堆栈(heap and stack)区,用于存放可变数据以及管理过程活动的控制信息。

所谓数据空间的分配,本质上看,是将程序中的每个名字与一个存储位置关联起来,该存储位置用于容纳名字的值。编译程序分配目标程序运行时的数据空间的基本依据是程序语言设计时对程序运行中存储空间的使用和管理办法的规定。即便有些名字在程序中只声明了一次,但该名字可能对应运行时不同的存储位置,比如,一个递归调用的过程,在执行时,其同一个局部名字应该对应不同的运行空间位置以容纳每次执行时的值。在程序设计语言语义学中,使用术语 environment 表示将一个名字映射到一个存储位置的函数,术语 state 表示存储位置到值的映射,如图 6.2 所示。决定存储管理复杂程度的因素有:源语言本身,比如源语言允许的数

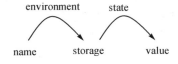

图 6.2 名字到存储、到值的映射

据类型有多少;语言中允许的数据项是静态确定还是动态确定;程序结构有什么特点,是段结构还是分程序结构;过程定义是否允许嵌套,等等。因此,源语言的结构特点、源语言的数据类型、源语言中决定着名字作用域的规则等因素,影响存储空间的管理和组织的复杂程度,决定了数据空间分配的基本策略。本节主要介绍存储分配的三种方法:静态存储分配、栈式存储分配和堆式存储分配。

6.1.1　存储分配的方法

不同的编译程序关于数据空间的存储分配策略略有不同,基本都分为三种,即静态存储分配、栈式动态存储分配和堆式动态存储分配。**栈式动态分配策略**在运行时把存储器作为一个栈进行管理,运行时,每当调用一个过程时,它所需要的存储空间就动态地分配于栈顶,一旦退出,它所占用的空间就予以释放。**堆式动态分配策略**在运行时把存储器组织成堆结构,以便用户对于存储空间的申请与归还(回收),凡申请者从堆中分给一块,凡释放者退回给堆。本小节主要以 C 语言为例讨论栈式存储分配。

6.1.2　静态存储分配

静态存储分配非常简单,编译时就能确定每个数据目标在运行时刻的存储空间需求,因而在编译时就可以给它们分配固定的内存空间。这种分配策略要求程序代码中不允许有可变的数据结构(比如可变数组)存在,也不允许有嵌套或者递归的结构出现,因为它们都会导致编译程序无法计算准确的存储空间需求。

像 FORTRAN 这样的语言,其程序是段结构的,即由主程序段和若干子程序段组成,如图 6.3 所示。各程序段中定义的名字一般是彼此独立的(除公共块和等价语句说明的名字以外),也即各段的数据对象名的作用域在各段中,同一个名字在不同的程序段表示不同的存储单元,不会在不同段间互相引用、赋值。另外,它的每个数据名所需的存储空间大小都是常量(即不许含可变体积的数据,如可变数组),且所有数据名的性质是完全确定的。这样,整个程序所需数据空间的总量在编译时完全确定,从而每个数据名的地址就可静态进行分配。换句话说,一旦存储空间的某个位置分配给了某个数据名(关联起来)之后,在目标程序的整个运行过程中,此位置(地址)就属于该数据名了。

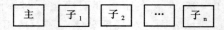

图 6.3　典型段结构程序特征图

6.1.3　栈(stack)式动态存储分配

使用栈式存储分配法意味着把存储组成一个栈。与静态存储分配相反,在栈式存储方案中,程序对数据区空间大小的需求在编译时是完全未知的,但是规定在运行中进入一个程序模块时,必须知道该程序模块所需的数据区大小才能够为其分配内存。栈式存储分配按照先进后出的原则进行分配,运行时,每当进入一个过程(一个新的活动开始)时,就把它的数据空间分配到栈顶(累筑于栈顶),从而形成过程工作时的数据区;当该活动结束(过程退出)时,再把它的数据弹出栈,这样,它在栈顶上的数据区也随即不复存在。

栈式动态存储分配要求语言的结构特征是:没有分程序结构,过程定义不许嵌套,但允许过程的递归调用。C 语言程序结构适用于栈式存储分配,本小节以 C 语言为例讨论栈式存储分配。

1. C 语言的活动记录

为讲解方便,首先引入一个术语——过程的**活动记录** AR(Activation Record)。过程的活动记录是一段连续的存储区,用以存放过程的一次调用所需要的信息。C的活动记录有以下四个项目。

- 连接数据,有两个:
  ① 老 SP 值,即前一活动记录的地址;② 返回地址。
- 参数个数。
- 形式单元(存放实在参数的值或地址)。
- 过程的局部变量、数组内情向量和临时工作单元,其结构如图 6.4 所示。

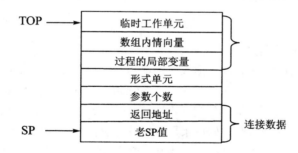

图 6.4 C 过程的活动记录

C 语言不允许过程嵌套,就是说,不允许一个过程定义出现在另一个过程定义之内,所以,C 语言的非局部变量仅能出现在源程序头。非局部变量可采用静态存储分配,在编译时确定它们的地址。

由图 6.4 可知,过程的每一局部变量或形参在活动记录中的位置是确定的,就是说,对它们都分配了存储单元,其地址是相对于活动记录的基地址(SP)的。因此,变量和形参运行时在栈上的绝对地址是:

$$绝对地址 = 活动记录基地址(SP) + 相对地址(x) = x[SP]$$

于是,对一个当前正在活动过程中的任何局部变量或形参 x 的引用可表示为变址访问 x[SP],此处,x 代表相对于活动记录起点的地址。这个相对数在编译时可以完全确定下来。过程的局部数组的内情向量的相对地址在编译时也同样可以完全确定下来,一旦数据空间在过程里获得分配后,对数组元素的引用也就容易用变址访问的方式来实现。

例 6.1 设有一 C 语言过程调用代码如下,则其栈式存储分配过程如图 6.5 所示。

```
Main()
    {Main 中的数据说明
    …
    Q();
    …
}
void R()
{R 中的数据说明
}
…
void Q()
{Q 中的数据说明
    …
    R();
    …
}
```

全局数据说明如下:

该例采用动态栈式存储分配,图 6.5 中显示主程序调用了过程 Q,其存储分配如图(c)所示;Q 又调用了 R,其存储分配如图(d)所示;退出过程 R,其存储分配如图(e)所示;退出过程 Q,其存储分配如图(f)所示。应该指出的是,低部存储区(栈底)是可静态地确定的。因此,对它们可采用静态存储分配策略,即编译时就能确定每个非局部名称的地址。于是,在某过程体中引用非局部名称时可直接使用该地址。而在过程里面说明的局部名称,都局限于它所在的活动,其存储空间在相应的活动记录里。

常常使用两个指针指示栈顶端的数据区,一个称为 SP,一个称为 TOP。

● SP 总是指向当前活动记录的起点,用于访问局部数据。

● TOP 则始终指向已占用的栈顶单元。

SP 和 TOP 可用变址器实现。

2. C 的过程调用、过程进入、存储空间分配和过程返回

(1) 过程调用时

下面分析在过程调用时四元式 par 和 call 是如何执行的,或者说,对于 par 和 call 应产生什么相应的目标代码。由于 TOP 总是指向栈顶,而形式单元和活动记录起点之间的距离是确定的(等于 3),因此每个 par T_i($i=1,2,\cdots,n$)可直接翻译成如

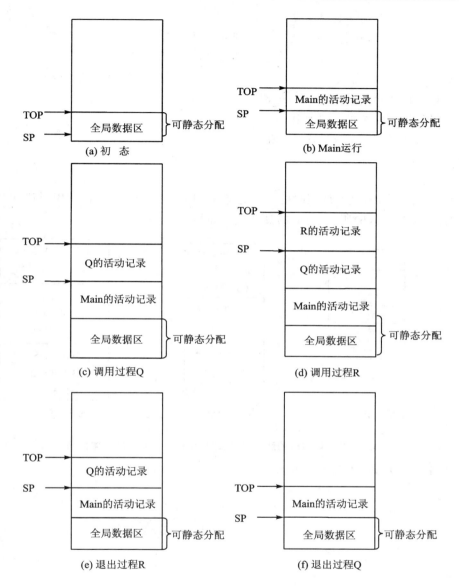

图 6.5 栈式存储分配

下的指令：

$$(i+3)[\text{TOP}]:=T_i \qquad\qquad （传递参数值）$$

或

$$(i+3)[\text{TOP}]:=\text{addr}(T_i) \qquad\qquad （传递参数地址）$$

这些指令的作用是将实参的值或地址——传进新的过程的形式单元中。此处假定，每个形式单元不论用来存放实参的值还是地址，均只用一个机器字。

注意，在执行这些指令时 TOP 的值不受影响。

四元式 call P n 应被翻译成

  1 [TOP]：＝SP   （保护现行 SP）

  3 [TOP]：＝n   （传送参数个数）

  JSR P   （转子指令,转向 P 的第一条指令）

即设有过程调用语句:id(T_1,T_2,…,T_3)。

与过程调用相关的语义动作为

① 参数传递（将参数送入活动记录）；

② 记录老 SP 值；

③ 填入参数个数。

以 C 语言为例,过程调用时的活动记录如图 6.6(a)所示,过程调用时语句的三地址代码如图 6.6(b)所示,对应的具体代码如图 6.6(c)所示。

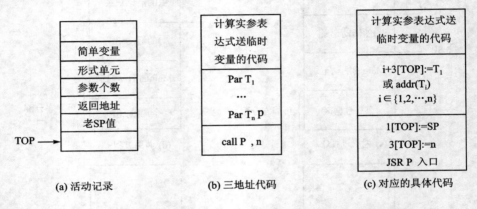

   (a) 活动记录   (b) 三地址代码   (c) 对应的具体代码

图 6.6 过程调用时的活动记录、三地址代码及对应的具体代码

例 6.2 设有过程调用如下:

```
Main()
{Main 中的数据说明;
    …
    Q();
    …
}
voidQ()
    {Q 中的数据说明;
    void R(a, b,c);
    …
}
```

当过程运行到 Q 中的 R(a,b,c)时,目标代码(传地址)如图 6.7 所示。

（2）转进过程 P 后

首先要做的工作是定义新活动记录的 SP,保护返回地址和定义这个记录的

TOP 值,即应执行下述的指令:

```
SP：= TOP + 1              /＊定义新 SP＊/
1[SP]：= 返回地址          /＊保护返回地址＊/
TOP：= TOP + L            /＊定义新 TOP＊/
```

其中,L 是过程 P 的活动记录所需的单元数,这个数在编译时可静态地计算出来。在过程段执行语句的工作过程中,凡引用形式参数、局部变量或数组元素都是以 SP 为变址器进行变址访问的。进入过程时的活动记录结构如图 6.8 所示。

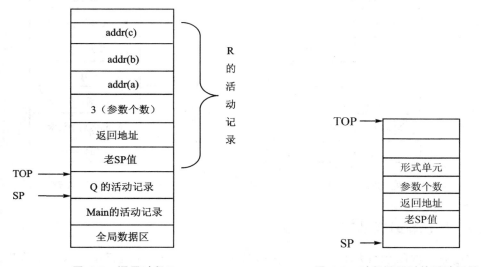

图 6.7　调用过程 R　　　　　　　　图 6.8　过程调用时的活动记录

具体进入过程 R 后,活动记录目标结构如图 6.9 所示。

(3) 退出过程 P 时

C 语言以及其他一些相似的语言含有下面形式的返回句:

$$return(E)$$

其中,E 为表达式。假定 E 的值已计算出来并已放在某个临时单元 T 中,那么,将 T 的值传送到某个特定的寄存器中(调用段将从这个特定的寄存器中获得被调用过程的结果值)。然后,剩下的工作是恢复 SP 和 TOP 为进入过程前的老值,并按返回地址实行无条件转移,即执行下述的指令序列:

```
TOP:= SP－ 1   /*恢复老 TOP值*/
       SP:= 0[SP]          恢复老 SP值*/

       X:= 2[TOP]               /*X为某一变址器*/
       UJ 0[X]           返回
```

此处 UJ 为无条件转移指令,按 X 中的返回地址实行变址转移。

一个过程也可以通过它的 end 而自动返回。在这种情况下，如果此过程是一个函数过程，则按同样的办法传送结果值，否则就直接执行上述的返回指令序列。

具体退出过程 R 后的活动记录目标结构如图 6.10 所示。

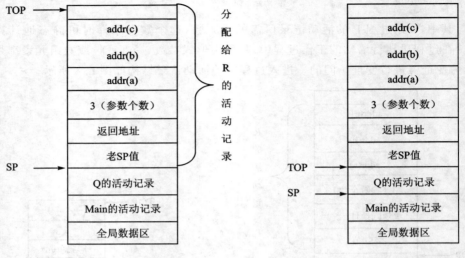

图 6.9　进入过程 R 时　　　　　图 6.10　退出过程 R 时

6.1.4　堆(heap)式动态存储分配

程序对数据区空间大小的需求在编译时是完全未知的，在运行中进入一个程序模块时，也不必知道该程序模块所需的数据区大小，此时采用堆式动态存储分配方案，即如果一个程序语言提供用户自由地申请内存空间(数据空间)和退还数据空间的机制(如 C++中的 new、delete，Pascal 中的 new)，或者不仅有过程而且有进程的程序结构，即空间的使用未必服从"先申请后释放，后申请先释放"的原则，此种情况采用堆式动态存储分配方案。堆由大片的可利用块或空闲块组成，堆中的内存可以按照任意顺序分配和释放，因此，用堆保存数据时会得到更大的灵活性。由于需要向操作系统申请内存分配空间，所以在分配和销毁时都要占用时间，因此用堆的效率非常低。

首先考虑堆的分配问题。当运行程序要求一块体积为 N 的空间时，应该分配哪一块给它呢？理论上说，应从比 N 稍大一点的一个空闲块中取出 N 个单元，以便使大的空闲块派更大的用场，但这种做法较麻烦。因此，常常采用"先碰上哪块比 N 大就从其中分出 N 个单元"的原则。但无论采用什么原则，整个大存储区在一定的时间内申请释放之后必然会变得零碎不堪。总有一个时候会出现这样的情形：运行程序要求一块体积为 N 的空间，但发现没有比 N 大的空闲块了，然而所有空闲块的总和却要比 N 大得多，这时解决的办法是：操作系统有一个记录空闲内存地址的链表，在进行分配时,当系统收到程序的申请时,会遍历该链表,从空闲块链表中找出满足需要的一块,寻找第一个空间大于所申请空间的堆结点,或者整块分配出去;另外,对于大多数系统,会在这块内存空间中的首地址处记录本次分配空间的大小,这样,代码中的 delete 语句才能正确地释放本内存空间。另外,由于找到的堆结点的大小不一定正好等于申请的大小,系统会自动将多余的那部分重新放入空闲链表中。

事实上,面向对象的多态性,堆内存分配是必不可少的,因为多态变量所需的存储空间只有在运行时创建了对象之后才能确定。在 C++中,要求创建一个对象时,只需用 new 命令编制相关的代码即可。执行这些代码时,会在堆里自动进行数据的保存。

栈与堆的区别

栈区由编译器自动分配释放,分配速度快,程序员无法控制,栈是向低地址扩展的数据结构,是一块连续的内存区域。其操作方式类似于数据结构中的栈,只要栈的剩余空间大于所申请的空间,系统将为程序提供内存,否则将报异常,提示栈溢出。

堆区一般由程序员分配释放,若程序员不释放,则程序结束时可能由 OS 回收。注意,它与数据结构中的堆是两回事,堆用链表来存储空闲内存地址,自然是不连续的内存区域;堆是向高地址扩展的数据结构,堆的大小受限于计算机系统中有效的虚拟内存。由此可见,堆获得的空间比较灵活,也比较大。堆是由 new 分配的内存,一般速度比较慢,而且容易产生内存碎片,不过用起来最方便。首地址处记录本次分配的大小,这样,代码中的 delete 语句才能正确地释放本内存空间。另外,由于找到的堆结点的大小不一定正好等于申请的大小,故系统会自动将多余的那部分重新放入空闲链表中。

6.2 符号表

编译过程中编译程序需要不断汇集和反复查证出现在源程序中各种名字的属性和特征等有关信息。这些信息通常记录在一张或几张符号表中。这些信息将用于语义检查(名字是否说明、是否重复说明、变量类型的一致性、数组维数的一致性等)、产生中间代码以及最终生成目标代码等不同阶段。编译整个过程中,随着分析的进行,都要和符号表打交道,要反复查表和填表,合理地设计和使用符号表是编译程序构造的一个重要内容。

编译过程中,符号表中所登记的信息在编译的不同阶段都要用到。

每当词法分析阶段扫描器识别出一个名字(标识符)后,首先查找符号表,若该名字在符号表中没有登记,则把该名字填入到符号表中,但这时不能确定名字的属性,要到语法分析识别出说明语句时再把名字的类型等信息填入到符号表中;当使用该名字时,要对名字的属性进行查证。

在语义分析中,符号表所登记的内容将用于语义检查(如检查一个名字的使用和原先的说明是否一致)和产生中间代码。

在目标代码生成阶段,当对标识符进行地址分配时,符号表是地址分配的依据,存储分配程序将变量在存储区中的相对地址添加到符号表中。

对于一个多遍扫描的编译程序,不同遍所用的符号表也往往各有不同。因为每遍所关心的信息各有差异。

6.2.1 符号表的组织与内容

在编译的各个分析阶段,都需要不断汇集和反复查证出现在源程序中的各种名字的属性和特征等有关信息。因此,合理组织符号表,使符号表本身占据的存储空间尽量减少,同时提高编译期间对符号表的访问效率,显得特别重要。

概括地说,一张符号表的每一项(或称入口)包含两大栏(或称区段、字域),即名字栏和信息栏。符号表的一般格式如表 6.1 所列。

表 6.1　符号表的一般格式

名字栏(NAME)	信息栏(INFORMATION)			
名　字	种　属	类　型	地　址	…

第 1 项(入口 1)
⋮
第 n 项(入口 n)

由于查填符号表一般是通过匹配名字来实现的,因此,名字栏也称主栏。主栏的内容称为关键字(keyword)。信息栏包含许多子栏和标志位,用来记录相应名字的种种不同属性,如类型信息、地址码、层次信息、行号信息、存储类别和存储位置等。

1. 名字栏的组织

符号表名字栏最简单的组织方式是长度都是固定的,即**固定栏长度组织**。这种组织方式适合规定名字长度并且名字长度不是特别长的语言,可以将规定的最大长度作为名字栏的长度。这种名字固定栏长度的表格易于组织、填写和查找。对于这种表格,每个名字直接填写在主栏中。例如,有些语言规定标识符的长度不得超过 8 个字符,于是,我们就可以用两个机器字作为主栏(假定每个机器字可容纳 4 个字符);若标识符长度不到 8 个字符,则用空白符补足。这种直接填写的表格形式如表 6.2 所列。

表 6.2　名字固定栏长度

名字栏(NAME)	信息栏(INFORMATION)
SAMPLE	…
LOOP	…
…	…

但是,有许多语言对标识符的长度几乎不加限制,或者说,标识符的长度范围甚

宽,比如说,最长可容许由 100 个字符组成的名字。在这种情况下,如果每项都用 25 个字作主栏,则势必会大量浪费存储空间。因此,最好用一个独立的字符串数组,把所有标识符都存放在其中,在符号表的主栏放一个指示器和一个整数;或在主栏仅放一个指示器,在标识符前放一个整数。指示器指出标识符在字符数组的位置;整数代表此标识符的长度,这种方式叫**可变栏长度组织**。这样,符号表的结构就如表 6.3 和表 6.4 所列。

表6.3 名字可变栏长度一

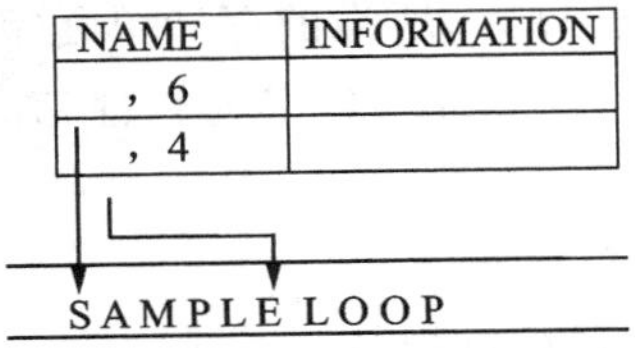

NAME	INFORMATION
, 6	
, 4	

SAMPLE LOOP

表6.4 名字可变栏长度二

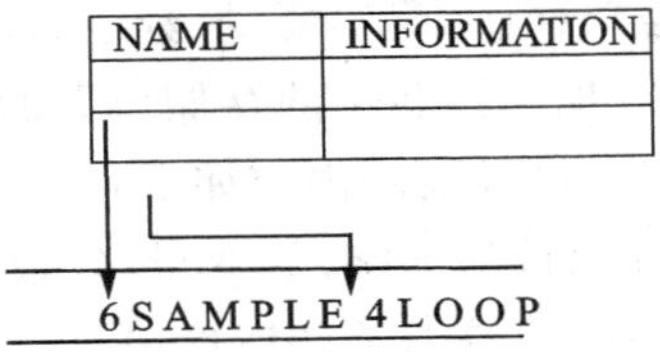

NAME	INFORMATION

6 SAMPLE 4 LOOP

2. 信息栏的组织

不同名字的属性可能会有很大的不同,因而在符号表中信息栏的分类也不同。例如,数组的属性域:维数、界差、每一维的上下界、分量类型等信息;简单变量的属性域:类型、种属、大小、存储单元的相对地址等。为解决上述问题,可把一些共同属性直接登记在符号表的信息栏中,而为某些特殊属性专门开辟一个信息区域,并在信息栏中附设一指示器,指向存放特殊属性的信息区域。如,在符号表的地址栏中存入符号表与内情向量表连接的入口地址(即指针)。如表 6.3 所列,当填写或查询数组有关信息时,通过符号表与内情向量表连接的入口地址来访问此内情向量表。对于过程名字以及其他一些含信息较多的名字,都可类似地开辟专用信息表,存放那些不宜全部存放在符号表中的信息,而在符号表中保留与信息表相联系的地址信息。信息栏的结构如图 6.11 所示。

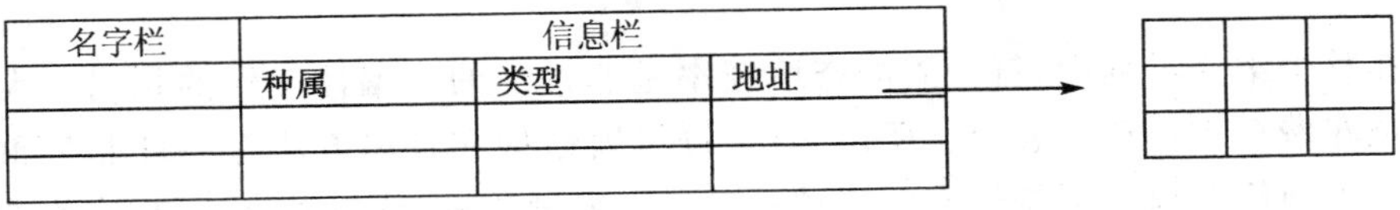

名字栏	信息栏					
	种属	类型	地址	→		

图 6.11 信息栏的结构

这里需要指出的是,编译程序理论上说,使用一张统一的符号表也就够了,但是,许多编译程序为处理上的方便,常常按名字的不同种属分别使用许多符号表,如常数表、变量名表、过程名表等。这是因为,不同种属名字的相应信息往往不同,信息栏的长度也各有差异。

在整个编译期间,编译程序对于符号表的操作主要是查找、填写和删除操作,归纳起来大致可归纳为五类:

● 对给定名字,查询此名是否已在表中;

● 往表中填入一个新的名字;

- 对给定的名字,访问它的某些信息;
- 对给定的名字,往表中填写或更新它的某些信息;
- 删除一个或一组无用的项。

不同种类的表格所涉及的操作往往也是不同的。上述五个方面只是一些基本的共同操作。

3. 符号表的内容

符号表的信息栏中等价了每个名字的有关属性信息,如类型信息(整型、实型或布尔型等)、种属(简单变量、数组、过程等)、大小(长度,即所需的存储单元字数)以及相对数(分配给该名字的存储单元的相对地址)。一般来说,名字的属性信息来源于说明语句。符号表的内容如下:

① 标识符的名字,如变量名、数组名、过程名等。

② 与标识符有关的属性信息(如数组名、变量名和过程名)。

- 类型,如整型、实型、双实型、布尔型、字符型、复型、标号或指针等;
- 种属,如简单变量、数组、过程或记录结构等;
- 长度,如所需的存储单元数;
- 相对数,如存储单元的相对地址;
- 数组,记录数组信息向量表(内情向量表),如维数、界差、上下界、计算下标地址时涉及的常量等;
- 记录结构,把它与其分量按某种形式联系起来;
- 过程或函数,如:是否为程序的外部过程;若为函数,函数的类型是什么;其说明是否处理过;是否递归;形式参数是什么;为了与实参进行比较,必须把它们的种属、类型信息同过程名字联系在一起。

6.2.2 符号表的查填方法

在整个编译过程中,符号表的查填频率是非常高的。编译工作的相当一大部分时间是花费在查填符号表上。所以,研究符号表结构和查填方法是一件非常重要的事情。下面简单地介绍符号表的三种构造法和处理法,即线性表查找、折半查找与二叉树、杂凑技术。第一种办法最简单,但效率低。二叉树的查找效率高一些,然而实现上略困难一点。杂凑技术的效率最高,可是实现上比较复杂,而且要消耗一些额外的存储空间。

1. 线性表查找

线性表方法是最简单和最容易的构造符号表的方法。按标识符出现的先后顺序填写各个项,编译程序不做任何整理名字顺序的工作,当碰到一个新名时就按顺序将它填入空白表项中,指示器 AVAILABLE 下移一项(线性表设置一个指示器 AVAILABLE,它总是指向空白区的首地址)。其结构如表 6.5 所列。

表 6.5 线性符号表

项数	名字栏（NAME）	信息栏（INFORMATION）
第 1 项	JI	...
第 2 项	XYZ	...
第 3 项	I	...
第 4 项	BC	
AVAILABLE →		

　　线性表中每一项的先后顺序是按先来者先填的原则安排的，编译程序不做任何整理次序的工作。如果是显式说明的程序设计语言，则根据各名字在说明部分出现的先后顺序填入表中（表尾）；如果是隐式说明的程序设计语言，则根据各名字首次引用的先后顺序填入表中。当需要查找某个名字时，就从该表的第一项开始顺序查找，若一直查到 AVAILABLE 还未找到这个名字，就说明该名字不在表中。

　　线性表名字查找方法一般有三种，第一种顺序查找，即从符号表第一项开始顺序查找，如果一直查到指示器 AVAILABLE 时也没查到该名字，则说明该名字不存在。第二种是反序查找，即从符号表第 n 项（从 AVAILABLE 的前一项开始追溯到第一项）开始反序查找，如果一直查到第一项也没查到该名字，则说明该名字不存在。第三种方法是最新最近原则的"自适应线性表"方法查找，即给每项附设一个指示器，这些指示器把所有的项按照"最新最近"访问原则连接成一条链，使得在任何时候，这条链的第一个元素所指的项是那个最新最近被查询过的项，第二个元素所指的项是那个次新次近被查询过的项，以此类推。每次查表时都按照这条链所指的顺序，一旦查到之后就即时更新，重新按照最新最近原则排序这条链，使得链头指向刚才查到的那个项。每当有新项填入时，总让链头指向这个最新项。含有这种链条的线性表叫作**自适应线性表**。

　　对于一张含有 n 项的线性表来说，欲从中查找到一项，平均来说需要做 n/2 次的比较。显然使用顺序查找方法效率很低。但由于线性表的结构简单而且节省存储空间，所以许多编译程序仍然使用这种线性表。根据一般程序员的习惯，新定义的名字往往要立即使用。为了提高查找效率，按照反序查找一般来说效率会更高些，即从 AVAILABLE 的前一项开始追溯到第一项也许效率更高。但是，当需要填进一个新说明的名字时，必须先对这个名字查找表格，如果它已在表中，就不重新填入（通常要报告重名错误）。如果它不在表中，就将它填进 AVAILABLE 所指的位置，然后累增 AVAILABLE，使它指向下一个空白项的单元地址。反序查找虽然查找速度快，但是填新名字速度很慢。自适应线性表相对来说速度最高，但是每项附设一个指示器，需要浪费一定量的存储空间。

2．折半查找与二叉树

　　为了提高查表的速度，可以在造表的同时把表格中的项按名字的"大小"顺序整理排列。所谓名字的"大小"通常是指名字的内码二进值。例如，规定值小者在前，值大者在后。有顺序的符号表如表 6.6 所列。

表 6.6　有顺序的符号表

项数	名字栏（NAME）	信息栏（INFORMATION）
第1项	BC	…
第2项	I	…
第3项	JI	…
第4项	op	…
第5项	XYZ	
AVAILABLE ⟶	…	

采用折半查找,表格的名字必须经顺序化整理,假设表中已经含有 n 项,要查找某项 SYM 时:

● 把 SYM 和中间项(即第 $\lfloor n/2 \rfloor + 1$ 项)作比较,若相等,则宣布查找到。

● 若 SYM 小于中间项,则继续在 $1 \sim \lfloor n/2 \rfloor$ 的各项去查找。

● 若 SYM 大于中项,则就到 $\lfloor n/2 \rfloor + 2 \sim n$ 的各项中去查找。

如按表 6.6 查找 op,则第一次与第 3 项(JI)比较,op 机内码比 JI 大,第二次与第 4 项和第 5 项比较,正好 op 等于第 4 项,折半查找结束。

采用折半查找方法,该方法使查找的范围每次缩小一半,所以查找效率较高。如果符号表中已经含有 n 项,则经第一次比较就甩掉 n/2 项。当继续在 $1 \sim \lfloor n/2 \rfloor$ 或 $\lfloor n/2 \rfloor \sim n)$ 的范围中查找时,同样采取首先同新中项作比较的办法。如果还查不到,则再把查找范围折半。显然,使用这种查找法,每查找一项最多只须作 1＋log 2N 次比较,因此这种查找法也叫对数查找法。

折半查找办法虽好,但对一遍扫描的编译程序来说,没有太大的用处。因为,符号表是边填边引用的,这意味着每填进一个新项都得做顺序化的整理工作,而这同样是极费时间的。

一种变通办法是把符号表组织成一棵二叉树,二叉树是每个结点最多有两个子树的有序树,二叉树的子树有左右之分,次序不能颠倒。也就是说,令每项是一个结点,每个结点附设两个指示器栏,一栏为 LEFT(左枝),另一栏为 RIGHT(右枝)。每个结点的主栏内码值被看成是代表该结点的值。对于这种二叉树,只有一个要求,那就是,任何结点 P 右枝的所有结点值均应小于结点 P 的值,而左枝的任何结点值均应大于结点 P 的值。

二叉树的形成过程是:令第一个碰到的名字作为"根"结点,它的左、右指示器均置为 null。当要加入新结点时,首先把它和根结点的值作比较,小者放在右枝上,大者放在左枝上。如果根结点的左(右)枝已成子树,则让新结点和子树的根再作比较。重复上述步骤,直到把新结点插入使它成为二叉树的一个端末结点(叶)为止。表 6.6 所列的线性表用二叉树表示,如图 6.12 所示。

二叉树的查找效率比对折查找效率显然要低一点,而且由于附设了左、右指示器,存储空间也得多耗费一些。但它所需的顺序化时间显然要少得多,而且每查找一项所需的比较次数仍是和 $\log_2 N$ 成比例的。因此,它还是一种可取的办法。

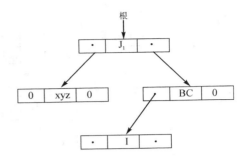

图 6.12 线性表的二叉树

3. 杂凑技术

表格的大部分操作是查表和填表,所以表格处理的关键问题在于如何保证查表与填表两方面的工作都能高效地进行。对于线性表来说,填表快,查表慢。而对于对折法而言,则填表慢,查表快。杂凑技术就是利用杂凑函数把任意长的输入串转化为固定长的输出串的一种技术方法,又称哈希(Hash)技术。这种方法要求:必须有一个足够大的足以填写一张含 N 项的符号表。构造一个地址函数 H,对任何名字 SYM,H(SYM)函数取值于 $0 \sim N-1$ 之间。这就是说,不论对 SYM 查表或填表,都希望能从 H(SYM)获得它在表中的位置。例如,用无符号整数作为项名,令 $N=17$,把 H(SYM)定义为 SYM/N 的余数。那么,名字"'09'"将被置于表中的第 9 项,"'34'"将被置于表中的第 0 项,"'171'"将被置于表中的第 1 项,等等。

不难看出,对于地址函数 H 有两点要求:第一,函数的计算要简单、高效;第二,函数值能比较均匀地分布在 $0 \sim N-1$ 之间。例如,若取 N 为质数,把 H(SYM)定义为 SYM/N 的余数就是一个相当理想的函数。

构造函数 H 的办法很多,通常是将符号名的编码杂凑成 $0 \sim N-1$ 间的某一个值,因此,地址函数 H 也常常称为杂凑函数。由于用户使用标识符是随机的,而且标识符的个数也是无限的(虽然在一个源程序中所有标识符的全体是有限的),因此,企图构造一一对应的函数当然是徒劳且不现实的。在这种情况下,除了希望函数值的分布比较均匀之外,还必须设法解决"地址冲突"的问题。例如,H(SYM)为 SYM/N 的余数,$N=17$,由于 H('05')=H('22')=5,若表格的第 5 项已为"'05'"所占,那么,后来的"'22'"应放在哪里呢?"'39'"应放在哪里呢?……

杂凑技术常常使用一张杂凑(链)表通过间接方式查填符号表。时时把所有相同杂凑值的符号名连成一串,便于线性查找。杂凑表是一个可容 N 个指示器值的一维数组,它的每个元素的初值全为 null。符号表除了通常包含的栏外,还增设了一个链接(LINK)栏,它把所有持相同杂凑值的符号名连接成一条链。例如,假定 $H(SYM_1) = H(SYM_2) = H(SYM_3) = h$,那么,这两项在表中出现的情形如图 6.13 所示。

填入一个新的 SYM 过程是:

① 计算出 H(SYM)的值 h(在 $0 \sim N-1$ 之间),置 P:=HASHTABLE[h](若未曾有杂凑值为 h 的项名填入过,则 p=null);

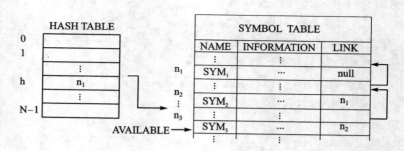

图 6.13   杂凑技术示意

② 置 HASHTABLE[h]：＝AVAILABLE，再把新名 SYM 及其链接指示器 LINK 的值 p 填进 AVAILABLE 所指的符号表位置，并累增 AVAILABLE 的值使它指向下一个空项的位置。

使用这种办法的查表过程是，首先计算出 H(SYM)＝h，然后就指示器 HASH-TABLE[h]所指的项链逐一按序查找(线性查找)。

6.3   小   结

编译程序必须为目标程序的运行分配存储空间。编译的存储分配方法有两种，分别为静态存储分配和动态存储分配。编译阶段能够为数据进行存储分配叫静态存储分配，在程序运行阶段才能确定存储空间大小进行的存储分配叫动态存储分配。动态存储分配分为堆式存储分配和栈式存储分配两种。栈式存储分配方法是把整个程序的存储空间都安排在一个栈里，程序对数据区的需求在编译时是完全未知的，但是到运行时一定能知道所需的数据区大小。这种分配方法特别适用于具有嵌套结构的程序设计语言，栈式存储分配按照先进后出的原则进行分配。如果一个程序设计语言允许用户动态地申请和释放存储空间，而且申请和释放之间不一定遵循"后申请先归还"的原则，则栈式分配方案就不适用了，而是通常使用堆式动态存储分配方法。

编译程序整个过程都需要不断地访问符号表，大部分时间都花费在查符号表上了。所以，设计合理的符号表结构和设计高效的符号表查填算法，是提高编译程序效率的重要因素。符号表常见的查填方法有：线性表、折半查找与二叉树、杂凑技术等。

本章重点：

掌握活动记录内容、以 C 语言为例的栈式存储分配过程和方法，掌握静态、动态存储分配的概念。了解符号表的组织结构、作用和查填方法。

习题 6

6.1 简述静态存储分配的基本思想。静态存储分配对语言有何要求？

6.2 比较静态存储分配方案和动态存储分配方案的区别。

6.3 在 C 语言过程的活动记录中,连接数据有哪些？作用是什么？

6.4 什么是符号表？符号表的内容是什么？

6.5 "符号表由词法分析程序建立,由语法分析程序使用"。这种说法正确吗？

6.6 符号表的查找方法有哪些？

6.7 已知 C 语言程序结构部分定义如下,试填写调用过程 Q 后活动记录的内容。

```
main(   )
    {
        main 数据区
        Q(i,j)
    }
void Q(c,d)
    {
int x,y;
float z;
    }
```

第 7 章　编译优化

编译各个阶段生成的代码,由于是"机械生成"的结果,不可能如"手工编码"那样简洁高效,因此,如果想得到高效的目标代码,必须进行代码优化。

本章讨论如何对程序进行各种等价变换,使得从变换后的程序出发,能生成更有效的目标代码,通常称这种变换为**优化**。优化可在编译的各个阶段进行,但最主要分为两类优化。一类优化是在目标代码生成以前,对语法分析后的中间代码进行的,这类优化与具体的计算机硬件无关。另一类重要的优化是在生成目标代码时进行的,它在很大程度上依赖于具体的计算机硬件。

有很多技术和手段可以用于中间代码这一级上的优化。总体上讲,在一个编译程序中优化器的地位和结构如图 7.1 所示。

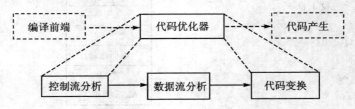

图 7.1　代码优化器的地位和结构

有的优化工作比较容易实现,如基本块内的局部优化。在一个程序运行时,相当多一部分时间往往会花在循环上,因此,基于循环的优化是非常重要的。有的优化技术的实现涉及对整个程序的控制流和数据流的分析,其实现代价是比较高的。本章7.1 节介绍优化的基本概念;7.2 节重点介绍基于基本块的局部优化;7.3 节介绍循环优化;7.4 节为小结。

7.1　优化的基本概念

优化的目的是为了产生更高效的代码。经过编译程序优化的代码变换必须遵循三种优化原则。

① 等价原则。经过优化后不应改变程序运行的结果。

② 有效原则。使优化后所产生的目标代码运行时间较短,占用的存储空间较小。

③ 合算原则。应尽可能地以较低的代价取得较好的优化效果。

1. 优化的分类

为了获得更优化的程序,可以从各个环节着手。首先,在源代码这一级,程序员可以通过选择适当的算法和安排适当的实现语句来提高程序的效率。例如,进行排序时,采用"快速排序"比采用"插入排序"就要快得多。其次,在设计语义动作时,不仅可以考虑产生更加高效的中间代码,而且还可以为后面的优化阶段做一些可能的预备工作。例如,可以在循环语句的头和尾对应的中间代码"打上标记",这样可以有助于后面的控制流和数据流分析;代码的分叉处和交汇处也可以打上标记,以便于识别程序流图中的直接前驱和直接后继。对编译产生的中间代码,我们安排专门的优化阶段,进行各种等价变换,以改进代码的效率。在目标代码这一级上,应该考虑如何有效地利用寄存器,如何选择指令,以及进行窥孔优化等。

总的来说,优化的种类分为源程序优化和编译优化。编译优化分为在中间代码上的优化(局部优化、循环优化、全局优化)和生成目标程序时的优化。其中,中间代码上的优化与目标机无关,生成目标程序的优化与目标机有关。局部优化是指基本块内的优化,非局部优化是指超越基本块的优化,包括全局优化和循环优化。

2. 常用的优化技术

(1) 删除公共子表达式

如果一个表达式 E 在前面已计算过,并且在这之后 E 中变量的值没有改变,则称 E 为公共子表达式。对于公共子表达式,可以避免对它的重复计算,称为删除公共子表达式(有时称删除多余运算)。

例 7.1　设有部分三地址代码如下:

$$
\begin{aligned}
&\cdots\\
&(n)\quad T_1 := 4 * i\\
&\cdots\quad(\text{此期间 i 值无变化})\\
&(m)\quad T_6 := 4 * i\\
&(\text{删除公共子表达式后换成 } T_6 := T_1)
\end{aligned}
$$

(2) 合并已知量

对常数运算编译时计算出数值,减小目标代码指令长度,从而提高运行速度。

例 7.2　设在一个基本块内有部分三地址代码如下:

$$
\begin{aligned}
&\cdots\\
&(n)\ T_1 := 3.14\\
&\cdots\\
&(m)\ T_2 := 2 * T_1
\end{aligned}
$$

如果对 T_1 赋值后, T_1 值没有改变过,则 $T_2 = 2 * T_1$ 中的两个操作数都是在编译时的已知量。可以在编译时计算出它的值,而不必等到程序运行时再计算,即合并已知量后, $T_2 = 2 * T_1$ 变为 $T_2 = 6.28$。

（3）复写传播

例 7.3 设有部分三地址代码如下:

$$
\begin{aligned}
&\cdots \\
&(i) \; T_4 := T_1 \\
&\cdots \\
&(\text{期间 } T_4 \text{ 的值没有使用,可见 } T_4 := T_1 \text{ 的赋值无用}) \\
&\cdots \\
&(j) \; T_6 := T_5[T_4] \\
&\cdots
\end{aligned}
$$

把 $T_6 := T_5[T_4]$ 改成 $T_6 := T_5[T_1]$, 这种变换称为复写传播。复写传播的目的是使对某些变量的赋值变为无用。

（4）删除无用赋值

赋值后不引用的变量对程序运行结果没有任何作用,称之为删除无用赋值或删除无用代码。

例 7.4 设有部分三地址代码如下:

$$
\begin{aligned}
&\cdots \\
&(i) \; a := 1 (\text{设 } a \text{ 被赋值后没再被引用}) \\
&\cdots \\
&(j) \; b := 5 (\text{设 } b \text{ 被赋值后没再被引用}) \\
&\cdots \\
&(k) \; T_1 := 4 * i \\
&\cdots \\
&\text{删除无用赋值后,上述三地址代码为} \\
&\cdots \\
&(k) \; T_1 := 4 * i \\
&\cdots
\end{aligned}
$$

（5）强度削弱

一般把乘除法变为加减法。

例 7.5 设有部分三地址代码如下:

优化前	优化后
(1) i＝1 (2) $T_1 := 4 * i$ 　… (5) i＝i＋1 (6) if i≤20 goto (2)	(1) i＝1 (2) $T_1 = 0$ (3) $T_1 = T_1 + 4$ 　… (6) i＝i＋1 (7) if i≤20 goto (3)

加减法运算一般比乘除法运算快,一般用加减法运算代替乘除法运算,所以称这种变换为强度削弱。如例 7.5,每循环一次,i 的值增加 1,T_1 的值增加 4,T_1 的值始终与 i 保持着 $T_1 = 4 * i$ 的线性关系。因此,我们可以把循环中计算 T_1 值的乘法运算,变换为在循环体内的加法运算。

（6）代码外提

对于循环中的有些代码,如果它产生的结果在循环中是不变的,则可以把它提到循环外来,以避免每循环一次都要对这条代码进行运算。

例 7.6　设有 while 语句循环代码如下:

优化前	优化后
while（i≤limit－2） ｛ … 　t＝limit－2 … ｝	t＝limit－2 while（i≤t） ｛ … ｝

设例 7.6 中,在 while 循环体中,t＝limit－2 的值是不变化的,通过代码外提后把它放在循环体外,则上述 while 语句代码外提变为优化后的结果。

（7）改变循环控制条件

如例 7.5 中,每循环一次,i 的值增加 1,T_1 的值增加 4,T_1 的值始终与 i 保持着 $T_1 = 4 * i$ 的线性关系。$T_1 = 4 * i$ 进行强度削弱后,i 的值除了条件判断,其他地方不再被引用。因此可以把条件判断变换 if i≤20 goto 3 改为 if T_1≤80 goto 4,并且可以去掉与 I 有关的指令。

例 7.7　设有 C 语言写的快速排序的代码如下,试对其用基本优化方法进行优化。

```
void quicksort(m,n);
int m, n;
{
    int i,j;
    int v,x;
    if (n< = m) return;
    / * fragment begins here * /
    i = m - 1;j = n;v = a[n];
    while(1){
        do
            i = i + 1;
        while(a[i]<v);
            do
            j = j - 1
        while(a[j]>v);
    if (i> = j) break;
    x = a[i];a[i] = a[j];a[j] = x;
        }
    x = a[i];a[i] = a[n];a[n] = x;
    / * fragment ends here * /
    quicksort(m,j);quicksort(i + 1,n);
}
```

    利用第 5 章介绍的方法,可以产生这个程序段的中间代码。图 7.2 给出了程序中两个注解(/ * fragment begins here * /和/ * fragment ends here * /)之间的语句对应的三地址代码,并对其划分了基本块。其中,T_1,T_2,…,T_{15} 为临时变量;B_1,B_2,…,B_6 为基本块,有关基本块的概念将在下节介绍。

    按照上述优化方法把 B_5 中的公共子表达式 $4 * i$ 和 $4 * j$ 的值赋给 T_7 和 T_{10}。这种重复计算可以消除。把 B_5 变换为如下代码段:

```
B₅:
        T₆ = 4 * i
        x = a[T₆]
        T₇ = T₆
        T₈ = 4 * j
        T₉ = a[T₈]
        a[T₇] = T₉
```

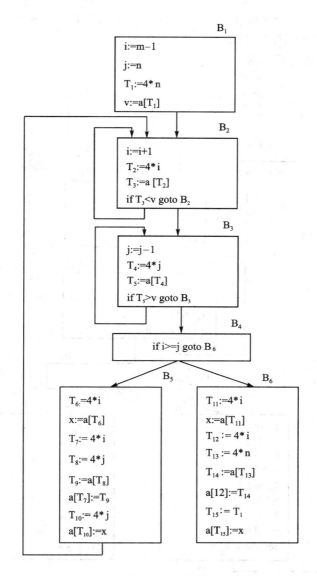

$$B_1$$
i:=m-1
j:=n
T_1:=4* n
v:=a[T_1]

$$B_2$$
i:=i+1
T_2:=4* i
T_3:=a [T_2]
if T_3<v goto B_2

$$B_3$$
j:=j-1
T_4:=4* j
T_5:=a[T_4]
if T_5>v goto B_3

$$B_4$$
if i>=j goto B_6

$$B_5$$
T_6:=4*i
x:=a[T_6]
T_7:= 4* i
T_8:= 4* j
T_9:=a[T_8]
a[T_7]:=T_9
T_{10}:= 4* j
a[T_{10}]:=x

$$B_6$$
T_{11}:=4* i
x:=a[T_{11}]
T_{12} := 4* i
T_{13} := 4* n
T_{14} :=a[T_{13}]
a[12]:=T_{14}
T_{15} := T_1
a[T_{15}]:=x

图 7.2　三地址代码程序段（优化前）

$T_{10} = T_8$

$a[_{T10}] = x$

goto B_2

按照上面的方法对 B_5 删除公共子表达式后，仍然要计算其他划分块中的 $4*i$ 和 $4*j$。因此还要在更大的范围来考虑删除公共子表达式的问题。

利用 B_3 中的赋值 $T_4 = 4*j$ 可以把 B_5 中的代码 $T_8 = 4*j$ 替换为 $T_8 = T_4$。

同理,利用 B_2 中的赋值 $T_2 = 4 * i$ 可以把 B_5 中的代码 $T_6 = 4 * i$ 替换为 $T_6 = T_2$。对于 B_6 也要做同样的考虑。

删除公共子表达式后的情况如图 7.3 所示。

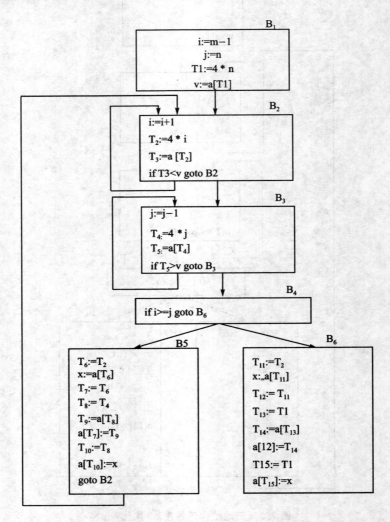

图 7.3　三地址代码程序段(优化后 1)

图 7.3 中的 B_5 还可以进一步改进。$T_6 = T_2$ 把 T_2 赋给 T_6,$x := a[T_6]$ 中引用了 T_6 的值,而这中间没有改变 T_6 的值。因此,可以把 $x := a[T_6]$ 变换为 $x := a[T_2]$。按照这样的复写传播方法,把 B_5 变为

$T_6 := T_2$

$x := a[T_2]$

$T_7 := T_2$

$T_8 := T_4$

$T_9 := a[T_4]$

$a[T_2] := T_9$

$T_{10} := T_4$

$a[T_4] := x$

goto B_2

进一步考察,由于在 B_2 中计算了 $T_3 := a[T_2]$,因此在 B_5 中可以删除公共子表达式,把 $x := a[T_2]$ 替换为 $x := T_3$。

进而,通过复写传播把 B_5 中 $a[T_4] := x$ 替换为 $a[T_4] := T_3$。

同样,B_5 中

$T_9 := a[T_4];\quad a[T_2] := T_9$

可以替换为

$T_9 := T_5;\quad a[T_2] := T_5$

这样 B_5 就变为

$T_6 := T_2$

$x := T_3$

$T_7 := T_2$

$T_8 := T_4$

$T_9 := T_5$

$a[T_2] := T_5$

$T_{10} := T_4$

$a[T_4] := T_3$

goto B_2

对于进行了复写传播的 B_5 中的变量 x 及临时变量 T_6、T_7、T_8、T_9、T_{10},由于这些变量的值在整个程序中不再被使用,因此,这些变量的赋值对程序运算结果没有任何作用。删除无用赋值后,B_5 变为

$a[T_2] := T_5$

$a[T_4] := T_3$

goto B_2

对 B_6 进行相同的优化处理,可把 B_6 变为

$a[T_2] := v$

$a[T_1] := T_3$

复写传播和删除无用赋值后,剩下的三地址代码如图 7.4 所示。

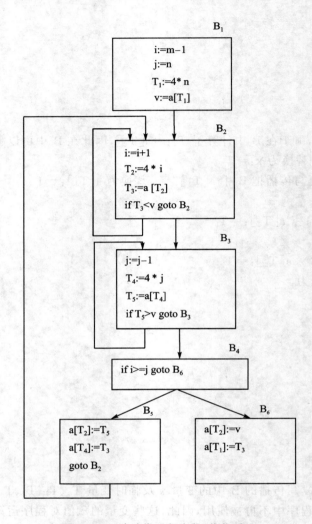

图 7.4 三地址代码程序段(优化后 2)

7.2 局部优化

局部优化(peephole)是在基本块范围内进行的优化,以 DAG(Directed Acyclic Graph)图为优化实现方法。

1. 基本块

所谓基本块,是指程序中一组顺序执行的语句序列,其中只有唯一一个入口和一个出口,入口就是基本块的第一个语句,出口就是基本块的最后一个语句。对一个基本块来说,执行时只能从其入口进入,从其出口退出。例如下面的三地址语句序列就形成了一个基本块：

$$T_1 := A + B$$
$$T_2 := A - B$$
$$T_3 := T_1 - T_2$$
$$T_4 := T_1 + T_2$$
$$T_5 := B * B$$
$$T_6 := T_4 + T_5$$

在各个基本块范围内，分别进行优化。局限于基本块范围内的优化称为基本块内的优化，或称为局部优化。对某确定的程序代码，可以把代码划分为一系列的基本块。在介绍基本块内的优化之前，首先给出基本块划分算法。

（1）确定基本块的入口语句

● 程序的第一条语句；

● 能由条件转移语句或无条件转移语句转移到的目的语句；

● 紧跟在条件转移语句后面的语句。

（2）确定基本块的出口语句

● 每个入口语句的上一条语句（不包括第一入口语句）；

● 转移语句；

● 停语句（或最后一条语句）。

（3）基本块划分算法

对以上求出的每一入口语句，构造其所属的基本块。它是由该入口语句到其下面语句中相邻出口语句之间（包含出口）的语句序列组成的。

凡未被纳入某一基本块中的语句，都是程序中控制流程无法到达的语句，从而也是不会被执行到的语句，可把它们从程序中删除。

例 7.8　设有某程序三地址代码如下：

(1) i=m−1	(10) T_4=i*j
(2) j=n	(11) T_5=a[T_4]
(3) T_1=4*n	(12) if T_5>v goto (9)
(4) v=a[T_1]	(13) if i≥j goto (23)
(5) i=i+1	(14) T_6=4*i
(6) T_2=4*i	(15) x=a[16]
(7) T_3=a[T_2]	(16) T_7=4*i
(8) if T_3<v goto (5)	(17) T_8=4*j
(9) j=j−1	(18) T_9=a[T_8]

(19) a[T_7]=T_9	(25) T_2=4*i
(20) T_{10}=4*j	(26) T_3=4*n
(21) a[T_{10}]=x	(27) T_{14}=a[T_{13}]
(22) goto (5)	(28) a[T_{12}]=T_{14}
(23) T_{11}=4*i	(29) T_{15}=4*n
(24) x=a[T_{11}]	(30) a[T_{15}]=x

按照上述基本块划分算法对该例进行基本块划分,由规则(1)的程序第一条语句是入口语句,得到(1)是入口语句;由规则(1)的条件转移语句或无条件转移语句转移到的目的语句是入口语句,得到(5)、(9)和(23)分别是一入口语句;由规则(1)紧跟在条件转移语句后面的语句,得到(9)、(13)和(14)是一入口语句。然后应用规则(2)的每个入口语句的上一条语句(不包括第一入口语句),得到(4)是出口语句;由规则(2)的转移语句求出各基本块的出口语句,它们分别是(5)、(9)和(23);由规则(2)的停语句(或最后一条语句)求出基本块的出口语句(30)。

由规则(3)基本块划分算法得到基本块并依次对基本块命名分别如下:

B_1:{(1)(2)(3)(4)}　B_2:{(5)(6)(7)(8)}　B_3:{(9)(10)(11)(12)}
B_4:{(13)}　B_5:{(14)(15)(16)(17)(18)(19)(20)(21)(22)}　B_6:{(23)(24)(25)(26)(27)(28)(29)(30)}

例7.9　设某程序三地址代码如下:

(1) read a

(2) goto (4)

(3) read b

(4) a=0

(5) if b>a goto (7)

(6) a=a+a

(7) b=b+1

(8) halt(停)

按照上述基本块划分算法对该例进行基本块划分,得到基本块并对基本块命名分别如下:

B_1:{(1)(2)}　B_2:{(4)(5)}　B_3:{(6)}　B_4:{(7)(8)}

从该例看出,语句(3) read b 不属于任何基本块,程序中控制流程无法到达的语句,从而也是不会被执行到的语句,可把它们从程序中删除。

2. 程序流图

一个有唯一首结点的有向图,称之为流图。流图是一个三元组 G(n_0,N,E),首结点是入口语句,是程序第一条语句的基本块;N 为结点集(包括首结点 n_0),结点即是基本块名字;E 为有向边集合,如果在某个执行顺序中,满足下列条件之一的基本块 $B_i \rightarrow B_j$ 存在一条有向边,即

① B_j 紧接在基本块 B_i 之后执行,且 B_i 的出口不是停语句,也不是无条件转移语句;

② B_i 的出口是转移语句,且转向的目标语句正好是基本块 B_j 的入口语句,则可以将控制流的信息增加到基本块的集合上来表示一个程序,一般称为 B_i 是 B_j 的前驱,B_j 是 B_i 的后继。

例 7.10　例 7.8 中程序的各基本块构成的流图如图 7.5 所示。

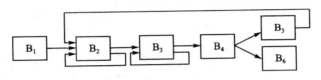

图 7.5　程序流图

该程序流图中,首结点 n_0 为 B_1,结点集合 $N = \{B_1, B_2, B_3, B_4, B_5, B_6\}$,边集合 $E = \{<B_1, B_2>, <B_2, B_3>, <B_3, B_4>, <B_4, B_5>, <B_4, B_6>, <B_3, B_3>, <B_2, B_2>, <B_5, B_2>\}$。

3. 基本块的 DAG 表示及其应用

基本块的具体优化用 DAG(Directed Acyclic Graph)图去实现,一个基本块的 DAG 是一种其结点带有下述标记或附加信息的 DAG。

① 图的叶结点(没有后继的结点)以一标识符(变量名)或常数作为标记,表示该结点代表该变量或常数的值。如果叶结点用来代表某变量 A 的地址,则用 addr(A) 作为该结点的标记。通常把叶结点上作为标记的标识符加上下标 0,以表示它是该变量的初值。

② 图的内部结点(有后继的结点)以运算符 OP 作为标记,表示该结点代表应用该运算符 OP 对其后继结点所代表的值进行运算的结果。

③ 图中各个结点上可能附加一个或多个标识符,表示这些变量具有该结点所代表的值。

基本 DAG 图的运算类型有赋值运算、一元运算、二元运算、给数组赋值、无条件转移、有条件转移,具体如图 7.6 所示。

下面给出含有赋值语句、一元运算和二元运算的中间代码的基本块的 DAG 构造算法。

⓪ 开始,DAG 为空。

对基本块中每一条中间代码式 x＝y op z,依次执行以下步骤。

① 在已经建立的 DAG 子图中寻找能代表 y、z 当前值的内结点,若有,即作为当

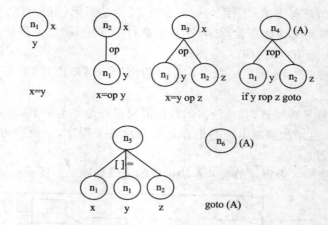

图 7.6　DAG 图的基本类型

前 y(或 z)值的结点;若无,则建立一新结点并标记为 y(或 z)。

②　若代表 y(或 z)当前值的结点至少有一个标记为非常数,则执行③,否则以 y op z 的值建立一个新结点,执行④。

③　在已建立的 DAG 子图中,查找该结点是否存在(公共子表达式),若不存在,则建立一结点,标记为 op,它以 y、z 作为左右结点。

④　附加结点标记为 x,并且检查 x 是否已经被标记为其他结点。如果已经被标记为其他结点,则将其从已经存在的结点的附加标识符集中删除(叶结点除外)。

⑤　处理下一语句,直至结束。

例 7.11　试构造以下基本块的 DAG 图。

$$
\begin{aligned}
&(1)\ T_0 := 3.14\\
&(2)\ T_1 := 2 * T_0\\
&(3)\ T_2 := R + r\\
&(4)\ A := T_1 * T_2\\
&(5)\ B := A\\
&(6)\ T_3 := 2 * T_0\\
&(7)\ T_4 := R + r\\
&(8)\ T_5 := T_3 * T_4\\
&(9)\ T_6 := R - r\\
&(10)\ B := T_5 * T_6
\end{aligned}
$$

图 7.7(a)分别表示代码(1)、(2)、(3)、(4)和(5)的 DAG 图。

图 7.7(b)表示在子图(a)基础之上,代码(6)、(7)、(8)、(9)和(10)的 DAG 图。

代码(10)B 二次被赋值 $B = T_5 * T_6$(B 第一次被赋值是代码(5)B := A),所以根据

DAG 构造算法的步骤④，B 第一次被赋值在结点 n_6 处的标识符集将被删除，得到最终 DAG 图如图 7.7(c)所示。

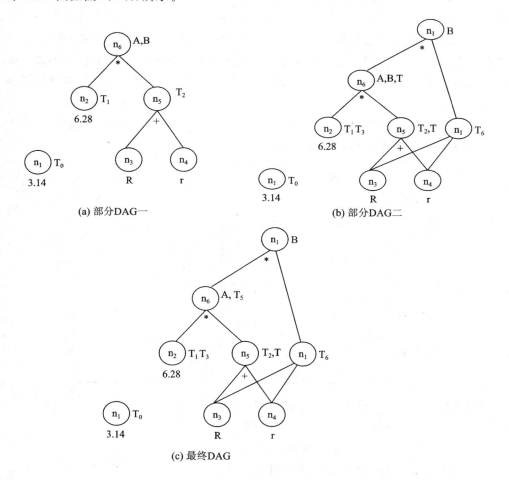

图 7.7　部分 DAG 和最终 DAG

根据 DAG 构造算法和上述例子，总结如下：

① 对任何一个代码，如果其中参与运算的对象都是编译时的已知量，那么，算法的步骤②并不生成计算该结点值的内部结点，而是执行该运算，用计算出的常数生成一个叶结点。所以步骤②的作用是实现合并已知量。

② 如果某变量被赋值后，在它被引用前又重新赋值，那么，算法的步骤④已把该变量从具有前一个值的结点上删除，也即算法的步骤④具有删除前述第二种情况无用赋值的作用。

③ 算法的步骤③的作用是检查公共子表达式，对具有公共子表达式的所有代码，它只产生一个计算该表达式值的内部结点，而把那些被赋值的变量标识符附加到

该结点上。

因此,可利用这样的 DAG,重新生成原基本块的一个优化的中间代码序列。为此,如果 DAG 某内部结点上附有多个标识符,由于计算该结点值的表达式是一个公共子表达式,当把该结点重新写成中间代码时,就可删除多余运算。例如,图 7.7(b) 结点 n_5 附有 T_2 和 T_4 两个标识符,当我们把结点 n_5 重新写成中间代码时,就不是生成 $T_2:=R+r$ 和 $T_4:=R+r$ 了,而是生成 $T_2:=R+r$ 和 $T_4:=T_2$。这样,就删除了多余的 $R+r$ 运算。

如果根据上述方式把图 7.7(c) 的 DAG 按原来构造其结点的顺序,重新写成中间代码,则得到以下中间代码序列 G'。

优化前	优化后
(1) $T_0:=3.14$	(1) $T_0:=3.14$
(2) $T_1:=2*T_0$	(2) $T_1:=6.28$
(3) $T_2:=R+r$	(3) $T_3:=6.28$
(4) $A:=T_1*T_2$	(4) $T_2:=R+r$
(5) $B:=A$	(5) $T_4:=T_2$
(6) $T_3:=2*T_0$	(6) $A:=6.28*T_2$
(7) $T_4:=R+r$	(7) $T_5:=A$
(8) $T_5:=T_3*T_4$	(8) $T_6:=R-r$
(9) $T_6:=R-r$	(9) $B:=A*T_6$
(10) $B:=T_5*T_6$	

结果分析,把 G' 和原基本块 G 相比,观察到:

① G 中中间代码(2)和(6)都是合并已知量。

② G 中中间代码(5)是删除无用赋值。

③ G 中中间代码(3)和(7)是公共子表达式。

所以 G' 是对 G 实现上述三种优化的结果。

除了可应用 DAG 进行上述的优化外,还可从基本块的 DAG 中得到一些其他的优化信息,这些信息是:

① 在基本块外被定值并在基本块内被引用的所有标识符,就是作为叶子结点上标记的那些标识符;

② 在基本块内被定值且该值能在基本块后面被引用的所有标识符,就是 DAG 各结点上的那些附加标识符。

利用上述这些信息,还可进一步删除中间代码序列中其他情况的无用赋值。但这时必须涉及有关变量在基本块后面被引用的情况(见数据流分析)。例如,如果 DAG 中某结点上附加的标识符,在该基本块后面不会被引用,那么,就不生成对该标识符赋值的中间代码。又如,如果某结点上不附有任何标识符或者其上附加的标识符在基本块后面不会被引用,而且它也没有前驱结点,这就意味着基本块内和基本块后面都不会引用该结点的值,那么,就不生成计算该结点值的代码。不仅如此,如果有两条相邻的代码 A:=C op D 和 B:=A,其中第一条代码计算出来的 A 值,只在第二条代码中被引用,则当把相应结点重写成中间代码时,原来的两条代码将变换成 B:=C op D。

现在假设例 7.11 中 T_0、T_1、T_2、T_3、T_4、T_5 和 T_6 在基本块后面都不会被引用,于是上图中 DAG 就可重写为如下代码序列:

(1) S_1:=R+r

(2) A:= 6.28 ＊ S_1

(3) S_2:= R－r

(4) B:=A＊S_2

其中,没有生成对 T_0、T_1、T_2、T_3、T_4、T_5 和 T_6 赋值的代码;S_1 和 S_2 是用来存放中间结果值的临时变量。

7.3　循环优化

在讲循环优化前,首先需要了解什么叫循环。什么叫循环呢? 概括地说,循环就是程序中那些可能反复执行的代码序列。因为循环中代码可能要反复执行,所以,进行代码优化时应着重考虑循环体内的代码优化,这对提高目标代码的效率将起很大的作用。为了进行循环优化,首先,要确定程序流图中哪些基本块构造一个循环。

1. 循　环

按照结构程序的设计思想,程序员在编程时应使用高级语言所提供的结构性循环语句来编写循环。常见的高级语言的循环语句有:C 语言中的 for 语句、while 语句、repeat 语句等。程序流图中基本块的循环简单来说是有唯一入口结点(n)的封闭回路(强连通子图)。例如在图 7.5 中 B_2 和 B_3 分别构成一个循环,$\{B_2,B_3,B_4,B_5\}$ 构成一个更大范围的循环。下面给出循环的抽象求法。

(1) 入口结点

找封闭回路的关键是找入口结点 n,入口结点 n 是满足下列性质的子结点:

① n 属于封闭回路子图;

② 流图首结点是入口结点;

③ 或者子图外有结点 m,它存在一条有向边 m→n。

例 7.12　设某程序流图如图 7.8 所示。

例如结点集合$\{n_5,n_6,n_7,n_8,n_9\}$是强连通的，有唯一入口结点为n_5，所以是循环。反例，结点集合$\{n_4,n_5\}$虽然是封闭回路，但是n_4和n_5都是入口，入口结点不唯一，所以不是循环。

（2）必经结点集

从流图的首结点出发到达结点n的任意通路都必须经过结点d，则称d是n的必经结点，记作d DOM n；n的必经结点的集合记作$D(n)$。

例7.13　对例7.12求每个结点的必经结点的集合，如图7.9所示。

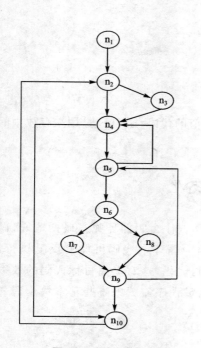

图7.8　程序流图

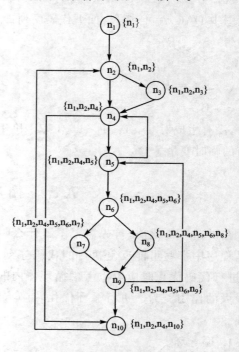

图7.9　必经结点集

（3）循环性质

性质1：入口点n必须是循环中各结点的必经结点；

性质2：如果使LOOP中所有结点都有可能重复执行，则循环中至少有一条边回到入口点n；否则，不能强连通。

（4）由回边构成循环

设流图$G=(n_0,N,E)$，$n\in N$，$d\in N$，如果$\langle n,d\rangle\in E$，并且d DOMn，即$d\in$ DOM(n)，则称$\langle n,d\rangle$为**流图的回边**。

如图7.9有四条回边，分别为$\langle n_9,n_5\rangle$、$\langle n_5,n_4\rangle$、$\langle n_{10},n_2\rangle$、$\langle n_4,n_{10}\rangle$。

设$\langle n,d\rangle$为流图$G=(n_0,N,E)$的一条回边，M是流图中有通路到达n而该通路不经过必经结点d的结点集，则loop$=\{n\cup d\cup M\}$构成了G的一个子图，称为由

回边 $<n,d>$ 组成的**自然循环**，且 d 是它的唯一入口结点。由回边组成的自然循环必为它的一个循环。

由回边构成循环的算法思想是：

n 的所有前驱只要不是 d，则均在 loop 中；对于 loop 中不为 d 的 n 的任意前驱 p，它的前驱只要不是 d，也在 loop 中，……，以此类推，直至前驱为 d 为止。

图 7.9 中有三个循环，循环子图分别如图 7.10(a)、7.10(b) 和 7.10(c) 所示。

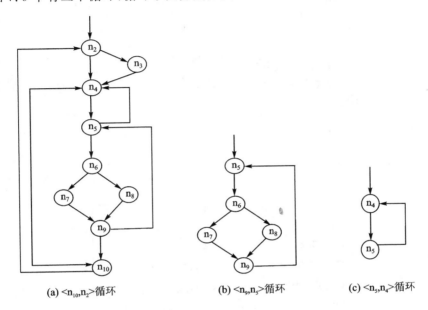

(a) $<n_{10},n_2>$ 循环　　　　(b) $<n_9,n_5>$ 循环　　　　(c) $<n_5,n_4>$ 循环

图 7.10　三个循环子图

2. 循环优化的方法

对循环中的代码优化，有代码外提、强度削弱和删除归纳变量等优化方法。

（1）代码外提

循环体内运算结果不变的代码提到循环体外，称为**代码外提**。循环体内的代码要随着循环反复地执行，但其中某些运算的结果往往是不变的。例如，假设循环中有形如 A:B op C 的代码，如果 B 和 C 是在循环体内不变的量或者常数，那么，不管循环进行多少次，每次计算出来的 B op C 的值将始终是不变的。对于这种不变运算 B op C，可以把它外提到循环外。这样，程序的运行结果仍保持不变，但程序的运行速度却提高了。

实行代码外提时，需要在循环入口结点前面建立一个新结点（基本块），称为循环的**前置结点**。循环前置结点以循环入口结点为其唯一后继，原来流图中从循环外引到循环入口结点的有向边，改成引到循环前置结点，如图 7.11 所示。

因为考虑的循环结构其入口结点是唯一的，所以，前置结点也是唯一的。循环中外提的代码将统统外提到前置结点中。

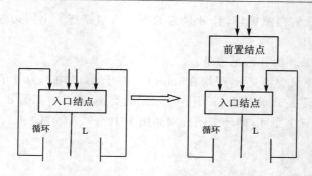

图7.11 循环前置结点

例7.14 对下面一段C语言源程序,其三地址代码如图7.12(a)所示,基本块划分如图7.12(b)所示。

```
for(i=1;i≤n;i++)
    {
        a[i]=b*c*i+d
    }
```

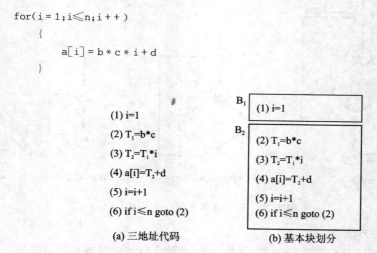

(a) 三地址代码   (b) 基本块划分

图7.12 三地址代码和基本块

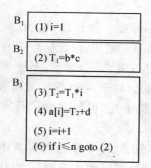

图7.13 代码外提

分析图7.12(b)中的基本块 B_2,可知基本块 B_2 是循环,语句(2)$T_1 = b * c$ 中 b 和 c 待用信息都为零,因此,无论基本块 B_2 执行多少次,b 和 c 的值也不会改变,即 T_1 在语句(2)中得到赋值(定值)也不会改变。也就是说,运算结果 T_1 的值和循环次数无关,语句(2)由计算循环不变量组成,可以对其进行代码外提,如图7.13所示。

是否在任何情况下,都可以把循环不变代码外提呢?请看例7.15。

例7.15 分析图7.14。

从图7.14中容易看出,$\{B_2, B_3, B_4\}$ 是循环,其中 B_2 是循环入口结点,B_4 是其**出口**结点。所谓出口结点,是指循环中具有这样性质的结点:

从该结点有一有向边引到循环外的某结点。

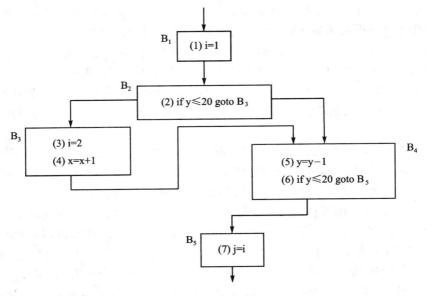

图 7.14　程序流图

　　在图 7.14 中，基本块 B_3 中 $i:=2$ 是循环不变量。如果把 $i:=2$ 外提到循环的前置结点 B_2' 中，则程序流图如图 7.15 所示。那么，执行到 B_5 时，i 的值总是 2，从而 j 的值也是 2。注意，B_3 并不是出口结点 B_4 的必经结点。如果 $X=30$ 和 $Y=25$，则按图 7.14 的流图，B_3 是不会被执行的。于是，当执行到 B_5 时，i 的值应是 1，从而 j 的值也是 1

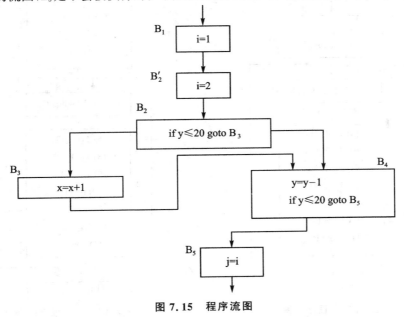

图 7.15　程序流图

而不是 2。所以，流程图 7.14 改变了原来程序的运行结果，这当然违背了优化要求。

问题的原因在于基本块 B_3 不是循环出口结点 B_4 的必经结点。从该例看到，当把一不变运算外提到循环前置结点时，要求该不变运算所在的结点是循环所有出口结点的必经结点。另外，还注意到，如果循环中 i 的所有引用点只是 B_3 中 i 的定值点所能到达的，i 在循环中不再有其他定值点，并且出循环后不会再引用该 i 的值（即在循环外的循环后继结点入口，I 不是活跃的），那么，即使 B_3 不是 B_4 的必经结点，仍然可以把 i:=2 外提到循环前置结点 B_2' 中，因为这并不会改变原来程序的运行结果。

（2）强度削弱

循环优化的第二种方法是**强度削弱**。所谓强度削弱是指把程序中执行时间较长的运算替换为执行时间较短的运算。例如把循环中的乘法运算用递归加法运算来替换等。

例 7.16 考察如图 7.16 所示的程序流图，其中 $\{B_2, B_3\}$ 是循环，设 B_2' 是循环的前置结点，B_2 是循环的入口结点。语句（10）中的 i 是一个递归赋值的变量，每循环一次，其值增加一个常量 1。另外，语句（5）和（7）计算 T_3 和 T_5 的值时，都要引用 i 的值，并且 T_3 和 T_5 都是 i 的线性函数；每循环一次，i 增加一个常量 1，T_3 和 T_5 分别增加一个常量 10。因此，如果把（5）和（7）外提到循环前置结点 B_2' 中，那么，只要在 i=i+1 的后面，给 T_3 和 T_5 分别增加一个常量 10，程序的运行结果仍保持不变。对乘法进行强度削弱后，程序流图如图 7.17 所示。

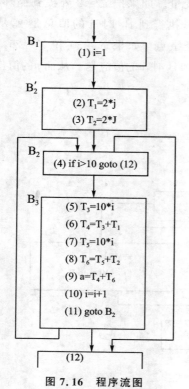

图 7.16 程序流图

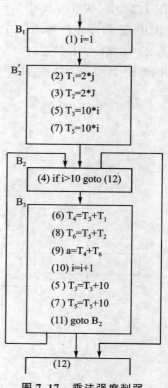

图 7.17 乘法强度削弱

经过上述变换,循环中原来的乘法运算(5)和(7),已被替换为在循环前置结点中进行一次乘法运算(即计算初值)和循环中递归赋值的加法运算(5′)和(7′)。不仅加法运算一般比乘法快,而且这种在循环前计算初值再在循环末尾加上常数增量的运算,可利用变址器提高运算速度,从而使运算的强度得到削弱。所以,我们称这种变换为强度削弱。

强度削弱不仅可对乘法运算实行,对加法运算也可实行。例如,在图 7.17 中,由(4′)和(8′)看到,T_3 和 T_5 也都是递归赋值的变量,每循环一次,它们分别增加一个常量 10。另外,(6)中计算 T_4 的值时要引用 T_3 的值,它的另一运算对象是循环不变量 T_1,所以,每循环一次,T_4 值的增量与 T_3 相同,即常数 10。与此雷同,式(8)中计算 T_6 值的增量与 T_5 相同,即常数 10。因此,我们又可对 T_4 和 T_6 进行强度削弱,即把(6)和(8)分别外提到前置结点 B_2' 中,同时在(7′)后面分别给 T_6 和 T_8 增加一个常量 10。进行以上强度削弱后的结果如图 7.18 所示。

对上例分析总结如下:

① 如果循环中有 I 的递归赋值 $I:=I\pm C$(C 为循环不变量),并且循环中 T 的赋值运算可化归为 $T:=K*I\pm C_1$(K 和 C_1 为循环不变量),那么,T 的赋值运算可以进行强度削弱。

② 进行强度削弱后,循环中可能出现一些新的无用赋值,例如图 7.18 中的(5′)和(7′)。因为循环中现在不再引用 T_3 和 T_5,如果它们在循环出口之后不是活跃变量,那么,运算(5′)和(7′)还可从循环中删除。这里的 T_3 和 T_5 是临时变量,它们一般在循环出口之后是不活跃的变量。

图 7.18 删除无用赋值式(5′)和(7′)后的流程图如图 7.19 所示。

(3)删除归纳变量

这里介绍的第三种循环优化方法是删除归纳变量。在解释删除归纳变量之前,首先介绍基本归纳变量和归纳变量的定义。

如果循环中对变量 i 只有唯一的形如 $i=i\pm C$ 的赋值,且其中 C 为循环不变量,则称 i 为循环中的基本归纳变量。

如果 i 是循环中一基本归纳变量,j 在循环中的定值总是可化归为 i 的同一线性函数,也即 $j=C_1*i\pm C_2$,其中 C_1 和 C_2 都是循环不变量,则称 j 是归纳变量,并称它与 i 同族。不难看出,基本归纳变量是归纳变量的特殊形式。

例 7.17 考察图 7.16 的流程图得知:i 是循环 $\{B_2,B_3\}$ 中的基本归纳变量,T_3 和 T_5 是循环中与 i 同族的归纳变量。另外,因 T_4 唯一地在(6)中被定值,由(5)和(6)容易看出,T_3 与基本归纳变量 i 的值在循环中始终保持着以下线性关系:$T_4:=10*i+T_1$,其中 T_1 是循环不变量,所以 T_4 是循环中与 i 同族的归纳变量。与此雷同,T_6 唯一地在(8)中被定值,由(5)和(8)容易看出,T_6 与基本归纳变量 i 的值在循环中始终保持着以下线性关系:$T_6:=10*i+T_2$,其中 T_2 是循环不变量,所以 T_6 也是循环中与 i 同族的归纳变量。

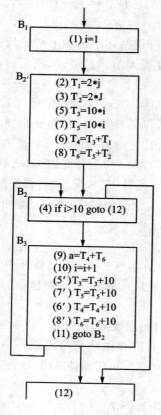

图 7.18　强度削弱的结果

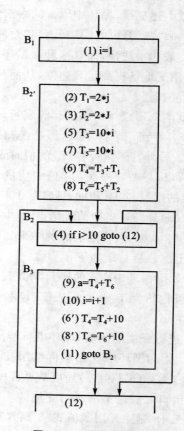

图 7.19　删除无用赋值

　　一个基本归纳变量除用于其自身的递归定值外,一般只在循环中用来计算其他归纳变量以及用来控制循环的进行。例如,图 7.19 中的 i,除在(10)用于其自身的递归定值外,唯一地在(4)中作为循环控制条件用来控制循环的进行。这时,可用与 i 同族的某一归纳变量来替换循环控制条件中的 i。例如,$T_4(T_6)$ 是与 i 同族的归纳变量,并且 T_4 与 i 的值在循环中始终保持以下线性关系:$T_4:=10*i+T_1$,所以 i>10 和 $T_4>100+T_1$ 等价。于是可以用 $T_4>100+T_1$ 来替换循环控制条件 i>10,即把(4)变换为

$$(4_1)R:=100+T_1$$

$$(4_2)if \quad T_4>R \quad goto \quad (12)$$

其中,R 是新引入的临时变量。进行上述变换之后,就可以把(10)从流图中删除,这正是进行上述变换的目的。这种优化称为**删除基本归纳变量**,或称变换循环控制条件。从图 7.19 中删除基本归纳变量后的结果如图 7.20 所示。注意,删除基本归纳变量后,如果产生了无用赋值,则要删除无用赋值。

删除归纳变量是在强度削弱以后进行的。下面,统一给出强度削弱和删除归纳变量的算法框架,其算法步骤如下。

① 利用循环不变运算信息,找出循环中所有基本归纳变量 X。

② 找出所有其他归纳变量 A,并找出 A 与已知基本归纳变量 X 的同族线性函数关系 FA(X)。

③ 对②中找出的每一归纳变量 A,进行强度削弱。

④ 删除对归纳变量的无用赋值。

⑤ 删除基本归纳变量。如果基本归纳变量 B 在循环出口之后不是活跃的,并且在循环中除在其自身的递归赋值中被引用外,只在形如:

$$\text{if B rop Y goto L}$$

中被引用,则可选取一与 B 同族的归纳变量 M 来替换 B 进行条件控制。最后删除循环中对 B 的递归赋值的代码。

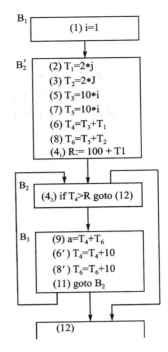

图 7.20　删除归纳变量

7.4　小　结

编译中间代码的生成是按照目标结构机械地生成的,这样将会产生大量的计算冗余。消除这些冗余常用的方法有:全局公共子表达式的删除、常量和复制传播等优化变换。优化变换遵循等价的原则。冗余的发现及相应的优化变换是通过控制流图上数据流分析完成的。

优化的另一个目标是提高目标代码的执行效率。影响代码执行效率的关键是循环。循环优化主要为提高循环体的执行效率而展开,主要有循环不变量和代码外提、归纳变量运算强度的削弱、循环展开和指令调度等。循环优化,特别是循环展开有可能增加代码量,程序的执行效率会比优化前有显著的提高。

优化以合算原则为前提,即尽可能以较低的代价取得较好的优化成果。

本章重点:

掌握基本块的划分、流程图的画法。了解循环优化的基本概念和方法。

习题 7

7.1 解释下列术语和概念。

(1) 基本块内有哪些优化方法？

(2) 可以从哪些层次上对程序进行优化？

(3) 解释基本块的划分方法。

7.2 基本块的划分

(1) 把以下程序段划分为基本块，并作出程序流图。

① read a；

② read b；

③ c＝a mod b

④ if c＝0 goto⑧

⑤ a＝b

⑥ b＝c

⑦ goto③

⑧ write b

⑨ halt(停机)

（2）试把以下程序段划分为基本块。

① read a；

② write a；

③ if a＝0 goto⑥

④ a＝a＊a

⑤ goto③

⑥ write a

⑦ halt(停)

7.3 应用 DAG 图试对以下基本块应用 DAG 进行优化，要求画出 DAG 图，给出优化后的三地址代码。

① A：＝B＊C

② D：＝B/C

③ E：＝A＋D

④ L：＝B/C

⑤ F：＝L＊E

⑥ G：＝B＊C

⑦ H：＝G＊F

⑧ F：＝H＊E

⑨ L：＝F

第8章 目标代码的生成与算法

编译模型的最后一个阶段是代码的生成。它以源程序的中间代码作为输入,并生成等价的目标程序作为输出,如图 8.1 所示。

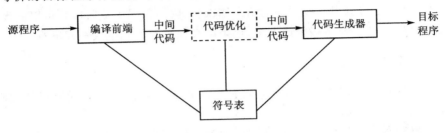

图 8.1 代码生成器的位置

代码生成器的输入包括:中间代码、符号表中的信息。

代码生成是把语义分析后或优化后的中间代码变换成目标代码。

目标代码一般有以下三种形式:

① 能够立即执行的机器语言代码,所有地址均已定位(代真)。

② 待装配的机器语言模块。当需要执行时,由链接装入程序把它们和某些运行程序链接起来,转换成能执行的机器语言代码。

③ 汇编语言代码,尚需经过汇编程序汇编,转换成可执行的机器语言代码。

代码生成要着重考虑两个问题:一是如何使生成的目标代码较短;二是如何充分利用计算机的寄存器,减少目标代码中访问存储单元的次数。

这两个问题都直接影响目标代码的执行速度。

8.1 基本问题

代码生成器的设计细节要依赖于目标语言和操作系统。诸如内存管理、寄存器分配等方面是所有代码生成器要考虑的问题。这一节,讨论设计代码生成器的一般问题。

8.1.1 代码生成器的输入

代码生成器的输入包括源程序的中间表示以及符号表中的信息。正如我们在第 5 章所述,可选择不同的中间语言,包括线性表示法(如后缀式)、三地址表示法(如四元式)、抽象机表示法(如栈式机器代码)、图表示法(如语法树)等。尽管本章用三地址代码表述,但其中许多技术也可用于其他中间表示。

  假设代码生成前源程序已被扫描、分析和翻译成某种合理的中间表示。已知符号表中的表项是在分析一个过程中的说明语句时建立的,而说明语句的类型决定了被说明的名字的域宽,即存储单元个数。根据符号表中的信息,可以确定名字在所属过程的数据区域中的相对地址。因此,代码生成器可以利用符号表中的信息来决定在中间代码中的名字所指示的数据对象运行时的地址,它是可再定位的或绝对的地址。同样,我们假定:已经作过必要的类型检查,所以,在必要的地方已经加入了类型转换操作,并且已检测出一些明显的语义错误。这样,代码生成阶段就可以假设它的输入是没有错误的。在某些编译器中,这类语义检查与代码生成一起进行。

8.1.2 目标程序

  代码生成器的输出为目标程序。这种输出通常有若干种形式:绝对机器代码、可再定位机器语言、汇编语言等。

  如果以绝对机器代码为输出,则所有地址均已定位。这种目标代码的优点是可立即执行。

  如果以可再定位机器语言作为输出,则允许子程序单独编译。一组可重定位的目标模块可以链接在一起,并在执行中装入。尽管链接与装入要付出一定的代价,但是这种目标代码很灵活,可以分别编译各个子程序。如果目标机器无法自动处理重定位,则编译器必须为链接与装入提供显式的行为信息。

  本章采用汇编代码作为目标语言。从某种程度上说,以汇编语言程序作为输出使代码生成阶段变得容易。可以生成符号指令并使用汇编器的宏工具来辅助生成代码。要重复强调的是,只要地址可由偏移值及符号表中的其他信息来计算,代码生成器便可以生成名字的再定位或绝对的地址。

8.1.3 指令选择

  指令集的一致性和完全性是重要因素。如果目标机器不能支持指令集的所有类型,那么每一种例外都需要进行特别的处理。指令速度和机器用语也是重要因素。如果不考虑目标程序的效率,那么指令选择可以直接做。对每种类型的中间代码,可以勾画出代码的框架。例如,对中间代码 $x:=y+z$,其中 x、y、z 均为静态分配的变量,可以翻译成下述代码序列:

```
LD    R₀ ,  y        /* 将 y 放入寄存器 R₀ */
ADD   R₀ ,  z        /* z 与 R₀ 相加 */
ST    R₀ ,  x        /* R₀ 的值存入 x */
```

  生成的代码的质量取决于它的速度和大小。一个有着丰富的目标指令集的机器可以为一个给定的操作提供几种实现方法。由于不同的实现所需的代码不同,有些中间代码可能会生成正确的但却不一定是高效的目标代码。

例如,如果目标机器有"加 1"指令(INC),那么代码 a:＝a＋1 用 INC a 实现是最有效的,而不是用以下的指令序列实现:

```
LD      R₀,a
ADD     R₀,♯1
ST      R₀,a
```

8.1.4　寄存器分配

由于指令对寄存器的操作常常要比对存储单元的操作快且指令短,因此,如何充分利用计算机的寄存器,对于生成好的代码是非常重要的。

寄存器的使用可以分成两个子问题:

① 在寄存器分配期间,为程序的某一点选择驻留在寄存器中的一组变量;

② 在随后的寄存器指派阶段,挑出变量将要驻留的具体寄存器。

选择最优的寄存器指派方案是困难的。从数学上讲,这是 NP 完全问题。当考虑到目标机器的硬件和(或)操作系统可能要求寄存器的使用遵守一些约定时,这个问题将更加复杂。

某些机器要求对某些运算对象和结果使用寄存器对(偶序数和下一个奇序数的寄存器)。例如,在 IBM 系统 370 机器上,当整数乘和整数除要使用寄存器时,乘法指令的形式是:

$$\text{M}\quad x,y$$

其中,x 是被乘数,是偶/奇寄存器对的偶寄存器,被乘数的值从该对的寄存器中取;乘数 y 是单个寄存器,积占据整个偶/奇寄存器对。

除法指令的形式是:

$$\text{D}\quad x,y$$

这里,64 位的被除数占据一个偶/奇寄存器对,它的偶寄存器是 x,y 代表除数,除过以后,偶寄存器保存余数,奇寄存器保存商。

例如,考虑图 8.2 中的两个三地址代码序列,它们仅有的区别是第二个语句的算符不同,其最短代码序列在图 8.3 中给出。

t:=a+b	t:=a+b
t:=t*c	t:=t+c
t:=t/d	t:=t/d

图 8.2　两个三地址代码序列

L	R₁,a	L	R₀,a
A	R₁,b	A	R₀,b
M	R₀,c	A	R₀,c
D	R₀,d	SRDA	R₀,32
ST	R₁,t	ST	R₁,t

图 8.3　最优的机器代码序列

图 8.3 中，R_i 代表寄存器；"SRDA R_0，32"表示把除数 R_0 移入 R_1，并清 R_0，使得所有位都等于它的符号位；L、ST 和 A 分别代表装入、存储和加。值得注意的是，装入 a 的寄存器的最佳选择依赖于 t 以后还有什么用。有关寄存器的分配策略后面再讨论。

8.1.5　计算顺序选择

计算完成的顺序会影响目标代码的有效性。可以看到，有些计算顺序要求存放中间结果的寄存器数量少，从而提高目标代码的效率。毫无疑问，对一个代码生成器最重要的评价标准是它能产生正确的代码。在重视正确性的前提下，使设计的代码生成器能够易于实现、测试及维护，这也是重要的设计目标。

8.2　目标计算机模型

要设计一个好的代码生成器，必须预先熟悉目标机器和它的指令系统。在本章，将采用一个模型机作为目标机器，它可看作是一些小型机的代表。但本章所述的代码生成技术也可应用于许多其他类型的机器上。

假设目标计算机具有多个通用寄存器，它们既可作为累加器，也可作为变址器。这台机器含有以下四种类型的指令形式，具体如表 8.1 所列。

表 8.1　目标机器的指令形式

类　　型	指令形式	意义（设 op 是二元运算）
直接地址型	op R_i，M	$(R_i)op(M) \Rightarrow R_i$
寄存器型	op R_i，R_j	$(R_i)op(R_j) \Rightarrow R_i$
变址型	op R_i，$c(R_j)$	$(R_i)op((R_j)+c) \Rightarrow R_i$
间接型	op R_i，* M op R_i，* R_j op R_i，* $c(R_j)$	$(R_i)op((M)) \Rightarrow R_i$ $(R_i)op((R_j)) \Rightarrow R_i$ $(R_i)op(((R_j)+c)) \Rightarrow R_i$

如果 op 是一目运行符，则"op R_i，M"的意义为 $op(M) \rightarrow R_i$，其余类型可类推。

以上指令中的运算符（操作码）op 包括一般计算机上常见的一些运算符，如 ADD(加)、SUB(减)、MUL(乘)、DIV(除)等。某些指令的意义说明如表 8-2 所列。

表 8.2　某些指令的意义

指　令	意　　义	指　令	意　　义
LD R_i，B	把 B 单元的内容取到寄存器 R_i，即(B)$\Rightarrow R_i$	J<X	如 CT=0，则转 X 单元
ST R_i，B	把寄存器 R_i 的内容存到 B 单元，即(R_i)$\Rightarrow$B	J≤X	如 CT=0 或 CT=1，则转 X 单元
J X	无条件转向 X 单元	J=X	如 CT=1，则转 X 单元
CMP A，B	把 A 单元和 B 单元的值进行比较，并根据比较情况把机器内部特征寄存器 CT 置成相应状态。CT 占两个二进制位。根据对 A<B 的判断分别置 CT 为 0、1 或 2	J≠X	如 CT≠1，则转 X 单元
		J>X	如 CT=2，则转 X 单元
		J≥X	如 CT=2 或 CT=1，则转 X 单元

当用一个存储单元 M 或一个寄存器 R 作为源和目的时，它们代表自身。

例如，指令：

ST　R_0,M；　将寄存器 R_0 的内容存入存储单元 M 中。

从寄存器 R 的值偏移 c 可写作 c(R)。这样,指令:

ST　R_0,4(R_1)；　将 R_0 中的值存入(4+(R_1))所指的单元中。

表中的两种间接方式用前缀"*"表示。于是,指令:

LD　R_0, * 4(R_1)；　将(4+(R_1))的值所指的单元的内容装入到 R_0 中。

指令:

LD　R_0,♯1；　将常数 1 装入寄存器 R_0 中。

8.3　一个简单的代码生成器

这一节要介绍一个简单的代码生成器,它依次把每条中间代码变换成目标代码,并且在一个基本块范围内考虑如何充分利用寄存器的问题。一方面在基本块中,当生成计算某变量值的目标代码时,尽可能地让该变量的值保留在寄存器中(即不编出把该变量的值存到主存单元的指令),直到该寄存器必须用来存放别的变量值或者已到达基本块出口为止;另一方面,后续的目标代码尽可能地引用变量在寄存器中的值,而不访问主存单元。

如何合理使用寄存器,提高目标代码速度呢?寄存器分配的基本原则可以简单地概括为:仍要使用的变量值尽量放在寄存器中,寄存器不再使用的变量值及时释放,离开基本块时把寄存器中的变量值保存到内存单元中。

在详细介绍寄存器分配算法之前,先来看一个例子。假设有一个高级语言的语句为

$$A:=(B+C) * D+E$$

把它翻译为中间代码序列 G 如下:

$$T_1:=B+C$$
$$T_2:=T_1 * D$$
$$A:=T_2+E$$

如果不考虑代码的效率,则可以简单地把每条中间代码映射成若干条目标指令,如把

$$x:=y+z$$

映射为

$$LD　R,y$$
$$ADD R,z$$
$$ST　R,x$$

这样,上述中间代码序列 G 就可以翻译为

(1)	LD	R,B
(2)	ADD	R,C
(3)	ST	R,T_1
(4)	LD	R,T_1
(5)	MUL	R,D
(6)	ST	R,T_2
(7)	LD	R,T_2
(8)	ADD	R,E
(9)	ST	R,A

虽然从正确性看,上述翻译没有问题,但它却是很冗余的。显然,上述指令序列中,第(4)和第(7)条指令是多余的;而且由于 T_1、T_2 是生成中间代码时引入的临时变量,除了所在的基本块外将不会被引用,所以第(3)、(6)条指令也可以省掉。因此,如果考虑了效率和充分利用寄存器的问题之后,代码生成器就可以生成如下代码:

(1)	LD	R,B
(2)	ADD	R,C
(3)	MUL	R,D
(4)	ADD	R,E
(5)	ST	R,A

为了能够这样做,代码生成器必须了解一些信息:在产生 $T_2:=T_1*D$ 对应的目标代码时,为了省去指令 LD R,T_1,就必须知道 T_1 的当前值已在寄存器 R 中;为了省去 ST R,T_1,就必须知道除了基本块之外,T_1 不会再被引用。

下面引入待用信息和活跃信息,用以记录代码生成时所需收集的信息。

8.3.1 待用信息和活跃信息

为了把基本块内还要被引用的变量值尽可能地保存在寄存器中,同时把基本块内不再被引用的变量所占用的寄存器及早释放,每当翻译一条中间代码 A:=B op C 时,需要知道,A、B、C 是否还会在基本块内被引用以及用于哪些中间代码中。为此,需收集待用信息。如果在一个基本块中,中间代码 i 对 A 定值,中间代码 j 要引用 A 值,而从 i 到 j 之间没有 A 的其他定值,那么,称 j 引用了中间代码 i 中所计算的 A 的值。这里,只在基本块内考虑待用信息,一个变量在基本块的后继中是否被引用,可从活跃变量信息得知。

为了取得每个变量在基本块内的**待用信息**,可从基本块的出口由后向前扫描,对每个变量建立相应的待用信息链和活跃变量信息链。如果没有进行过数据流分析并且临时变量不可以跨基本块引用,则把基本块中所有临时变量均看作基本块出口之后的非活跃变量,而把所有非临时变量看作基本块出口之后的活跃变量。如果某些临时变量可跨基本块引用,那么,也把它们看作基本块出口之后的活跃变量。

下面介绍计算变量待用信息的算法。假设变量的符号表登记项中含有记录待用信息和活跃信息的栏（区段），算法的步骤如下：

① 开始时，把基本块中各变量的符号表登记项中的待用信息栏填为"非待用"，并根据该变量在基本块出口之后是不是活跃的，把其中的活跃信息栏填为"活跃"或"非活跃"。

② 从基本块出口到基本块入口由后向前依次处理各个中间代码。对每一中间代码(i)A:＝B op C，依次执行下述步骤：

　a. 把符号表中变量 A 的待用信息和活跃信息附加到中间代码 i 上；

　b. 把符号表中 A 的待用信息和活跃信息分别置为"非待用"和"非活跃"；

　c. 把符号表中变量 B 和 C 的待用信息和活跃信息附加到中间代码 i 上；

　d. 把符号表中 B 和 C 的待用信息均置为 i，活跃信息均置为"活跃"。

注意，以上次序不可颠倒，因为 B 和 C 也可能是 A。按以上算法，如果一个变量在基本块中被引用，则各个引用所在的位置，将由该变量在符号表中的待用信息以及附加在各个中间代码 i 上的待用信息，从前到后依次指示出来。另外，由于过程调用可能带来副作用，故假定每一过程调用是一基本块的入口。如果中间代码形式为 A:＝op B 或 A:＝B，则以上执行步骤完全相同，只是其中不涉及 C。

例 8.1　考察基本块

$$
\begin{aligned}
&T:=A-B\\
&U:=A-C\\
&V:=T+U\\
&W:=V+U
\end{aligned}
$$

设 W 是基本块出口的活跃变量，根据上述算法计算出有关变量的待用信息。符号表中有关待用及活跃信息如表 8.3 所列，附加在中间代码上的待用及活跃信息如表 8.4 所列。在表 8.3 和表 8.4 中用符号对(x,y)表示变量的待用信息和活跃信息，其中 x 表示待用信息（即下一个引用点），y 表示活跃信息，F 表示非待用或非活跃信息；在符号表中，(x,y)→(x,y)表示在算法执行过程中后面的符号对将替代前面的符号对。

表 8.3　符号表中的待用信息和活跃信息

变量名	待用信息和活跃信息
T	(F,F)→(3,L)→(F,F)
A	(F,F)→(2,L)→(1,L)
B	(F,F)→(1,L)
C	(F,F)→(2,L)
U	(F,F)→(4,L)→(3,L)→(F,F)
V	(F,F)→(4,L)→(F,F)
W	(F,L)→ (F,F)

表 8.4　附加在中间代码上的待用信息和活跃信息

序　号	中间代码	左　值	左操作数	右操作数
(1)	$T := A - B$	(3,L)	(2,L)	(F,F)
(2)	$U := A - C$	(3,L)	(F,F)	(F,F)
(3)	$V := T + U$	(4,L)	(F,F)	(4,L)
(4)	$W := V + U$	(F,L)	(F,F)	(F,F)

为了把基本块内还要被引用的变量值尽可能地保存在寄存器中,同时把基本块内不再被引用的变量所占用的寄存器及早释放,每当翻译一条中间代码 $A := B$ op C 时,编译程序需要知道,A、B、C 是否还会在基本块内被引用以及用于哪些中间代码中。因此,需收集变量的待用信息和活跃信息。

例 8.2　若基本块如下:

(i)	$A := B$ op C
	…
(j)	$X := A$ op y
	…

则说四元式(j)是 A 的待用信息,在(j)处被引用,A 在(i)处是活跃的,即如果在一个基本块中,中间代码 i 对 A 定值,中间代码 j 要引用 A 值,而从 i 到 j 之间没有 A 的其他定值,那么称 j 引用了中间代码 i 中所计算的 A 的值。这里,只在基本块内考虑待用信息,一个变量在基本块的后继中是否被引用,可从活跃变量信息得知。含有待用信息和活跃信息的符号表如表 8.5 所列。

表 8.5　含有待用信息和活跃信息的符号表

名字栏	…	待用信息	活跃信息
		F 或 i	F 或 L
…			

例 8.3　考察基本块如下:

(1) $T := A - B$
(2) $U := A - C$
(3) $V := T + U$
(4) $W := V + U$

设 W 是基本块出口的活跃变量,根据上述算法计算出有关变量的待用信息和活跃信息。

① 初始化。把符号表中 V 和 U 的待用信息均置为 i,活跃信息均置为"活跃",初始化变量在符号表中的待用信息和活跃信息如表 8.6 所列。

表 8.6　初始化变量在符号表中的待用信息和活跃信息

变量名	…	待用信息	活跃信息
A		F	L
B		F	L
C		F	L
T		F	F
U		F	F
V		F	F
W		F	L(设 W 出口后活跃)

② 语句 W：＝V＋U 的待用信息和活跃信息符号表变化如表 8.7 所列,待用信息和活跃信息计算附加到语句的变量旁边。

表 8.7　W、V、U 在符号表中的待用信息和活跃信息变化

变量名	…	待用信息	活跃信息
A		F	L
B		F	L
C		F	L
T		F	F
U		F(4)	FL
V		F(4)	FL
W		FF	LF

$$W(F,L)：＝V(F,F)＋U(F,F)$$

W(F,L)表示变量 W 的待用信息为 F,活跃信息为 L;V(F,F)表示 V 的待用信息为 F,活跃信息为 F;U(F,F)表示 U 的待用信息为 F,活跃信息为 F。

③ 语句 V：＝T＋U 的待用信息和活跃信息变化如表 8.8 所列,待用信息和活跃信息计算附加到语句的变量旁边。

表 8.8　V、T、U 在符号表中的待用信息和活跃信息变化

变量名	…	待用信息	活跃信息
A		F	L
B		F	L
C		F	L
T		F(3)	FL
U		F(4)(3)	FLL
V		F(4)F	FLF
W		FF	LF

$$V(4,L):=T(F,F)+U(4,L)$$

④ 语句 U：＝A－C 的待用信息和活跃信息变化如表 8.9 所列，待用信息和活跃信息计算附加到语句的变量旁边。

表 8.9 U、A、C 在符号表中的待用信息和活跃信息变化

变量名	…	待用信息	活跃信息
A		F(2)	LL
B		F	L
C		F(2)	LL
T		F(3)	FL
U		F(4)(3)F	FLLF
V		F(4)F	FLF
W		FF	LF

$$U(3,L):=A(F,L)-C(F,L)$$

⑤ 语句 T：＝A－B 的待用信息和活跃信息变化如表 8.10 所列，待用信息和活跃信息计算附加到语句的变量旁边。

表 8.10 T、A、B 在符号表中的待用信息和活跃信息变化

变量名	…	待用信息	活跃信息
A		F(2)(1)	LLL
B		F(1)	LL
C		F(2)	LL
T		F(3)F	FLF
U		F(4)(3)F	FLF
V		F(4)F	FLF
W		FF	LF

$$T(3,L):=A(2,L)-B(F,L)$$

⑥ 基本块最终的待用信息和活跃信息符号表变化如表 8.11 所列，基本块语句的待用信息和活跃信息计算附加到语句的变量旁边。

表 8.11 最终符号表中的待用信息和活跃信息变化

变量名	…	待用信息	活跃信息
A		F(2)(1)	LLL
B		F(1)	LL
C		F(2)	LL
T		F(3)F	FLF
U		F(4)(3)F	FLF
V		F(4)F	FLF
W		FF	LF

$$(1)\ T(3,L):=A(2,L)-B(F,L)$$
$$(2)\ U(3,L):=A(F,L)-C(F,L)$$
$$(3)\ V(4,L):=T(F,F)+U(4,L)$$
$$(4)\ W(F,L):=V(F,F)+U(F,F)$$

8.3.2　寄存器描述和地址描述

为了在代码生成中进行寄存器分配,需要随时掌握各寄存器的情况:它是空闲着,还是已分配给某个变量,或者已分配给某几个变量(若程序中含有复写,就会出现最后一种情况,下面将会提到)。为此,在代码生成过程中,我们建立一个编译用的**寄存器描述数组 RVALUE**,它动态地记录着各寄存器的上述信息。

此外,在代码生成过程中,每当编出的指令要涉及引用某个变量的值时,如果该变量的先行值已在某寄存器中,那么自然希望直接引用寄存器中的值而不引用该变量在主存单元中的值(如果现行值也同时存放在该变量的主存单元中)。为此,在代码生成过程中,还要建立一个**变量地址描述数组 AVALUE**,它动态地记录着各变量现行值的存放位置:是在某寄存器中,还是在某主存单元中;或者既在某寄存器中,也在某主存单元中。

目标代码生成过程中,最重要的是寄存器分配算法。

函数 GETREG($i:A:=B\ op\ C$),返回一个分配给 A 的寄存器 R,算法如下:

① 若 B 占用寄存器 R_i 且以后不引用 B,则返回寄存器 R_i,否则从空闲寄存器 R_i 中返回一个。

② 从已经分配的寄存器 R 中,选择一个值在最远的将来才会使用的 R_i,若 R_i 的值未存入内存,则生成指令 ST　R_i,M。

8.3.3　目标代码生成算法

为了生成更有效的目标代码,需要考虑的一个问题就是如何更有效地利用寄存器。现在介绍一个基本块的代码生成算法,为简单起见,假设基本块中每个中间代码形为 $A:=B\ op\ C$。如果基本块中含有其他形式的中间代码,也不难仿照下述算法写出对应的算法。对每个四元式 i,设其形如 $(i)A:=B\ op\ C$,依次执行下列步骤:

① 以中间代码 i 为参数,调用函数 GETREG($i:A:=B\ op\ C$)分配给 A 一个寄存器。

② 利用地址描述数组 AVALUE[B]和 AVALUE[C],确定变量 B 和 C 当前值的存放位置 B′和 C′。如果其当前值在寄存器中,则把寄存器取作 B′和 C′。

③ 如果 B′≠C,则生成目标代码:

$$LD\ \ R,B'$$
$$op\ \ R,C'$$

否则,生成目标代码"op　R,C′";如果 B′或 C′为 R,则删除 AVALUE[B]或 AVAL-

UE[C]中的 R。

④ 记录 R 已分配给 A 的信息,令 AVALUE[A]={R},并令 RVALUE[R]=
{A},以表示变量 A 的现行值只在 R 中,并且 R 中的值只代表 A 的现行值。

⑤ 释放 A 占用的其他寄存器信息。

⑥ 如果 B 和 C 的现行值在基本块中不再被引用,它们也不是基本块出口之后的
活跃变量(由该中间代码 i 上的附加信息知道),并且其现行值在某寄存器 R_k 中,则
删除 RVALUE[R_k]中的 B 或 C 以及 AVALUE[B]中的 R_k,使该寄存器不再为 B 或
C 所占用。

例 8.4　对例 8.3 基本块,假设只有 R_0 和 R_1 是可用寄存器,用上述算法生成的
目标代码和相应的 RVALUE 和 AVALUE 如表 8.12 所列。

(1) T:=A−B　　(2) U:=A−C　　(3) V:=T+U　　(4) W:=V+U

表 8.12　目标代码

中间代码	目标代码	RVALUE	AVALUE
T:=A−B	LD　R_0,A SUB　R_0,B	R_0 含有 T	T 在 R_0 中
U:=A−C	LD　R_1,A SUB　R_1,C	R_0 含有 T R_1 含有 U	T 在 R_0 中 U 在 R_1 中
V:=T+U	ADD　R_0,R_1	R_0 含有 V R_1 含有 U	V 在 R_0 中 U 在 R_1 中
W:=V+U	ADD　R_0,R_1	R_0 含有 W	W 在 R_0 中

对其他形式的中间代码,也可以仿照以上算法生成其目标代码。把各种中间代
码对应的目标代码列于表 8.13。这里特别要指出的是,对形如 A:=B 的复写,如果
B 的现行值在某寄存器 R_i 中,那么,这时无须生成目标代码,只需在 RVALUE[R_i]
中增加一个 A(即把 R_i 同时分配给 B 和 A),把 AVALUE[A]改为 R_i 即可,而且如
果其后 B 不再被引用,那么,还可把 RVALUE[R_i]中的 B 和 AVALUE[B]中的 R_i
删除。

表 8.13　各中间代码对应的目标代码

序　号	中间代码	目标代码	备　注
1	A:=B op C	LD　R_i,B op　R_i,C	(1) R_i 是新分配给 A 的寄存器。 (2) 如果 B 和/或 C 的现行值在寄存器中,则目标中 B 和/或 C 用寄存器表示。但如果 C 的现行值在 R_i 中,则 C 要用其主存单元表示。 (3) 如果 B 的现行值也在 R 中,则不生成第一条目标代码

续表 8.13

序　号	中间代码	目标代码	备　注
2	$A := op_1\ C$	LD R_i, B op_1 R_i, R_i	(1) 同 1 中备注(1)。 (2) 同 1 中备注(3)。 (3) op_1 指一目运算符
3	$A := B$	LD R_i, B	(1) 同 1 中备注(1)。 (2) 如果 B 的现行值在寄存器 R_i 中,则如前所述,不生成目标代码
4	$A := B[I]$	LD R_j, I LD R_j, $B(R_j)$	(1) 同 1 中备注(1)。 (2) 如果 I 的现行值在某寄存器 R_j 中,则第一条目标代码可省去,否则 R_j 是分配给 I 的寄存器

5	$A[I] := B$	LD R_i, B
		LD R_j, I
		ST R_i, $A(R_j)$
			(1) 同 1 中备注(1)。
			(2) 同 4 中备注(2)

6	Goto X	J X′	X′ 是标号为 X 的中间代码的目标代码的首地址

7	if A rop B
	goto X
		LD R_i, A
		CMP R_i, B
		J rop X′
			(1) X′ 的意义同 6 中备注。
			(2) 若 A 的现行值在寄存器 R_i 中,则第一条目标代码可省去
			(3) 如果 B 的现行值在某寄存器 R_k 中,则目标代码中的 B 就是 R_k
			(4) rop 指 $<$、$\leqslant$、$=$、$\neq$、$>$ 或 $\geqslant$

8	$A := P\uparrow$	LD R_i, * P	同 1 中备注(1)
9	$P\uparrow := A$	LD R_i, A ST R_i, * P	(1) 同 1 中备注(1)。 (2) 如果 A 的现行值原来在某寄存器 R_i 中,则不生成第一条目标代码

表 8.13 中:如果 op 是一目运行符,则 "op　R_i, M" 的意义为:$op(M) \to R_i$,其余类型可类推。

以上指令中的运算符(操作码)op 包括一般计算机上常见的一些运算符,如 ADD(加)、SUB(减)、MUL(乘)、DIV(除)等。某些指令的意义说明如下:

表 8.13 中:当用一个存储单元 M 或一个寄存器 R 作为源和目的时,它们代表自身。

例如,指令 "ST　R_0, M;" 将寄存器 R_0 的内容存入存储单元 M 中。

寄存器 R 的值偏移 c 可写作 c(R)。这样,指令 "ST　R_0, $4(R_1)$;" 就将 R_0 中的值存入 $(4 + (R_1))$ 所指的单元中。

表 8.13 中的两种间接方式用前缀 "*" 表示。于是,指令 "LD R_0, * $4(R_1)$;" 将 $(4 + (R_1))$ 的值所指的单元的内容装入到 R_0 中。

指令"LD　R_0，♯1；"将常数 1 装入寄存器 R_0 中。

8.3.4　代码生成算法

现在介绍一个基本块的代码生成算法。为简单起见，假设基本块中每个中间代码形为

$$A:=B \text{ op } C$$

如果基本块中含有其他形式的中间代码，也不难仿照下述算法写出对应的算法。基本块的代码生成算法如下：

对每个中间代码 $i:A:=B \text{ op } C$，依次执行下述步骤。

① 以中间代码 $i:A:=B \text{ op } C$ 为参数，调用函数过程 GETREG$(i:A:=B \text{ op } C)$。当从 GETREG 返回时，得到一个寄存器 R，它将用作存放 A 现行值的寄存器。

② 利用地址描述数组 AVALUE[B] 和 AVALUE[C]，确定出变量 B 和 C 现行值的存放位置 B' 和 C'。如果其现行值在寄存器中，则把寄存器取作 B' 和 C'。

③ 如果 $B' \neq R$，则生成目标代码：

$$\begin{aligned} &\text{LD} \quad R, B' \\ &\text{op} \quad R, C' \end{aligned}$$

否则生成目标代码 op　R, C'；如果 R 或 C' 为 R，则删除 AVALUE[B] 或 AVALUE[C] 中的 R。

④ 令 AVALUE[A]＝{R}，并令 RVALUE[R]＝{A}，以表示变量 A 的现行值只在 R 中并且 R 中的值只代表 A 的现行值。

⑤ 如果 B 和 C 的现行值在基本块中不再被引用，它们也不是基本块出口之后的活跃变量（由该中间代码 i 上的附加信息知道），并且其现行值在某寄存器 R_k 中，则删除 RVALUE[R_k] 中的 B 或 C 以及 AVALUE[B] 中的 R_k，使该寄存器不再为 B 或 C 所占用。

GETREG 是一个函数过程，GETREG$(i:A:=B \text{ op } C)$ 给出一个用来存放 A 的当前值的寄存器 R，其中要用到中间代码 i 上的待用信息。GETREG 的算法如下：

① 如果 B 的现行值在某寄存器 R_i 中，RVALUE[R_i] 只包含 B，此外，或者 B 与 A 是同一标识符，或者 B 的现行值在执行中间代码 $A:=B \text{ op } C$ 之后不会再被引用（此时，该中间代码 i 的附加信息中，B 的待用信息和活跃信息分别为"非待用"和"非活跃"），则选取 R_i 为所需的寄存器 R，并转④。

② 如果有尚未分配的寄存器，则从中选取一个 R_i 为所需的寄存器 R，并转④。

③ 从已分配的寄存器中选取一个 R_i 为所需的寄存器 R。最好使 R_i 满足以下条件：占用 R_i 的变量的值，也同时存放在该变量的主存单元中，或者在基本块中要在最远的将来才会引用到或不会引用到（关于这一点可从有关中间代码 i 上的待用信息得知）。

对 RVALUE[R_i]中每一变量 M,如果 M 不是 A,或者如果 M 是 A 又是 C,但不是 B 并且 B 也不在 RVALUE[R_i]中,则

① 如果 AVALUE[M]不包含 M,则生成目标代码 ST　R_i,M;

② 如果 M 是 B,或者 M 是 C 但同时 B 也在 RVALUE[R_i]中,则令 AVALUE[M]={M,R},否则令 AVALUE[M]={M};

③ 删除 RVALUE[R_i]中的 M;

④ 给出 R,返回。

例 8.5 对例 8.3,假设只有 R_0 和 R_1 是可用寄存器,用上述算法生成的目标代码以及相应的 RVALUE 和 AVALUE 如表 8.14 所列。

表 8.14　目标代码

中间代码	目标代码	RVALUE	AVALUE
T:=A−B	LD　R_0,A SUB　R_0,B	R_0 含有 T	T 在 R_0 中
U:=A−C	LD　R_1,A SUB　R_1,C	R_0 含有 T R_1 含有 U	T 在 R_0 中 U 在 R_1 中
V:=T+U	ADD　R_0,R_1	R_0 含有 V R_1 含有 U	V 在 R_0 中 U 在 R_1 中
W:=V+U	ADD　R_0,R_1	R_0 含有 W	W 在 R_0 中

对其他形式的中间代码,也可仿照以上算法生成其目标代码。把各中间代码对应的目标代码列于表 8.15。这里特别要指出的是,对形如 A:=B 的复写,如果 B 的现行值在某寄存器 R_i 中,那么,这时无须生成目标代码,只需在 RVALUE[R_i]中增加一个 A(即把 R_i 同时分配给 B 和 A),把 AVALUE[A]改为 R_i;而且如果其后 B 不再被引用,那么,还可把 RVALUE[R_i]中的 B 和 AVALUE[B]中的 R_i 删除。

表 8.15　各中间代码对应的目标代码

序　号	中间代码	目标代码	备　注
(1)	A:=B op C	LD　R_i,B op　R_i,C	① R_i 是新分配给 A 的寄存器。 ② 如果 B 和/或 C 的现行值在寄存器中,则目标中 B 和/或 C 用寄存器表示。但如果 C 的现行值在 R_i 中,而 B 的现行值不在 R_i 中,则 C 要用其主存单元表示。 ③ 如果 B 的现行值也在 R 中,则不生成第一条目标代码

序 号	中间代码	目标代码	备 注
(2)	A:=op₁ B	LD Rᵢ,B op₁ Rᵢ,Rᵢ *	① 同(1)中备注①。 ② 同(1)中备注③。 ③ op₁ 指一目运算符
(3)	A:=B	LD Rᵢ,B	① 同(1)中备注①。 ② 如果 B 中现行值在某寄存器 Rᵢ 中,则如前所述,不生成目标代码
(4)	A:=B[I]	LD Rⱼ,I LD Rᵢ,B(Rⱼ)	① 同(1)中备注①。 ② 如果 I 中现行值在某寄存器 Rⱼ 中,则如前所述,第一条目标代码可省去,否则 Rⱼ 是分配给 I 的寄存器

(5)	A[I]:=B	LD Rᵢ,B
		LD Rⱼ,I
		STRᵢ,A(Rⱼ)
			① 同(1)中备注③。
			② 同(4)中备注②

(6)	Goto X	J X′	X′是标号为 X 的中间代码的目标代码的首地址

(7)	If A rop B
	goto X
		LD Rᵢ,A
		CMP Rᵢ,B
		J rop X′
			① X′的意义同(6)中备注。
			② 若 A 值在寄存器 Rᵢ 中,则第一条目标代码可省去。
			③ 如果 B 现行值在某寄存器 Rₖ 中,则目标代码中的 B 就是 Rₖ。
			④ rop 指<、≤ 、= 、≠、>或≥

(8)	A:=P↑	LD Rᵢ, * P	同(1)中备注①
(9)	P↑:=A	LD Rᵢ,A STRᵢ, * P	① 同(1)中备注① ② 若 A 现行值原来在某寄存器 Rᵢ 中,则不生成第一条目标代码

一旦处理完基本块中的所有中间代码,现行值只在某寄存器的每个变量中,如果它在基本块出口之后是活跃的,则要用 ST 指令把它在寄存器中的值存放到主存单元中。为进行这一工作,利用寄存器描述数组 RVALUE 来决定其中哪些变量的现行值尚不在其主存单元中,最后利用活跃变量信息来决定其中哪些变量是活跃的。对上例来说,从 RVALUE 得知 U 和 W 的值在寄存器中,从 AVALUE 得知 U 和 W 的值都不在主存单元中;又由活跃变量信息得知,其中 W 在基本块出口之后是活跃变量,所以在前例生成的目标代码后面还要生成一条目标代码:

$$ST \quad R_0,W$$

8.4　寄存器分配

为了生成更有效的目标代码,需要考虑的一个问题就是如何更有效地利用寄存器。上节代码生成算法每生成一条目标代码时,如果其运算对象的值在寄存器中,那么总是把该寄存器作为操作数地址,使得生成的目标代码执行速度较快。为此,还应尽可能把各变量的现行值保存在寄存器中,把基本块不再引用的变量所占用的寄存器及早释放出来。这一节,进一步考虑如何有效地使用寄存器。将把考虑的范围从基本块扩大到循环,这是因为循环是程序中执行次数最多的部分,内循环更是如此。同时,不是把寄存器平均分配给各个变量使用,而是从可用的寄存器中分出几个,固定分配给几个变量单独使用。那么,按照什么标准来分配呢? 将以各变量在循环内需要访问主存单元的次数为标准。为此,引入一个术语:指令的**执行代价**,并规定,每条指令的执行代价=每条指令访问主存单元的次数+1。

例如:

$$op \quad R_i, R_i; \qquad 执行代价为 1$$
$$op \quad R_i, M ; \qquad 执行代价为 2$$
$$op \quad R_i, *R_i; \qquad 执行代价为 2$$
$$op \quad R_i, *M ; \qquad 执行代价为 3$$

于是,就可对循环中每个变量计算一下如果在循环中把某寄存器固定分配给该变量使用,执行代价能节省多少。根据计算的结果,把可用的几个寄存器固定分配给节省执行代价最多的那几个变量使用,从而使这几个寄存器充分发挥提高运算速度的作用。下面就介绍计算各变量节省执行代价的方法。

假定在循环中某寄存器固定分配给某变量使用,那么,对循环中每个基本块,相对于原简单代码生成算法的目标代码,所节省的执行代价可用下述方法来计算。

① 在原代码生成算法中,仅当变量在基本块中被定值时,其值才存放在寄存器中。现在把寄存器固定分配给某变量使用,因此,当该变量在基本块中被定值前,每引用它一次,就可少访问一次主存,执行代价就节省(1)。

② 在原代码生成算法中,如果某变量在基本块中被定值且在基本块出口之后是活跃的,那么出基本块时要把它在寄存器中的值存放到主存单元中。现在把寄存器固定分配给某变量使用,因此,出基本块时,就无须把它的值存放到其主存单元中,执行代价就节省(2)。

也即,对循环 L 中某变量 M,如果分配一个寄存器给它专用,那么,每执行循环一次,执行代价的节省可用下式计算,即

$$\sum_{B \in L} [USE(M, B) + 2 * LIVE(M, B)] \tag{8.1}$$

其中:

USE(M,B)＝基本块 B 中对 M 定值前引用 M 的次数

$$\text{LIVE(M,B)}=\begin{cases}1, & \text{如果 M 在基本块 B 中被指定值并在 B 的出口之后是活跃的}\\0, & \text{其他情况}\end{cases}$$

注意,式(8.1)是近似式,忽略了以下两个因素:

① 如果 M 在循环入口之前是活跃的,并且在循环中给 M 固定分配一个寄存器,那么在循环入口时,要先把它的值从主存单元取到寄存器,其执行代价为 2;另外,假设 B 是循环出口基本块,C 是 B 在循环外的后继基本块,如果在 C 的入口之前,M 是活跃变量,那么在循环出口时,需要把 M 的当前值从寄存器中存放到它的主存单元中,其执行代价又是 2。由于这两处的执行代价是在整个循环中只要计算一次,故这与式(8.1)每循环一次就要计算一次相比,可以忽略不计。

② 每循环一次,各个基本块不一定都会执行到,而且每一次循环,执行到的基本块可能不相同。在式(8.1)的计算中,把上述因素也忽略了,而是看作每循环一次,各个基本块都要执行一次。

8.5 小　结

目标代码生成是编译程序的最后一个阶段,相对于编译程序其他各个阶段,代码生成是按照目标结构进行且比较机械的一个阶段。

目标代码分为可立即执行的机器语言代码、汇编语言程序和待装配的机器语言代码模块。

目标代码生成时应着重考虑合理分配寄存器,为此需要提供的信息是待用信息和活跃信息。

本章重点:

掌握目标代码的三种形式。了解寄存器分配算法、待用信息和活跃信息。

习题 8

8.1 目标代码的形式有哪几种?

8.2 解释目标代码结构。

8.3 在目标代码生成阶段,如何合理使用寄存器?

参考文献

[1] 陈火旺,刘春林,谭庆平,等.程序设计语言编译原理[M].北京:国防工业出版社,2011.

[2] 郭伟,李义杰.编译原理简明教程[M].北京:清华大学出版社,2011.

[3] 王生原,董渊,等.编译原理[M].北京:人民邮电出版社,2012.

[4] [美]Alfred V Aho,Monica S, Lam Ravi Sethi,等.编译原理[M].赵建华,等译.北京:机械工业出版社,2010.

[5] [美]Thomas Pittman James Peters.编译程序设计艺术理论与实践[M].李文军,高晓燕,译.北京:机械工业出版社,2010.

[6] 张幸儿.编译原理:编译程序构造与实践[M].北京:机械工业出版社,2008.

[7] 陈火旺,钱家骅,孙永强.程序设计语言编译原理[M].北京:国防工业出版社,1984.

[8] Alexander Meduna. Elements of Compiler Design[M].杨萍,王生原,等译.北京:清华大学出版社,2009.

[9] 李赣生,王华民.编译程序原理和技术[M].北京:清华大学出版社,1997.

[10] 陈意云,张昱.编译原理[M].北京:高等教育出版社,2008.

[11] 王生原,吕映芝,张素琴.编译原理课设辅导[M].北京:清华大学出版社,2007.

[12] 伍春香.编译原理习题与解析[M].北京:清华大学出版社,2006.

[13] 黄贤英,王柯柯.编译原理及实践教程[M]. 北京:清华大学出版社,2008.

[14] 刘伟.程序设计初级程序员级考试辅导书[M].北京:科学出版社,2000.

[15] 何炎祥,伍春香,王汉飞.编译原理[M].北京:机械工业出版社,2010.

[16] 肖军模.程序设计语言编译方法[M].大连:大连理工大学出版社,2004.